平顶山矿区复杂条件下巷道支护技术

杜 波 著

科学出版社

北京

内 容 简 介

本书针对平顶山矿区复杂地质条件下巷道难于支护的关键技术难题，以巷道支护理论等为指导，运用理论分析、数值模拟、现场试验等方法，结合现场工业性试验等实证分析，对平顶山矿区复杂条件下巷道支护的关键技术进行了系统深入的研究，为煤矿安全高效开采提供理论支撑和技术支持。本书的主要内容包括高应力软岩巷道"三锚"耦合支护技术、复杂条件下沿空送巷小煤柱强化支护技术等。

本书可作为采矿工程、安全工程专业研究生教材和本科生参考教材，也可以作为岩土工程专业研究生参考教材，还可以作为煤矿生产技术人员、安全管理人员和研究人员的参考书。

图书在版编目(CIP)数据

平顶山矿区复杂条件下巷道支护技术/杜波著. —北京：科学出版社，2020.1

ISBN 978-7-03-064312-4

Ⅰ. ①平… Ⅱ. ①杜… Ⅲ. ①矿区—巷道围岩—巷道支护—平顶山—研究生—教材 Ⅳ. ①TD353

中国版本图书馆 CIP 数据核字(2020)第 008619 号

责任编辑：朱晓颖 朱灵真 / 责任校对：郭瑞芝
责任印制：张 伟 / 封面设计：迷底书装

科 学 出 版 社 出版
北京东黄城根北街 16 号
邮政编码：100717
http://www.sciencep.com
北京中科印刷有限公司 印刷
科学出版社发行 各地新华书店经销
*
2020 年 1 月第 一 版 开本：787×1092 1/16
2020 年 1 月第一次印刷 印张：15 3/4
字数：400 000

定价：128.00 元
(如有印装质量问题，我社负责调换)

前　言

　　我国煤炭资源的赋存条件差别很大，平顶山矿区开采过程中面临的问题相对比较突出，由于该矿区投入生产时间已久，生产矿井已进入深部开采阶段，所有矿井都是多水平生产，深部开采的高地应力、高瓦斯压力、高瓦斯含量、软岩、高岩溶水压、高地温、煤层的低透气性、强烈的开采扰动等因素都给矿区的安全生产带来巨大的威胁和挑战。根据相关研究数据统计，我国深井巷道翻修率高达200%，由深部开采引起的围岩变形、冒顶、片帮等安全生产事故，占煤矿生产事故总数的40%以上。因此在矿区的正常生产中，巷道支护问题必须引起足够的重视。平顶山矿区深部巷道普遍存在"三高一扰动"的特性，使得在高应力环境下煤岩体发生较大的变化，围岩松软破碎严重，进入深部开采以后可能会转化为塑性或冲击性破坏，并且时间效应明显，表现为比较明显的流变性特征。因此，对平顶山矿区复杂条件下的巷道支护技术进行研究，对矿区的安全高效生产意义重大。

　　本书根据平顶山矿区的地质条件和矿区巷道支护的现状，运用理论分析、数值模拟、实验室试验和现场工业化试验等方法，对平顶山矿区巷道支护的关键技术问题进行研究，研究的主要内容包括高应力软岩巷道"三锚"耦合支护技术和复杂条件下沿空送巷小煤柱强化支护技术。另外，将研究成果在现场进行工业性试验，达到了预期的支护效果。

　　在本书成稿过程中，平顶山天安煤业股份有限公司（简称平煤股份）开拓处的孙海良和陈泉建、平煤股份六矿的部分人员以及河南理工大学的庞龙龙等做了大量的工作，在此向他们表示衷心的感谢！特别感谢科学出版社对本书出版的大力支持和帮助！对有益于本书编写的所有参考文献的作者表示真诚的感谢！

　　由于作者的水平和时间有限，书中不当之处在所难免，敬请广大读者不吝指正！

作　者

2019 年 3 月

目　　录

第1章 绪 论

1.1 研究目的及意义

我国是一个富煤、贫油、少气的国家，已探明的煤炭储量占世界煤炭储量的 33.8%。中国煤炭产量连续多年位居世界第一，2018 年原煤产量为 35.5 亿 t，占世界煤炭总产量的 49.35%。煤炭在我国一次性能源结构中处于主导地位，20 世纪 50 年代煤炭消费占全部能源的比例曾高达 90%。近年来，在经济转型、环保加强等因素的制约下，煤炭消费增速明显放缓，煤炭在我国能源消费总量结构中的比重不断下降，图 1-1 为 2008~2018 年煤炭在我国能源消费总量中的占比情况，2018 年仍然高达 59%。因此，做好煤炭的安全开采工作对我国经济社会的稳定和健康发展意义重大。

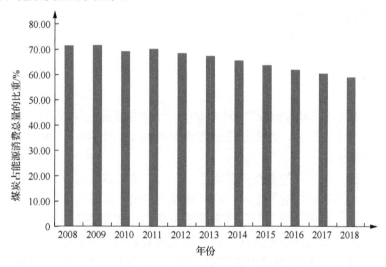

图 1-1　2008~2018 年煤炭占能源消费总量的比重

平顶山矿区位于平顶山煤田的东部，是国家重点建设的煤炭基地之一，目前平煤股份有十几个工作面的开采深度已经超过了 1000m。随着矿井开采深度的不断加深，相应的工程地质问题也变得十分突出，如存在高地应力、高瓦斯压力、高地温、岩溶裂隙水、地质构造复杂等一系列的不利因素，这些因素的存在严重制约着煤矿的安全高效开采。受到上述不利因素的影响，平顶山矿区存在的问题也十分突出，井下巷道的变形破坏比较严重，巷道围岩的稳定性差，支护结构的破坏明显，巷道返修的工程量加大，巷道的维护变得十分困难，并且影响了正常的生产进度，增加了生产成本。根据相关的研究数据统计，我国深井巷道翻修率高达 200%，由于深部开采引起的围岩变形、冒顶、片帮等安全生产事故，占煤矿生产事故总数的 40%以上。2014 年 5 月 25 日，平煤神马集团十二矿发生一起顶板事故，造成 1 人死亡；2014 年 8 月 4 日，平煤神马集团五矿发生一起顶板事故，造成 5 人死亡；2014 年 8 月 15 日，平煤神马集团朝川二矿发生一起顶板事故，造成 3 人死亡；2014 年 9 月 15 日，平煤神马集团一矿发生一起顶板事故，造成 1 人死亡；2015 年 1 月 19 日，平煤神马集团十矿发生一起顶板事故，造成 2 人死亡；2015 年 5 月 27 日，平煤神马集团八矿发生一起顶板事故，造成 1 人死亡。从上述顶板事故统计中可以发现，平煤神马集团发生顶板事故造成的死亡人数并不是很高，但是发生的频率较高，因此在矿区正常的安全生产中，巷道支护问题必须要引起足够的重视。

平顶山矿区的深部巷道支护，已经成为制约该矿区生产矿井安全高效开采的一个重要问题。深部巷道普遍存在"三高一扰动"的特性，使得在高应力环境下煤岩体发生较大的变化，围岩松软破碎严重，进入深部开采以后可能会转化为塑性或冲击性破坏，并且时间效应明显，表现为比较明显的流变特征。针对平顶山矿区在深部复杂条件下巷道支护困难的技术难题，课题组先后开展了高应力软岩巷道的"三锚"耦合支护技术、复杂条件下沿空送巷小煤柱强化支护技术研究，并进行了现场工业性试验，以期为平顶山矿区的深部开采支护提供理论指导和技术支持。

1.2　国内外研究现状

1.2.1　巷道支护理论与技术

1. 巷道支护理论

1) 国外巷道支护理论

(1) 新奥法理论。

新奥法是奥地利专家 Rabcewicz(20 世纪 60 年代)在总结前人经验的基础上提出来的一套隧道设计、施工新技术。随后，新奥法便被逐渐运用到煤矿软岩支护中。目前，新奥法已成为软岩支护的主要理论之一。

新奥法理论是建立在岩石的刚性压缩特性、岩石三轴压缩应力应变特性以及莫尔(Mohr)学说基础上，并考虑到隧道掘进的空间和时间效应所提出的新理论。1980 年，奥地利土木工程学会地下空间分会把新奥法定义为：在岩体或土体中设置的使地下空间的周围岩体形成一个中空筒状支撑环结构的设计施工方法。新奥法的核心是利用围岩的自承作用来支撑隧道，促使围岩本身成为支护结构的重要组成部分，使围岩与构筑的支护结构共同形成坚固的支撑环。

虽然新奥法的应用已经十分广泛，但是不同的使用者对它的解释还存在着矛盾。实际工程中存在着一种倾向，就是盲目地把新奥法应用于不适宜的地质条件，从而使这些巷道工程出现这样或那样的问题。这种情况在中国同样存在，尤其在煤矿中，人们对软岩的物理含义和力学性质理解不够、对利用仪器进行巷道变形及荷载测量的重要性认识不足，不仅时常出现不合理地套用理论来解释煤矿采动影响巷道的机理、极软弱膨胀松散围岩巷道的支护机理，而且出现过因应用新奥法不当，而造成锚喷或锚网喷支护的巷道大面积垮落、坍塌等事故，导致人力、物力的巨大浪费与损失。

(2) 应变控制理论。

日本的山地宏和樱井春提出了围岩的应变控制理论。该理论认为：隧道围岩的应变随支护结构的增加而减少，而允许应变则随支护结构的增加而增大。因此，通过增加支护结构，能较容易地将围岩应变控制在允许范围之内。支护结构的设计则是在由工程测量结果确定了对应于应变的支护工程的感应系数后确定的。

(3) 能量支护理论。

萨拉蒙(M.D.Salamon)(20 世纪 70 年代)等提出了能量支护理论，该理论认为：支护结构与围岩相互作用、共同变形，在变形过程中，围岩释放一部分能量，支护结构吸收一部分能量，但总的能量没有变化。因而，他主张利用支护结构的特点，使支架自动调整围岩释放的能量和支护体吸收的能量，支护结构具有自动释放剩余能量的功能。

(4) 数值计算方法。

目前，数值计算方法日趋成熟，如有限元、有限差分、边界元、离散元等，以此为基础出现了大量的计算软件，如 ANSYS、ADINA、UDEC、FLAC、FINAL、SAP 等都逐渐为用户熟悉，这些软件与一些支护理论相结合，在地下工程中得到了广泛的应用。

2) 国内巷道支护理论

我国在软岩巷道的支护设计等方面的研究工作起始于 1958 年，但是直到 20 世纪 80 年代才取得较大的发展。矿产资源的开发、软岩问题的出现，促使各科研院所对这一问题进行了深入的研究。

(1) 轴变理论和系统开挖理论。

于学馥等在 1981 年提出了轴变理论和系统开挖控制理论，轴变理论认为：巷道围岩破坏是由于应力超过岩体强度极限所致的，坍塌时改变巷道轴比，导致应力重新分布，高应力下降、低应力上升，直至自稳平衡，应力均匀分布的轴比是巷道最稳定的轴比，其形状为椭圆形。系统开挖理论认为是开挖扰动了岩体的平衡，这个不平衡系统具有自组织功能，可以自行稳定。

(2) 联合支护理论。

冯豫、郑雨天、陆家梁、朱效嘉(20 世纪 90 年代)等在总结新奥法支护的基础上，又提出了联合支护理论，认为：对于软岩巷道支护，一味强调支护刚度是不行的，要"先柔后刚、先挖后让、柔让适度、稳定支护"，并由此发展起来了锚喷网技术、锚喷网架支护技术以及锚带网架、锚带喷架等联合支护技术。

(3) 锚喷—弧板支护理论。

以郑雨天教授、孙钧教授和朱效嘉教授(20 世纪 90 年代)为代表的学者提出了锚喷—弧板支护理论，该理论认为：对软岩总是强调放压是不行的，放压到一定程度，要坚决顶住，即联合支护理论的先柔后刚的刚性支护形式为钢筋混凝土弧板，要坚决限制和顶住围岩向中空的位移。

(4) 关键部位耦合组合支护理论。

由何满潮教授(20 世纪 90 年代)提出的关键部位耦合组合支护理论认为：巷道支护破坏大多是由支护体与围岩体在强度、刚度、结构等方面存在不耦合造成的。要采取适当的支护转化技术，使其相互耦合，复杂巷道支护要分为两次支护，第一次是柔性的面支护，第二次是关键部位的点支护。

(5) 围岩松动圈理论。

由董方庭教授(20 世纪 90 年代)等提出的围岩松动圈理论认为：围岩开挖之后，在坚硬岩体中，其围岩松动圈都接近于零，此时巷道围岩的弹塑性变形虽然存在，但并不需要支护，松动圈越大，收敛变形越大，支护越困难，因此，支护的目的在于防止围岩松动圈发展过程中的有害变形。

(6) 定量支护理论。

定量支护理论研究的历史实质上是围岩力学模型的研究历史。目前，流变力学、断裂力学、非连续介质力学、复合材料力学、损伤力学、时间序列分析理论、灰色系统理论和人工神经网络理论等都引入了软岩工程的研究。但由于考虑了各种因素的本构关系过于复杂，涉及的各种参数甚多，计算非常复杂和困难，而要确定支护力的大小，尚需要强度理论或稳定准则，复杂条件下的强度理论或稳定准则目前研究尚很不充分，所以难以将力学模型用于支护力的大小设计。另外，目前建立的模型难以考虑支护过程和围岩变形过程，现有的定量支护理论既不能像新奥法那样可以直接指导软岩支护的设计与施工的各个环节，也不能确定支护力的大小。不过随着计算机和数值计算方法的发展，以有限单元法、边界元法、离散元法等为理论基础的计算机软件大量涌现，为地下工程围岩支护理论及其方法的研究提供了更加有力的工具。

2. 巷道支护技术

1) 国外巷道支护技术

美国和澳大利亚早期煤矿支护为砌碹、锚喷、金属支架等，近几十年以锚杆支护为主体。对于稳定和较为稳定的围岩重点采用普通锚杆支护，对于深部围岩多采用锚网、组合锚杆(网)、高强超长锚杆(网)等支护形式，对于极不稳定围岩主要采用组合锚杆桁架、锚索支护等，对一些特殊地点如随掘随冒、淋水大又破碎的地方采用金属支架。

西欧如英、法、德等国直到 20 世纪 80 年代仍以金属支架为主，对于不同围岩采用不同的金属支架，金属支架由专门的工厂统一加工，质量过硬、性能可靠、安装调试机械化，因此支护效果很好，但是从 80 年代以后开始引进锚杆技术。

俄罗斯和波兰等国至今仍以金属支架为主，金属支架用量约占支护总量的 70%，辅以锚喷、木支架和砌碹等。对于深部高应力软岩采用翻修的办法处理。

2) 国内巷道支护技术

我国的支护类型更为多样，锚喷支护是目前软岩巷道支护技术的主流，现在又发展出超高强度锚杆支护、锚注支护和联合支护等新技术。

(1) 锚喷支护技术。

1872 年，英国北威尔士露天页岩矿山首次使用锚杆加固边坡。1912 年，德国谢列兹矿山首次使用锚杆支护矿井。所以说锚杆技术已经有 100 多年的发展历史，但是真正被广泛使用主要是近五十年的时间。我国自 20 世纪 50 年代开始尝试使用锚杆技术，70 年代煤炭工业部将锚喷技术定为井巷支护的发展方向，对锚喷支护技术进行系统研究总结和锚索实践，促进了锚喷技术的应用研究。20 世纪 80 年代出现了一些锚喷支护技术用于隧道软岩支护的成功范例，使锚喷技术得以巩固和发展。

近些年来，锚喷技术有了长足进步，从早期的胀壳锚杆、倒楔锚杆、楔缝锚杆等机械锚杆过渡到锚固性能良好、适应性更为广泛的树脂锚杆、水泥药卷锚杆以及自进式锚杆等。喷层材料从原来的素砂浆水泥、素混凝土变化到研制出掺加各种纤维的、具有一定柔度的纤维混凝土。通过掺加聚乙烯、丙烯、尼龙等结晶聚合物制成的复合纤维材料大大增加了喷层适应隧道软岩大变形的能力，通过掺加微硅等微细填充材料，增加了喷层与岩面的密贴性能与强度等。

但是实践证明，普通锚杆有时难以满足软岩巷道大变形、高地应力的支护要求。超高强度螺纹钢锚杆具有更高的屈服强度（600MPa）和破断强度（800MPa），预紧力可以提高到600N/m。采用超高强度螺纹钢锚杆支护为巷道围岩提供了强大的支护阻力（比普通锚杆支护高 36 倍以上），大大增加了巷道围岩离层、变形和层理裂隙等弱面发展的约束力。此外，高强度或超高强度螺纹钢锚杆可以实现全长锚固，有效控制巷道的大变形，提高支护系统的安全可靠性。

另外，软岩巷道松动范围大、岩体强度低，单纯使用锚杆支护难以使破碎岩块完全处于受压状态形成组合拱。要真正发挥锚杆的支护优势，必须从提高围岩的强度和变形模量入手，改变围岩的变形规律。锚注式锚杆就是将锚杆杆体兼作注浆管，外锚内注，使锚杆和注浆各自的适用范围得到扩展，提高了支护效果。

（2）金属支架支护技术。

20 世纪 80 年代末期，随着矿井采深日益加大，软岩问题日渐突出，锚喷支护技术的成效开始降低，矿井发生底臌、片帮等大变形现象，U 形钢可缩支架和高强度混凝土弧板支架受到重视，并取得了良好的效果。

U 形钢可缩支架具有良好的断面和几何参数，搭接后可以缩让，支架本身没有塑性变形和损坏。不足的地方是支护强度仅为 0.05～0.1MPa，不能有效控制围岩变形，自身可缩量有限，在很小的压缩量下就会发生破坏。

高强混凝土弧板支架的承载力是 U 形钢可缩支架的 2 倍，成本却不到 U 形钢可缩支架的1/2，不足之处是壁后充填的缓冲层和预留变形层施工不配套，有时不能适应围岩的变形规律。

（3）联合支护技术。

联合支护指采用两种或两种以上的支护方式联合支护巷道。如果能充分发挥每种支护方式的支护性能，优势互补，就会提升支护效果和扩大使用范围。

联合支护有多种类型，如锚喷+U 形钢可缩支架、U 形钢可缩支架+注浆加固、锚喷+注浆加固、锚喷+弧板支架以及锚喷+注浆+U 形钢可缩支架等。

总体而言，国内支护技术和国外相比差距不大，但国外的支护设计和制造更为规范与先进，安装和检测设备也更为先进与可靠。

1.2.2　锚杆支护技术

1. 国外锚杆支护技术

19 世纪末期英国北威尔士露天页岩矿第一次使用锚杆对边坡进行加固，德国谢列兹煤矿在 1912 年首次在煤矿井下的顶板支护中利用锚杆支护。锚杆支护是一种结构简单的主动式支护方式，它本身具有成本低、运输施工比较简单、对巷道围岩的变形控制效果显著的优点。20 世纪 40 年代以后锚杆技术在地下工程中的发展比较迅猛，英国从 1952 年开始大规模采用机械式锚杆，而后又在 1987 年从澳大利亚引入成套的锚杆支护技术，目前在英国的煤矿巷道中使用锚杆支护的比例达到 80%以上，而美国和澳大利亚的国内煤矿巷道采用锚杆支护的比例接近 100%。到了 20 世纪 80 年代以后，那些曾经以 U 形钢或工字钢支架作为煤矿巷道主要支护形式的国家也开始大力发展和应用煤巷锚杆支护，例如，法国和俄罗斯的库兹巴斯矿区使用锚杆支护的比重都已经达到 50%以上。通过国外使用锚杆支护的成功实践经验发现，采用符合自身实际的锚杆支护设计和完善的锚杆支护监测分析系统，对保证回采巷道的安全稳定和煤矿自身的安全生产至关重要。

2. 国内锚杆支护技术

我国煤矿于 1956 年将锚杆技术成功引入岩巷支护的工作中，由于主客观因素，锚杆支护的发展相对比较缓慢，直到 20 世纪 90 年代，我国煤矿巷道锚杆支护技术才有了相对比较迅速的发展。我国国有大中型煤矿每年新掘进的巷道长度达到 5000km 以上，到 1995 年底，我国大中型煤矿每年新掘进巷道中，受采动影响的煤巷、半煤岩巷的锚杆支护率仅为 15.15%，较低的锚杆使用率严重制约了矿井的安全稳定和高效生产。在我国"九五"期间，煤炭工业部将"锚杆支护"列为煤炭工业科技发展的五个项目之一，展开了更加深入和详细的试验研究，取得了单体锚杆支护、锚梁网组合支护、桁架锚杆支护、软岩巷道锚杆支护等研究成果。1996～1997 年从澳大利亚引入了高强度锚杆支护技术，并在邢台矿务局进行了现场演示，并开展和顺利完成了与锚杆支护技术相关的 15 个项目，这使得我国的煤巷锚杆支护技术步入了一个新的发展阶段。进入 21 世纪以来，随着综采放顶煤、厚煤层一次采全高采煤技术的发展和推广应用，对锚杆在煤巷中的支护技术要求更高。潞安、晋城、淮北、新汶、开滦、徐州、华亭等矿区相继开展了煤巷锚杆支护成套的研究和相应的实际应用。锚杆支护在大断面的巷道、煤巷和全煤岩巷、沿空掘巷、围岩破碎的巷道等复杂条件下取得的成功应用，极大地提高了巷道支护的效果，降低了支护的成本，为矿井的高产高效奠定了基础。

2005 年以后，我国又陆续研发出了高预应力、强力锚杆支护技术。国有重点煤矿煤巷锚杆支护率达到 60%，有些矿区达到 90%，这标志着我国的煤巷锚杆支护技术已经进入了一个新的发展阶段。截至目前，煤矿锚杆支护技术已经完全形成了一整套集前期巷道围岩性质测试、锚杆支护设计方法、相应的施工机具和工艺、支护质量检测与监测技术在内的相对比较成熟的锚杆支护体系。

1.2.3 锚索支护技术

1934 年，阿尔及利亚的 Coyne 工程师首次把锚索加固技术应用到水利水电工程的坝体加固上并取得成功，此后，随着高强度钢材和钢丝的出现、钻孔灌浆技术的大力发展，以及对锚索技术研究的不断加深和对锚固技术认识的不断提高，预应力锚索加固技术已经较为普遍地应用到了各个工程领域，并成为岩土工程技术发展历史上的一个重要里程碑。

近年来，在英国、澳大利亚等采矿业相对比较发达的国家，尤其重视锚索技术的发展和推广应用，在围岩条件比较差的情况下，为了提高支护的强度和支护的效果，通常情况下采用锚索对巷道进行加强支护。在交叉点、断层带、破碎带和受到采动影响比较大的地带且支护比较困难的巷道中，往往都采用锚索对其进行加强支护。

我国的锚索加固技术的应用是从 20 世纪 60 年代开始的。1964 年，梅山水库在右岸坝基的加固工作中首次成功采用了锚索加固技术。目前，锚喷技术已经成为我国煤矿巷道支护的主要形式之一，而同时预应力锚索在锚固技术当中也占有相当重要的地位，已经从原来的岩巷扩大到煤巷。特别是深井煤巷、围岩松散或受采动影响比较大的巷道、大硐室、切眼、交叉点以及构造带等支护强度需要加大和提高支护效果的工程部位，采用预应力锚索是非常有效的方法。

随着高产高效工作面，特别是综采放顶煤技术的发展，采用锚杆对煤层巷道进行支护已经成为重要的技术手段。但是由于综放面回采巷道的断面大、围岩松软变形量大，采用比较单一的锚杆支护变得困难重重。在煤层巷道中利用锚杆和锚索联合支护的方法变得非常普遍和具有较强适用性。

锚索是采用有一定弯曲柔性的钢绞线通过预先钻好的钻孔、以特定的方式锚固在围岩体的深部，外露端由工作锚利用压紧托盘对围岩加固补强的一种手段。作为一种比较新型可靠的有效加强支护形式，锚索在煤岩巷道的支护中占有重要的地位。其特点是锚固的深度比较大、承载能力比较好，把下部不稳定的岩层锚固在上部相对比较稳定的岩层中，可靠程度比较大；还可以施加预应力，对围岩和巷道进行主动支护，因此可以获得比较理想的支护加固效果，其加固的范围、支护的强度和可靠性都是常规的锚杆支护无法比拟的。

锚索具有与普通锚杆相同的悬吊作用、组合梁作用、组合拱作用、楔固作用，同时与普通锚杆不同的是锚索会对顶板进行深部锚固而产生强力悬吊作用。

在井下的采掘作业现场，对于围岩松动圈比较大、巷道围岩节理发育、顶板破碎及伪顶较厚等复杂顶板条件下的巷道支护，通过锚杆对松动圈内的围岩进行组合梁加固和锚索的预应力补强加固支护，将围岩或顶板锚固到顶板的深部。

1.2.4　锚注一体化技术

国外从 20 世纪 80 年代就进行了深部巷道支护的研究工作。苏联 1983 年就提出对埋深超过 1600m 的深井开采进行专题研究。1989 年国际岩石力学学会在法国专门进行了"深部岩石力学"国际会议。近 20 年来，在深部高应力软岩巷道围岩控制技术上形成了锚喷支护技术、锚网喷支护技术、预应力锚索支护技术、钢棚支护技术、注浆加固和卸压支护技术，在支护形式上一般遵循"先让后抗、先柔后刚"的二次支护原则。但是对于高应力深部软岩巷道，特别是高应力裂隙围岩巷道修复的支护效果，不仅取决于支护方式，更需要与地质条件、应力环境相耦合，而二次支护原理和时机等因素还停留在定性研究和分析阶段，现场施工中缺乏有效的理论指导。

过去欧洲一些国家，如英国、法国、德国等以新奥法理论为基础，采用不同断面的矿用型钢设计刚性或可缩性金属支架，来解决困难条件下的巷道支护问题。直到今天，俄罗斯、波兰、土耳其等一些产煤国家仍在采用各种不同类型的金属支架来处理巷道的支护问题。这些支护方式存在诸多局限性：一是不能解决困难条件下的巷道支护问题；二是施工复杂、巷道支护破坏后再修复就更为困难；三是巷道支护成本高。

美国、澳大利亚、南非等国则主要采用以锚杆为主体的支护体系，包括高强、超高强锚杆以及全长锚固锚杆、组合锚杆、锚杆桁架等支护形式，继锚杆之后，又推出了锚索来进一步提高支护材料的强度和锚固着力点的深度。尽管如此，随着开采机械化程度的提高，巷道断面不断扩大，开采深度也在逐年递增，巷道支护变得更加困难，对原有的锚杆支护体系提出了新的挑战。

最近几年发展起来的高强锚注支护技术在矿山和岩土工程中得到广泛应用，工程实效也很显著，尤其在软弱岩层支护中发挥了很大的作用。锚注支护实质上是锚固支护技术和注浆加固技术的结合，利用中空锚杆/锚索兼作注浆管，在保证全长锚固的前提下，利用注浆材料改变围岩的性质，提高围岩的强度和自承能力，保持巷道的稳定。

随着锚注一体化支护技术的应用和发展，高性能支护材料也不断出现，高强锚注支护技术代表着新的发展方向。最有代表性的是德国研制的带一次性钻头的自钻进大直径全螺纹超高强锚杆的"一步到位"注浆锚杆，称为 OnestepAnker 锚杆，还有澳大利亚研制的采用机械式端头锚固作为初始锚固机构的 CT.Bolt 注浆锚杆，见图 1-2。

图 1-3 表明了德国锚杆支护发展的 30 多年的历程，锚杆的破断力从 160kN 提高到 360kN，锚固方式变化过程为端锚—全长锚固—锚注一体；德国的发展历程代表了深井巷道支护发展的趋势和方向。

图 1-2 德国和澳大利亚使用的高强中空注浆锚杆

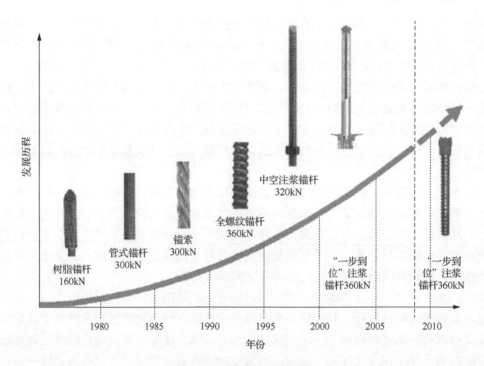

图 1-3 德国锚杆发展历程

澳大利亚最近几年也积极开展锚注一体锚杆/锚索的研究。图 1-4 为澳大利亚米诺华（Minova）公司研制的自钻式中空注浆锚杆，它可以用于围岩条件较差的环境下，本身带有螺纹和钻头，钻孔、安装一次完成。每种锚杆都有各自公认的安全性和高效的优点。它有四种形式，分别为标准自钻式锚杆、预应力自钻式锚杆、伸缩式自钻式锚杆、可切式自钻式注脂锚杆，杆体外直径为 $\Phi32mm$ 和 $\Phi46mm$，极限拉伸强度达 850MPa，破断力达到 512kN，见表 1-1。

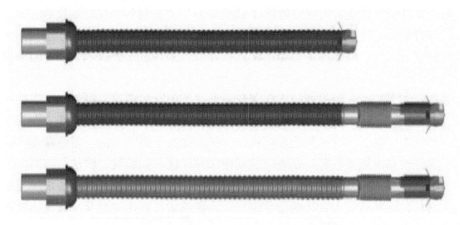

图 1-4 澳大利亚米诺华公司研制的中空锚杆

表 1-1 澳大利亚米诺华公司研制的中空锚杆技术参数

技术参数	标准自钻式锚杆	预应力自钻式锚杆	伸缩式自钻式锚杆	可切式自钻式注脂锚杆
极限拉伸强度/MPa	850	850	850	500
屈服强度/MPa	550	550	550	—
延伸率/%	15	15	15	—
外直径/mm	32	32	46	32
内管直径/mm	16	16	16	16
钻头直径/mm	38	38	50	38

除锚杆采用锚注技术以外，国外也积极研究和开发中空锚注锚索。图 1-5 为澳大利亚 Mega.bolt 公司研制的中空注浆锚索，锚索的最大外径为 $\Phi 32mm$，最大破断力为 800kN，采用树脂端锚、螺纹锁紧的方式施加预应力。

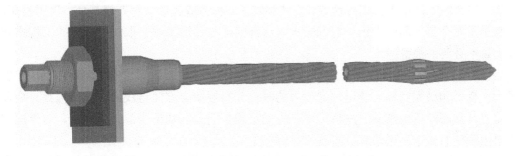

图 1-5 澳大利亚 Mega.bolt 公司研制的中空注浆锚索

2005 年，澳大利亚开发的中空注浆锚索开始在煤矿中应用。这种新型锚索产品的应用不仅在提高煤巷锚杆支护安全可靠性和总体成巷速度方面有显著的效果，而且为解决复杂困难条件下围岩加固问题提供了有效的技术手段。例如，兖矿集团在澳大利亚投资的澳思达煤矿大量采用澳大利亚 Mega.bolt 公司的 MS7R.TT 强力注浆螺纹锁紧锚索，用中空注浆锚索支护跨度达 8m 的切眼不需要打任何支柱或木垛，同时利用这种锚索在回采工作面两巷进行加固，取消工作面超前支护。

我国近年来也对深部开采巷道支护遇到的困难进行了大量的研究与试验，取得了一定的成果。例如，开发了高强度、大直径的锚杆/锚索等新型支护材料；在监测仪器方面开发了钻孔窥视仪、测力锚杆、顶板离层监测系统等仪器仪表；一些科研院所和大专院校与现场合作进行了大量的试验工作，做了许多有益工作，在深部开采巷道支护技术研究方面取得了一些成果。

最近几年锚注支护、注浆加固技术在深井巷道支护中发展迅速。例如，淮南矿区提出了"逢修必注，不注不修"的理念，用锚注支护修复巷道，并制定了相应的注浆加固施工规范和验收标准，对新掘大巷和煤巷也积极推广锚注支护，如沿空掘巷、沿空留巷就推广应用锚注支护取得了较好的技术经济效益。在我国的其他深井矿区，如新汶、铁法、鹤岗、淮北等矿区也在积极地试验和推广锚注支护，以替代架棚支护，并不断研发高性能的锚注支护材料和配套的施工机具，研制高强大直径的注浆锚杆、注浆锚索、高压注浆泵和底板钻机等，使锚注一体化支护技术不断完善和提高。

1.2.5　当前研究中存在的主要问题

大量的理论研究和工程实践表明，巷道失稳破坏与巷道围岩的工程地质条件、应力场特征、岩石的矿物成分、物理特性、化学特性、力学特性、采掘扰动等因素密切相关。关于巷道破坏机理的研究也从只考虑单一因素向多因素综合考虑深入，由此发展起来的软岩巷道稳定性控制技术，也从单一的强力支护向多因素综合控制方面发展。上述理论与技术对于保证煤炭资源开采过程中巷道稳定性控制做出了重要的贡献。然而，随着煤炭资源开采逐渐向深部发展，特别是在"三高一扰动"的复杂地质力学环境下，现有理论与技术难以适应深部巷道工程稳定性控制要求，现有的适用于浅部巷道稳定性分析的理论、设计方法和控制对策在解决深部巷道定性问题方面存在许多问题，主要表现在以下几个方面。

(1)对"深部"的概念模糊不清，且没有一个比较科学的评价指标，对于同一类工程，若根据原有不同的评价标准往往会得出不同的结论，从而可能导致：①对已经进入深部的巷道工程仍沿用传统的适用于浅部的理论、方法和技术，将造成巷道大量返修甚至出现工程事故；②一味出于安全等方面的考虑，对尚未进入深部的浅部巷道工程采取过于保守的工程措施，造成大量不必要的浪费。

(2)深部软岩巷道工程在地质条件恶化、地应力增大、碎裂岩体增多等复杂环境下，岩体的受力、变形和破裂特征、巷道围岩应力的时空分布规律等方面与浅部岩体工程具有许多不同的特点，从而造成深部巷道变形破坏产生的机理也明显区别于浅部开采条件，对于深部工程仍沿用浅部的技术已无法解决问题。

(3)深部巷道"三高一扰动"的复杂地质力学环境，特别是巷道掘进与其他采动集中应力的作用，使得深部巷道工程岩体表现出明显的非线性力学特性，建立在传统的经典线性力学理论基础上的巷道失稳机理研究成果，已难以甚至无法解释深部巷道工程破坏失稳的非线性力学过程。

(4)深部地应力水平高，应力分布状态复杂。地应力是影响深部巷道稳定性的首要因素，随着开采深度的增加，地应力水平也不断加大。巷道开挖后，地应力也随之发生转移和集中，应力转移趋势、应力集中范围和应力峰值分布位置异常复杂，深部巷道不但受到高垂直应力作用，还受到高水平应力影响。这给巷道支护范围和强度提出了更高的要求和挑战。

(5)常规支护方法在埋深较浅、工程地质条件相对简单的情况下可以取得较为理想的效果。但是在越来越多的深部巷道中，由于其复杂的地质力学环境，常规支护方法难以取得理想的支护效果，甚至完全失效。因此，必须针对深部巷道工程地质力学条件，采用更加科学合理的控制对策和支护技术才能保证巷道的稳定性，进而确保整个巷道工程的稳定。

(6)对支护材料的物理力学性能研究缺乏。大量的工程实践和理论研究成果表明，对支护材料的选型停留在经验选择上，对支护结构的理论研究停留在破坏机理、作用机理、受力分析等方面。尤其是对高应力软岩支护起决定作用的注浆材料的物理力学性能、配合比、浆液的可注性、凝结时间、泵送时间、早凝早强和后期强度等方面缺乏研究，最终导致注浆效果不好甚至失败。对于锚喷支护起主要护表作用的混凝土喷层材料物理力学性能的研究更是缺乏，大量高应力软岩巷道早期喷层脱落，一方面是由客观围岩应力所造成的，另一方面是由喷层材料物理力学性能影响和现场施工工艺所造成的，因此，开展对注浆材料和混凝土喷层材料物理力学性能试验研究已成为当务之急。

(7)巷道变形速度快、变形量大，底臌严重。进入深部开采后，由于围岩内赋存的高应力与其本身的低强度之间的矛盾突出，巷道开挖后围岩很快由表及里进入破裂碎胀和塑性扩容状态，往往开挖后不到一个月的时间就出现巷道严重破坏、支护体失稳破坏或失效，底臌变形达 1~2m。巷道具有较强的流变特性。浅部巷道掘进影响期为 3~5 天，在深部巷道从开挖到稳定持续的时间长，巷道围岩变形接近稳定后，仍以较低的速率持续发展，即发生"流变"。

1.3 研究的主要内容和技术路线

1.3.1 研究的主要内容

根据平顶山矿区的复杂地质条件和目前矿区巷道支护技术的发展情况，在分析国内外研究现状的基础上，拟开展以下主要内容的研究。

(1)高应力软岩巷道"三锚"耦合支护技术。研究高应力软岩巷道"三锚"耦合支护理论、高应力软岩巷道变形破坏特征及力学机制、聚丙烯纤维混凝土喷层物理力学性能及试验和超细水泥注浆材料物理力学性能及胶结破碎煤岩体的黏结强度试验；研究"三锚"耦合支护关键技术、"三锚"耦合支护技术方案动态信息化设计、"三锚"耦合支护巷道稳定性数值模拟分析、"三锚"耦合支护"多级组合、分部施工"工艺与方法、"三锚"耦合支护工业性试验和"三锚"耦合支护效果和经济社会效益分析。

(2)复杂条件下沿空送巷小煤柱强化支护技术。主要研究综采工作面开采后形成的采场压力分布规律、孤岛工作面沿空送巷基本顶结构形式、沿空送巷注浆加固机理、沿空送巷小煤柱注浆前后数值模拟分析、沿空送巷合理支护方式和沿空送巷小煤柱强化工业性试验。

1.3.2 技术路线

技术路线如图 1-6 所示。

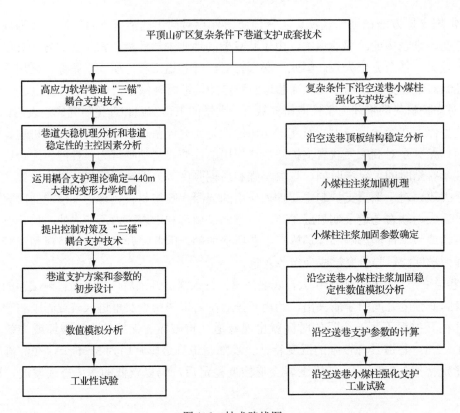

图 1-6　技术路线图

第2章 平顶山矿区概况

2.1 矿区位置和范围

中国平煤神马能源化工集团有限责任公司所属煤矿分布在平顶山煤田、汝州煤田和禹州煤田内，矿区地跨平顶山市、许昌市的 9 个县(市、区)。平顶山矿区是 1949 年以后我国开发建设的大型矿区，煤炭年产量千万吨以上，是我国重要的大型煤炭基地。矿区有丰富的煤炭资源，探明煤炭储量超过 100 亿吨，区内有大型矿井 23 对，主要开采丙组、丁组、戊组、己组、庚组煤，核定矿井生产能力 27.94Mt/a，实际产量为 28.30Mt/a。矿区南起平顶山煤田的庚组煤露头，北至汝州煤田的夏店断层并与登封煤田相邻，东北部与新密煤田相接，东邻许昌市，东南起于洛岗断层，西至双庙勘查区、汝西预查区西部边界，西北以宜洛煤田为界。矿区连绵百里(1 里=500m)，东西长 138km，南北宽 82km，面积约 10000km²，初步查明含煤面积为 2951km²。行政区划上，汝州煤田、平顶山煤田同属平顶山市，禹州煤田属与之毗邻的许昌市，地理位置接近，经济发展联系紧密。矿区范围如图 2-1 所示。

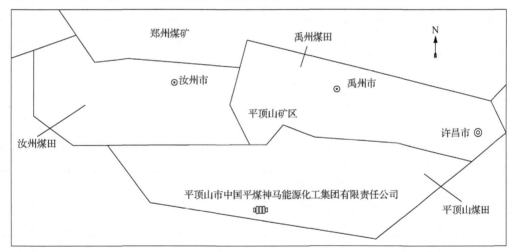

图 2-1 平顶山矿区范围分布图

矿区内交通便利，路网密布，公路建设实现了村村通。横贯矿区南北的主要交通干线有京珠高速公路、京广铁路、平禹铁路、郑南公路、宁洛高速公路、焦枝铁路等。连接矿区东西的主要交通干线有漯宝铁路、许平南高速公路、许洛公路等。

中国平煤神马能源化工集团有限责任公司是经河南省委、省政府批准，由平煤集团和神马集团重组整合，于 2008 年 12 月 5 日成立的特大型能源化工集团，是一家煤、盐、电、焦、化、建六位一体，多元发展的跨区域、跨行业、跨所有制、跨国经营的新型能源化工集团，拥有平顶山天安煤业股份有限公司和神马实业股份有限公司两家上市公司。这两家公司都是中国 500 强企业，平顶山天安煤业股份有限公司是 1949 年以来我国自行勘探、设计、开发和建设的第一个特大型煤炭基地，是我国品种最全的炼焦煤和动力煤生产基地。中国平煤神马能源化工集团有限责任公司目前共有 19 个原煤生产单位，23 对生产矿井。生产矿井中带压开采矿井有 19 对，分别为二矿、四矿、五矿、八矿、九矿、十矿、十一矿、十二矿、十三矿、香山矿、吴寨矿、首山一矿、朝川矿一井、平顶山市瑞平煤矿有限公司张村矿、平顶山市瑞平煤矿有限公司庇山矿、河南长虹矿业有限公司及河南平禹煤电有限责任公司一矿、四矿和方山新井。生产矿井中有突出矿井 13 对，分别为一矿、二矿、四矿、五矿、六矿、八矿、九矿、十矿、十一矿、十二矿、十三矿、首山一矿及河南长虹矿业有限公司。

2.2　自然地理

通常情况下，在某个地区距地表一定深度后会出现一个恒温带，在恒温带以浅温度会随季节变化而变化，恒温带以深温度会以一定的地温梯度逐渐增加，通常用地温梯度来反映一个地区的地温情况。平煤股份地测处提供的资料显示，$1.6 \sim 3.0$℃/hm 为正常的地温梯度。根据平顶山矿区实测的地温及其深度得到的平顶山矿区地温梯度见表 2-1。

表 2-1　平顶山矿区地温统计表

矿别	埋深/m	水温/℃	地温梯度/(℃/hm)	矿别	埋深/m	水温/℃	地温梯度/(℃/hm)
香山矿	293	22	1.79	十三矿	580	45	5.01
十一矿	543	23	1.12		584	38	3.72
九矿	643	39.5	3.61		591	27	1.73
五矿	622	45	4.66		627	42	4.12
七矿	339	28	3.44		661	27	1.54
三矿	690	42	3.73		822	53	4.49
四矿	627	40	3.79	首山一矿	633	51	5.56
	943	34	1.83	八矿	465	36	4.27
	1017	43	2.60		487	38	4.50
	1055	48	2.99		513	37	4.06
二矿	508	27	2.03		585	40.7	4.20
	790	41	3.11		597	49	5.56
十矿	868	51	4.01		851	49	3.85
十二矿	778	54	4.89		880	49	3.72
	1114	54	3.38		899	49	3.63
	1119	52	3.18		901	49	3.63

从表 2-1 可以看出，平顶山矿区地温梯度最小值出现在西部的十一矿，为 1.12℃/hm，最高地温梯度为 5.56℃/hm，在东部的首山一矿。矿区大部分矿井地温梯度在 $3 \sim 4$℃/hm，平均地温梯度为 3.55℃/hm。另外，不同矿井的地温梯度存在很大变化，甚至同一矿井的不同地段的地温梯度也不尽相同。从矿区地温梯度数据来看，整个平顶山矿区地温普遍偏高，而且东北部地区地温要高于西部地区。区内平均地温梯度比邻区高，也高于华北地区的正常地温梯

度(3℃/hm)。特别是东部的八矿和北部的十三矿均出现超过 40℃的采掘工作面,高温地热环境不仅增加了煤炭开采成本,还严重影响井下工作人员的身体健康,并且随着矿井开采深度的增加,地热灾害造成的危害将越来越大。

一般认为温度对煤变质起着决定性作用,温度越高、作用时间越长,煤化作用就越强,煤的变质程度也就越高。平顶山矿区的煤质分布和地温分布特点也在一定程度上印证了温度对煤变质程度的影响。

2.3　矿区地质条件

2.3.1　矿区地质构造

平顶山煤田位于秦岭纬向构造带东延部分与淮阳山字形西翼反射弧顶部的复合部位。燕山运动中,本区处于 NE、SW 向挤压的构造背景,形成了以李口向斜为主体的复式褶皱,并在褶皱两翼形成一系列 NW 向断裂构造。老地层出露于湛河之南,煤系地层分布于湛河之北,除上二叠统平顶山砂岩、三叠系刘家沟组砂岩在低山丘陵出露外,几乎全部为第四系所覆盖,露头稀少。

平顶山矿区突出的地质特征是区内断块隆起,四周坳陷,形成了以郏县正断层、襄郏正断层、鲁叶正断层为界的四周坳陷带。区内主体构造为一宽缓的复式向斜(李口向斜),轴向300°～310°,NW 向倾伏,两翼倾角为 5°～15°。位于李口向斜轴以南的有郝堂向斜、诸葛庙背斜、十矿向斜及郭庄背斜,位于向斜轴以北的有白石山背斜、灵武山向斜和襄郏断层。平顶山煤田地质构造纲要图如图 2-2 所示。

平顶山矿区内由南向北依次有李口向斜、白石山背斜、灵武山向斜和襄郏背斜,断层多为 NW-SE 走向,与褶曲轴向基本一致,如九里山逆断层、锅底山正断层、霍堰正断层、白石沟正断层、襄郏正断层等;NE 向次之,如洛岗正断层、郏县正断层、沟里封正断层、七里店正断层等。断层多为正断层,逆断层次之。NW 向断层平面展布长度大,落差大;NE 向断层相对较短,落差也相对较小。NE 向断层形成时代相对较晚,并切割 NW 向断层。在襄郏背斜 NE 翼断裂发育密度较大,其余大部地区较为稀疏。矿区主体褶曲是李口向斜,两翼基本对称,地层倾角 EN 翼为 5°～12°,SW 翼为 8°～20°;NW 向倾状,深部达 1500m 以上时,SE 向收敛消失。向斜南翼发育次一级 NW 向背斜,如郭庄背斜、牛庄向斜、焦赞向斜等。

通过研究矿区的构造特征分析,平顶山矿区地质构造形迹主要以 NW 向为主,NE 向次之。NW 向地质构造表现为压扭性质,以挤压、剪切作用为主;NE 向地质构造以拉张、剪切作用为主。平顶山矿区东部的八矿、十矿、十二矿位于 NW 向断裂、褶曲控制的构造复杂区,NW 向小构造比 NE 向小构造附近的构造煤层发育,构造附近发生煤与瓦斯突出的次数比较多。

按照地层顺序,平顶山矿区由上至下发育丁、戊、己、庚 4 组主要可采煤,丁组煤受挤压、剪切的破坏程度大于戊组煤,戊组煤受挤压、剪切的破坏程度大于己组煤,己组煤受挤压、剪切的破坏程度大于庚组煤。

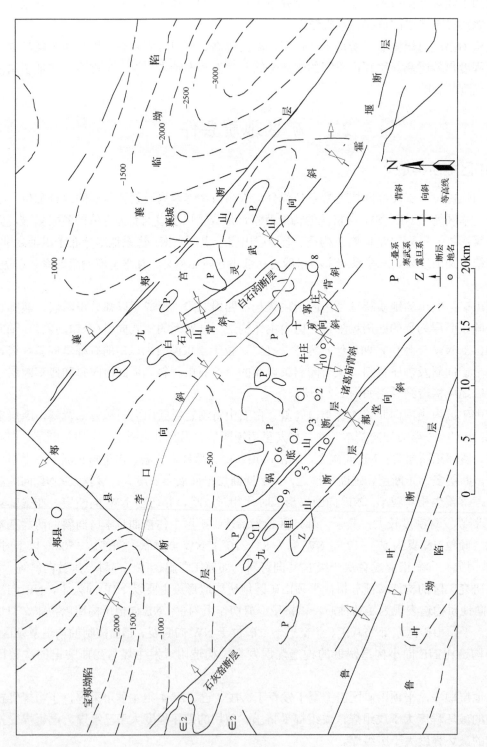

图 2-2 平顶山矿区地质构造纲要

　　以鲁叶断裂为界,南部出露震旦系以下的老地层,北部出露石炭系和二叠系煤系地层及新生界。该断裂为华北板块向南的俯冲断裂,后期反转为正断层。其南侧的地层大规模逆冲推覆,震旦系以上的石炭系和二叠系煤系地层遭受强烈的风化剥蚀。断裂以北的地层同样受来自南西侧的推挤力作用,发生大规模褶皱断裂活动,形成了李口向斜、襄郏背斜、景家洼向斜、鲁叶背斜等褶皱,同时形成了一系列压扭作用为主的 NWW-NW 向展布的逆冲断层,如九里山断裂、锅底山断裂、白石沟断裂、襄郏断裂(后期反转为正断层)。锅底山断裂是一个由 SW 向 NE 逆冲的断裂;襄郏断裂是一个由 NE 向 SW 逆冲的断裂,位于景家洼向斜的SW 翼;景家洼向斜是一个紧闭的褶皱;白石沟断裂与霍堰断裂是同一条断裂,由于位于李口向斜的 NE 翼,向斜在弯曲过程中形成了由 NE 向 SW 逆冲的断裂。NWW 向的断裂表现为右行压扭性活动,正是由于锅底山断裂的右行压扭性活动形成了三矿 G_2 孔断裂(图 2-3)。

　　燕山运动早期,平顶山矿区受太平洋库拉板块 NNW 向俯冲作用,在原来 NWW-NW 向构造基础上又叠加了 NNE-NE 向构造,如在矿区东西两侧 NNE-NE 向展布的郏县断裂和洛岗断裂表现为左行压扭性活动。矿区内的 NWW-NW 向构造在一些部位与 NNE 向构造复合,如位于李口向斜东南收敛端的八矿既受 NWW 向构造的控制,又受 NNE 向构造的控制,且两者发生复合作用。八矿既发育 NNE-NE 向展布的前聂背斜,又发育 NWW-NW 向的焦赞向斜,同时发育 NW 向与 NE 向联合作用控制的任庄向斜(图 2-4)。

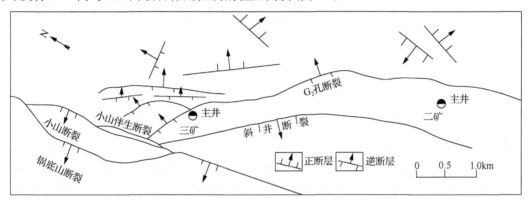

图 2-3　二矿、三矿构造纲要图

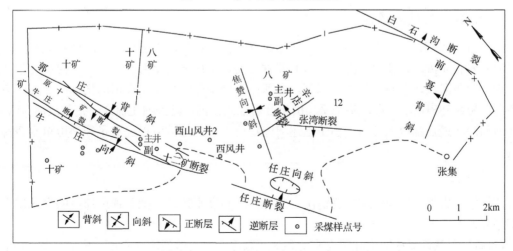

图 2-4　八矿、十矿、十二矿构造纲要图

在古近系-新近系，平顶山矿区表现为隆升伸展构造，形成一个四周坳陷、中间烘托的宽条带状隆起的块体，SW 侧是鲁叶断裂，NE 侧是襄郏断裂，NW 侧是郏县断裂，SE 侧是洛岗断裂。鲁叶断裂、锅底山断裂、襄郏断裂表现为左行拉张活动，原来的逆冲断裂反转为上盘下滑的正断层。锅底山断裂旁侧的煤层受到左行扭动的牵引，其 NE、SW 盘的煤层弧形弯曲分别凸向 NW、SE(图 2-5)。

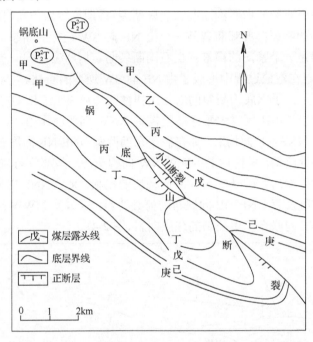

图 2-5　平顶山矿区锅底山断裂旁侧煤层牵引形态平面图

燕山运动末期至喜马拉雅运动早期，太平洋板块转向为 NWW 向，对华北板块产生俯冲作用，NE 向、NNE 向断裂表现为右行张扭性活动，此时的郏县断裂和洛岗断裂为右行张扭。随着矿区地块的隆升，郏县断裂和洛岗断裂反转为正断层；由于洛岗断裂上盘大规模地下滑，使得与白石沟断裂同是一条逆断层的霍堰断裂上盘下滑反转为正断层。

2.3.2　矿区水文地质条件

平顶山矿区西部与伏牛山接壤，东部为黄淮平原，地势西高东低，呈阶梯状展布。矿区内河流主要有北汝河、沙河、湛河、澧河和甘江河，均属淮河水系。其中，沙河和北汝河流量较大，两条河流均发源于伏牛山东麓，自西向东分别流经平顶山煤田的南部和北部；湛河自西向东流经井田南部，穿过整个平顶山市区后汇入沙河，是沙河主流之一；北汝河、澧河、甘江河和沙河最后都流入淮河。由于上述河流均位于淮河上游所以造成了平顶山市水资源严重匮乏。

1. 含水层

依据地层岩性、岩溶裂隙发育情况、水力性质和富水特征，把平顶山煤田的含水层自上而下划分为下面五大含水岩组。

(1)新生界第四系松散类孔隙含水层和新近系泥灰岩岩溶裂隙含水层组成的孔隙、岩溶含水岩组。总体富水性一般，主要分布在沙河、北汝河两岸及东部平坦低海拔地区，厚度由几米到几百米，西部厚度较薄、东部偏厚，岩性主要以夹杂有大量砂砾石的黏土和细砂为主。按成因不同可将含水层分为上下两层，以细砂和砾石为主的是上含水层，主要由河流冲击或山洪暴发形成；下含水层以黏土夹杂砾石为主，由自然堆积形成。透水性弱的黏土层将各个含水层彼此隔开，但断裂构造使得局部地区不同的含水层之间发生水力联系。沙河和北汝河两岸富水性强的冲积砂层可作为该含水层的补给水源，河流水和大气降水源源不断的补给作用使得该含水层储量较大。钻孔单位涌水量为 0.0007～16.2L/(s·m)，渗透率为 0.0021～193.35m/d，范围比较大。

(2)二叠系碎屑岩类裂隙含水岩组，包括非煤系地层的石千峰组和煤系地层的上、下石盒子组及山西组，含水层部分由各组中的砂岩组成。石千峰组砂岩在平顶山煤田西南香山矿、十一矿可见出露，从而在该区域形成该含水层的补给区，通过导水通道还能对其他含水层间接补给，该含水层厚度达 100 多米，相对较厚，且裂隙发育，富水性好。

二叠系上、下石盒子组及山西组各煤层之间常见砂岩含水层，厚度差异较大，粒度由细到粗不等，该含水层富水性低于上层石千峰组砂岩含水层，但由于其处于含煤地层中，距离煤层顶底板较近，因此对煤层开采影响很大。一般各含水层之间被导水性差的泥岩隔开，水力联系不明显，为弱含水的裂隙承压含水层。

(3)石炭系太原组碎屑岩夹碳酸盐岩类岩溶裂隙含水岩组，岩性主要以一层德尔碳酸质灰岩为主，根据特点由下向上分别以 L_1～L_9 命名该含水层各层灰岩，是平顶山煤田的一个主要含水层，富水性好，厚度大，结构均一稳定，岩溶裂隙发育，导水性强，各层灰岩水力联系明显。

(4)寒武系碳酸盐岩类岩溶裂隙含水岩组，该含水层在煤田西南的十一矿、香山矿、七矿附近有出露，是平顶山煤田最主要的含水层，可以直接接受大气降水和地表水的补给，厚度大，结构稳定，富水性好，其岩性为碳酸类石灰岩，中间被一层砂质泥岩隔水层隔开，将其分为上下两个含水层。其中上含水层岩溶裂隙比较发育，破碎带较多，导水性好；下含水层的岩溶裂隙发育情况不如上含水层。

(5)变质岩类风化裂隙含水岩组，由寒武系以下的元古宇和太古宇老变质岩系组成，成分以石英为主，富水性弱，且埋深较大。

2. 隔水层

矿区内有 5 个主要隔水层，从下而上依次如下。

(1)寒武系底部隔水层。

该层由下寒武统和中寒武统的馒头组与毛庄组的泥岩、砂质泥岩组成，阻隔了下寒武统石英砂岩和震旦系石英岩同张夏组灰岩含水层的水力联系，为区域隔水层。

(2)太原组下段砂泥岩隔水层。

该层是太原组底部隔水层，以铝土质泥岩、砂质泥岩和中细粒砂岩为主，中间夹有 1～2 层薄层泥灰岩和灰岩，厚度均一，隔水性能比较好。

(3)太原组中部砂泥岩隔水层。

该层是太原组主要隔水层，岩性为泥岩和砂质泥岩。

(4)二₁煤层底部隔水层。

该层一般指二₁煤层底到 L_{8-9} 灰岩顶之间的地层，平均厚约 24.4m，岩性主要为泥岩、砂质泥岩，正常情况下具有一定隔水能力，可阻止石炭系太原组上段灰岩含水层中的承压水进入开采二$_1$煤层的矿井。

(5) 各煤层砂质泥岩和泥岩隔水层。

该层在太原组以上的各层煤段砂岩含水层之间，岩性以砂质泥岩和泥岩为主，厚度在 5～25m，透水性能较差。

3. 地下水补给、径流、排泄条件

平顶山煤田作为一个相对独立的水文地质单元，几乎不受煤田区域以外的地下水补给，区域内地下水的补给来源主要有以下 5 种，其中第 1 种和第 2 种分别为李口向斜 SW 翼和 NE 翼最主要的补给源。

(1) 香山矿、十一矿浅部及七矿西南浅部灰岩露头的降水、河水补给和第四系、新近系含水层地下水的下渗补给。

(2) 十三矿东北厚度不大的第四系松散堆积物下隐伏着煤系露头，北汝河及大气降水从堆积物垂直渗入补给。

(3) 北干渠河床直接揭露新近系泥灰岩，渠水下灌新近系泥灰岩，进而补给石炭系和寒武系灰岩含水层。

(4) 灰岩隐伏露头可接受第四系含水层"天窗"补给。

(5) 在山坡、山脚处，大气降水通过坡积层、洪积层补给煤系砂岩含水层。平顶山煤田地下水接受补给后，在水压的影响下将会沿着地层产状、导水通道向排泄区径流。具体径流形式如下：①在李口向斜 WS 翼，大气降水和地表水从香山矿、十一矿西南寒武系灰岩露头处下渗，一部分补给水顺岩层走向向 NE 向径流，流至八矿区域；而另一部分补给水则由于锅底山断层的阻水作用顺断层向 SE 向径流，并与七矿西南灰岩露头处的补给水汇合继续沿锅底山断层向西南排泄。②在李口向斜 EN 翼，大气降水和地表水从十三矿北东的煤层露头下渗，十三矿、首山一矿都处在径流区。③大气降水和地表水在平顶山煤田内部灰岩隐伏露头处或裂隙发育处通过上覆第四系盖层下渗再径流。由此可以看出平顶山煤田地下水补给径流在自然状态下是一个滞缓的过程。

平顶山煤田地下水排泄方式有两种：一种是自然排泄方式，在灰岩隐伏露头，灰岩与第四系接触，灰岩地下水顶托排泄于第四系含水层或通过导水断层排泄于其他含水层；另一种是地下水通过井下出水点集中排泄的人工排泄方式。由于矿井长期疏排地下水，平顶山矿区岩溶地下水水位大幅下降。

2.3.3 矿区工程地质条件

在地质史上，平顶山地区主要经历了 3 次大的构造运动，依次为中生代的印支运动、燕山运动以及新生代的喜马拉雅运动。

印支运动使整个华北聚煤盆地三叠纪以前的地层发生了强烈的褶皱隆起和断裂运动。平顶山煤田位于华北聚煤盆地南缘逆冲推覆构造带，主要是南北陆块沿近 NW 向北淮阳深大断裂发生碰撞的作用，形成了开阔的以 NW 向为主的背斜、向斜构造，同时伴生相当发育的以 NW 向为主的压(扭)性断裂及发育较差的 NE 向张(扭)性断裂；构造应力场最大主应力为NE-SW 向，并且主要由 SW 向 NE 推挤，如图 2-6 所示。

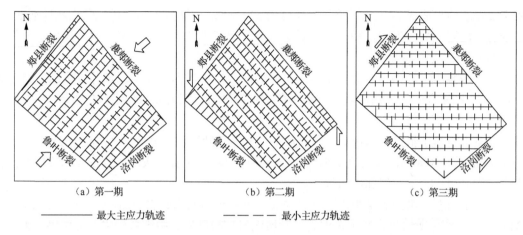

（a）第一期   （b）第二期   （c）第三期

——————最大主应力轨迹   ————— 最小主应力轨迹

图 2-6 区域构造应力场主应力轨迹趋势图

燕山运动主要是由于太平洋板块向北推移形成了区域左旋力偶作用的应力场，在该区表现为近 SN 向的左旋扭动，构造应力场最大主应力方向为近 NW-SE 向（这是第二期的构造应力场），使第一期发生的断裂构造又经受了近 SN 向的左旋扭动作用。原来 NW 向的断裂压（扭）性活动变为张（扭）性活动，原来 NE 向的断裂张（扭）性活动变为压（扭）性活动。

喜马拉雅运动使该地区受印度板块向 NNE 推挤作用的影响，形成了近 NE 向的区域右旋力偶作用的应力场，最大主应力方向发展为近 EW 向，这是第三期的构造应力场。原来 NW 向的断裂和在第二期构造应力场作用下新产生的 NWW 向断裂又发生了右旋压（扭）性活动，原来 NE 向断裂和在第二期构造应力场作用下新产生的 NNW 向断裂又发生了张（扭）性活动。同时，该地区又发生了规模较大的差异升降运动，并一直延续到第四纪。

平顶山地区 3 次大的构造运动形成了目前平顶山煤田中部烘托的宽条带状，其 NW、SE、NE 侧分别与高角度的郏县断裂、鲁叶断裂及襄郏断裂相切。

近年来的地应力测量和研究结果表明，水平构造应力在现今的地应力场中起着主导和控制作用。现今地应力场的最大主应力方向主要取决于现今构造应力场（和地质史上曾经出现过的构造应力场之间不存在直接或者必然的联系），只有在现今地应力场继承先前应力场而发展，或与历史上某一次构造应力场的方向耦合时，现今地应力场的方向才可能与历史上的地质构造要素之间发生联系。从图 2-6 可以看出，最大主应力的方向从第一期构造运动时的 NE-SW 向转为第二期构造运动时的 NW-SE 向，最后逐渐成为第三期构造运动时的近 EW 向。

2.3.4 矿区煤层及顶底板

1. 含煤地层

煤田内地层层序由老至新依次为寒武系崮山组、石炭系本溪组、太原组、二叠系山西组、下石盒子组、上石盒子组、石千峰组，以及第四系。

寒武系崮山组是石炭系含煤地层的沉积基底，厚度大于 68m，为灰色厚～巨厚层状白云质灰岩。

石炭系本溪组上界为太原组 L_7 灰岩底面，下界为寒武系崮山组白云质灰岩的顶面，厚度平均为 5.6m，主要为浅灰色～灰白色铝土质泥岩和深灰色、灰黑色炭质泥岩。

石炭系太原组上界为 L_1 灰岩的顶面，或为山西组底部砂质泥岩的底面，下界为碳系本溪组铝土质泥岩的顶面或 L_7 灰岩的底面,厚度为 53~86m,平均 62.5m,由深色生物碎屑灰岩、燧石灰岩、泥岩、砂质泥岩、粉砂岩和煤层组成,间夹菱镁质泥岩薄层,庚组煤位于本组下部灰岩的上部。

二叠系山西组上界为下石盒子组砂锅窑砂岩底面,下界为太原组顶部灰岩顶面,厚度为 87~114m,平均 105.3m,由浅灰绿、深灰色中细粒砂岩、泥岩和煤层组成,含煤 2~5 层,为己组煤。

二叠系下石盒子组上界为田家沟砂岩底面,下界至砂锅窑砂岩底面,厚度为 284~311m,平均 304.4m,由灰黄色、深灰色中细粒砂岩、砂质泥岩、泥岩组成。依据岩性和含煤性,自下而上分为戊组煤、丁组煤和丙组煤。

二叠系上石盒子组上界至平顶山砂岩底面,下界至田家沟砂岩顶面,厚 294~331m,平均 314.5m,主要由灰白色、灰黄色泥岩、砂质泥岩、粉砂岩、中细粒砂岩及劣质煤层组成。自下而上分为乙组煤和甲组煤。

二叠系石千峰组在井田内出露不全,厚度为 0~255m,平均 137.8m,主要由平顶山砂岩等组成。

第四系厚 0~33m,平均 11.93m,主要为黄土砂砾滚石,厚度不大,表土平均厚 2m。

2. 矿区主采煤层特征

平顶山煤田成煤年代为石炭系和二叠系,煤系地层含煤 7 组,共 88 层,含煤系数为 3.78%,主要可采煤层自下而上分别为一$_5$(庚$_{20}$)、二$_{11}$(己$_{17}$)、二$_{12}$(己$_{16}$)、二$_2$(己$_{15}$)、四$_{21}$(戊$_{10}$)、四$_{22}$(戊$_9$)、四$_3$(戊$_8$)、五$_{21}$(丁$_6$)、五$_{22}$(丁$_5$)、六$_2$(丙$_3$),其中二$_{11}$(己$_{17}$)和二$_{12}$(己$_{16}$)煤层、四$_{21}$(戊$_{10}$)和四$_{22}$(戊$_9$)煤层、五$_{21}$(丁$_6$)和五$_{22}$(丁$_5$)煤层大部分合层。局部可采煤层有一$_4$(庚$_{21}$)、二$_3$(己$_{14}$)、四$_1$(戊$_{11}$)、五$_1$(丁$_7$)、五$_3$(丁$_4$)、八$_3$(乙$_2$)。

1)主要可采煤层简述

一$_5$(庚$_{20}$)煤层上距己$_{16-17}$煤层 50~82m,平均 52m;与己$_{16-17}$煤层间距总体趋势为煤田西部小,东部大。煤厚 0~3.22m,一般为 1.2~2.5m;煤厚总体趋势中部厚,两翼薄。煤层倾角为 8°~23°。煤层夹矸 1~3 层,夹矸厚度为 0~0.7m,为较稳定煤层。

二$_{11}$(己$_{17}$)、二$_{12}$(己$_{16}$)煤层上距己$_{15}$煤层 0~31m,平均 10m;与己$_{15}$煤层间距总体趋势为煤田中部大,两翼小。己$_{16}$和己$_{17}$煤层大部分合层,总体趋势呈西部(四矿以西)以合层为主,东部时合时分,煤厚 0~10.2m,一般为 1.5~6.2m;煤厚总体趋势为李口向斜南翼西厚东薄,李口向斜北翼西薄东厚;煤层倾角为 7°~38°;煤层夹矸 1~4 层,夹矸厚度为 0~0.8m,为稳定煤层。

二$_2$(己$_{15}$)煤层上距戊$_{9-10}$煤层 140~200m,平均 180m。己$_{15}$煤层厚度为 0~4.7m,一般为 1.5~3.5m;煤厚总体趋势为东部厚,西部薄(十矿以西)。煤层倾角为 7°~38°。煤层夹矸 1~2 层,夹矸厚度为 0~0.3m,为较稳定煤层。

四$_{21}$(戊$_{10}$)、四$_{22}$(戊$_8$)煤层上距戊$_8$煤层 0~27.1m,平均 8m;与戊$_8$煤层间距总体趋势为煤田中部小,两翼大。戊$_9$和戊$_{10}$煤层大部分合层,合、分层总体趋势不明显,煤厚 0.2~7m,一般为 2.8~3.8m;煤厚总体趋势东部厚,西部薄;煤层倾角为 7°~30°;煤层夹矸 1~3 层,夹矸厚度为 0~1.3m,为稳定煤层。

四$_3$(戊$_8$)煤层上距丁$_{5-6}$煤层 58.7~100.0m,平均 83m;与丁$_{5-6}$煤层间距总体趋势为煤田西部小,东部稍大。戊$_8$和戊$_{9-10}$煤层在一矿和十矿的局部区域合层,煤厚 0~5.6m,一般为

0.9～2m；煤厚总体趋势为中西部厚，东西两翼薄；煤层倾角为 7°～30°；煤层夹矸 1～2 层，夹矸厚度为 0～0.8m，为较稳定煤层。

五 $_{21}$（丁 $_6$）、五 $_{22}$（丁 $_5$）煤层上距丙 $_3$ 煤层 71.7～124.2m，平均 97m；与丙 $_3$ 煤层间距总体趋势为西部间距小，东部间距稍大。丁 $_5$ 和丁 $_6$ 煤层大部分合层，合、分层规律不明显，煤厚 1.1～5.2m，一般为 1.5～4.5m；煤厚总体趋势为西部厚，东部薄；煤层倾角为 6°～35°；煤层夹矸 1～3 层，夹矸厚度为 0～0.6m，为稳定煤层。

2）局部可采煤层简述

二 $_3$（己 $_{14}$）煤层下距己 $_{15}$ 煤层 0～17m，平均 6m；与己 $_{15}$ 煤层间距总体趋势为中东部（十矿、十二矿）厚，两翼薄。煤厚 0～3.2m，一般为 0.3～0.6m，厚度变化较大，煤厚总体趋势为中部（四矿～十矿、十三矿东翼）相对稳定。

五 $_3$（丁 $_4$）煤层下距丁 $_{5-6}$ 煤层 0.5～13m，平均 6m；与丁 $_{5-6}$ 煤层间距总体趋势为煤田西部厚，东部薄。煤厚 0.2～1m，一般为 0.3～0.4m，只有部分矿井的部分区域可采。

3. 煤层顶底板岩性

一 $_5$（庚 $_{20}$）煤层直接顶为灰色中厚层状灰岩，厚度为 2～6m，平均厚 4m；基本顶为砂质泥岩，夹薄层细中粒砂岩或薄层灰岩，厚度为 4～12m，平均厚 10m。直接底为砂质泥岩，厚度为 1～6m，平均厚 3m；基本底为灰岩和砂质泥岩，平均厚 7m。

二 $_{11}$（己 $_{17}$）、二 $_{12}$（己 $_{16}$）煤层部分区域有泥岩伪顶，厚度为 0～0.8m，一般为 0.5m；直接顶为灰色砂质泥岩，厚度为 2.5～9m，平均厚 7m；基本顶为砂质泥岩、中粒砂岩，厚度为 4～12m，平均厚 8m。直接底为泥岩，厚度为 2～15m，平均厚 6m；基本底为砂质泥岩、中粒岩，厚度为 3～15m，平均厚 8m。

二 $_2$（己 $_{15}$）煤层部分区域有泥质伪顶，厚度为 0～0.5m，一般为 0.2m；直接顶为灰色砂质泥岩、粉砂岩，厚度为 2～8m，平均厚 5m；基本顶为砂质泥岩、中粒砂岩，厚度为 3～15m，平均厚 8m。

四 $_{21}$（戊 $_{10}$）、四 $_{22}$（戊 $_8$）煤层直接顶为灰色砂质泥岩～粉砂岩，厚度为 1～10m，平均厚 5m；基本顶为砂质泥岩～中粒砂岩，厚度为 2～18m，平均厚 8m。

四 $_3$（戊 $_8$）煤层部分区域有泥岩伪顶，厚度为 0～0.4m，一般为 0.2m；直接顶为灰色砂质泥岩、粉砂岩，厚度为 2～20m，平均厚 9m；基本顶为砂质泥岩～中粒砂岩，厚度为 2～12m，平均厚 10m。

五 $_{21}$（戊 $_6$）、五 $_{22}$（丁 $_5$）煤层直接顶为灰色泥岩、砂质泥岩，厚度为 1～6m，平均厚 4m；基本顶为砂质泥岩～中粒砂岩，厚度为 4～12m，平均厚 7m。直接底为砂质泥岩，厚度为 5～15m，平均厚 7m；基本底为泥岩、粉砂岩，厚度为 3～15m，平均厚 8m。

2.3.5　矿区瓦斯赋存

煤与瓦斯突出主要发生在高瓦斯煤层受强构造挤压、剪切作用的构造发育区。平顶山矿区位于秦岭造山带后陆逆冲断裂褶皱带，受秦岭造山带的控制；由于矿区位于华北板块南缘，同时又受华北板块构造运动的控制。平顶山矿区在海西期晚期、印支期早期扬子地块与华北地块碰撞拼接之前属于华北型的沉积，沉积了一套完整的二叠系煤系，厚度为 800m 左右；煤系发育齐全，厚度大，煤层数多达 60 余层，煤层总厚度达 30 余米，其中可采煤十余层，可采煤厚度为 15～18m，煤种主要为气煤、肥煤、焦煤、瘦煤。煤岩组中镜质组含量为 46.15%～

79.6%，平均为 60%；半镜质组含量为 3.94%～10.6%；壳质组含量为 0.36%～16.45%。由等温吸附试验可知煤层的吸附瓦斯能力多在 30～40m³/t，最高可达 63.21m³/t；在目前的开采深度内，测定的煤层瓦斯含量多在 10m³/t 以上，因此平顶山矿区属于高瓦斯、有煤与瓦斯突出危险的矿区。

印支期以来，平顶山矿区受秦岭造山带隆起推挤的作用，尤其是侏罗纪晚期到新生代初期，秦岭造山带发生了主造山期后的陆内造山的逆冲推覆和花岗岩浆活动，位于后陆区的秦岭造山带北缘边界断裂豫西渑池—义马—宜阳—鲁山—平顶山—舞阳区段发生了由南向北指向造山带外侧的逆冲推覆构造。来自 SW 侧的推挤力使平顶山矿区产生了逆冲推覆断裂褶皱作用，形成了九里山断裂、锅底山断裂、李口向斜、白石沟断裂、襄郏断裂等一系列 NWW-NW 向构造（图2-7）。由于锅底山断裂的右旋压扭性活动在该断裂的 NE 翼形成了 NWW 向展布的 G_2、E_2、三矿斜井 3 条压性分支断裂。同时，在矿区中部的十矿、十二矿井田形成了 NWW-NW 向展布的牛庄向斜、郭庄背斜、十矿向斜、牛庄逆断层等系列压扭性构造，这些构造均是受区域构造应力场由 SW 向 NE 推挤作用的结果。郭庄背斜和牛庄向斜翼部揭露的小断层多为断层面 SW 向倾斜、NE 向逆冲的逆断层（图 2-8），反映了构造作用力来自于 SW-NE 向的推挤力。李口向斜枢纽朝 NW51° 倾伏（6°～12°），SE 端收敛仰起，NE 翼倾角为 8°～24°，SW 翼倾角为 10°～25°，也反映了推挤力来自 SW-NE 向。位于李口向斜轴南东端收敛仰起部位的八矿井田，西侧与十矿、十二矿井田相邻，东侧受 NE 向的洛岗断裂控制（洛岗断裂此时期表现为 NE 向的左旋压扭活动），由于该断层的影响作用，在井田内形成了轴向 NE 向展布的前聂背斜，以及与 NW 向构造联合作用形成了盆形构造的任庄向斜，与 NW 向构造复合作用形成了焦赞向斜。

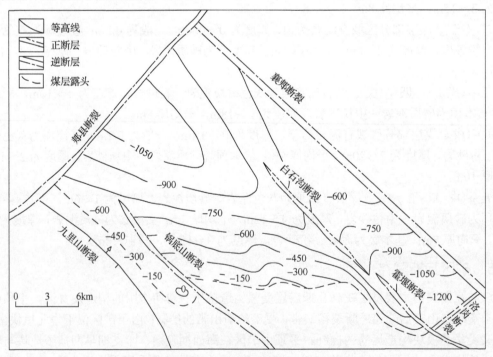

图 2-7　平顶山矿区戊 $_{9\text{-}10}$ 煤层底板等高线简图

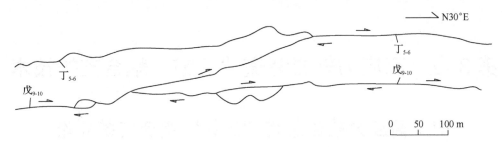

图 2-8　十矿五区(郭庄背斜 SW 翼)层滑断层实例剖面图

中生界以来，平顶山矿区受秦岭造山带隆起推挤作用，构造应力场以 SW-NE 向挤压作用为主，形成了以 NWW 向展布为主的构造，同时也形成了 NNE 向的复合构造，挤压着平顶山矿区的复杂构造区和构造煤层的发育区。大规模的挤压、剪切活动使得煤层结构严重破坏，构造煤层特别发育(厚度可达 1.5m 以上)，是造成平顶山矿区发生严重煤与瓦斯突出的主要原因之一。

第3章 高应力软岩巷道"三锚"耦合支护技术

3.1 高应力软岩巷道"三锚"耦合支护理论

3.1.1 软岩的定义

要研究软岩工程中出现的复杂问题，首要的问题是必须弄清楚软岩的定义。无论是狭义的软岩还是广义的软岩都已受到了国内外工程界和学术界的普遍重视，并在国标和规范中对其地质特征、工程性状及分类等方面都进行了阐述。目前，国内外对软岩的划分还没有统一的标准，对其定义一直存在着争议。在众多的分类方法中，都有一定的局限性，或者考虑因素单一，或者现场难以应用。

为了便于理论研究和工程应用，通常将软岩分为地质软岩和工程软岩并分别予以定义。

(1)地质软岩。按地质学的岩性划分，地质软岩是指单轴抗压强度小于 25MPa 的松散、破碎、软弱及风化膨胀性一类岩体的总称。该类岩石多为泥岩、页岩、粉砂岩和泥质矿岩等强度较低的岩石，是天然形成的复杂的地质介质。国际岩石力学学会将软岩定义为单轴抗压强度为 0.5~25MPa 的一类岩石，其分类基本上是依据强度指标。该软岩定义用于工程实践中会出现矛盾。例如，巷道所处深度足够小，地应力水平足够低，则小于 25MPa 的岩石也不会产生软岩的特征；相反，大于 25MPa 的岩石，其工程部位足够深，地应力水平足够高，也可以产生软岩的大变形、大地压和难支护的现象。因此，地质软岩的定义不能应用于工程实践，故而提出了工程软岩的概念。

(2)工程软岩。工程软岩是指在工程力作用下能产生显著塑性变形的工程岩体。它不仅重视软岩的强度特性，而且强调软岩所承受的工程力荷载的大小。工程软岩变形特性的实质是相对的，其变形性质取决于工程力与岩体强度的相互关系。

工程软岩可分为四大类：膨胀性软岩、高应力软岩、节理化软岩和复合型软岩。

① 膨胀性软岩：是指抗压强度小于 25MPa，泥质含量大于 25%，自由膨胀变形量大于 10%的工程岩石。

② 高应力软岩：是指抗压强度大于 25MPa，泥质含量小于 25%，在较高应力水平（≥25MPa）条件下发生显著变形的中高强度的工程岩体。这种软岩的强度一般高于 25MPa，它们的工程特点是在深度不大时，表现为硬岩的变形特征；当深度加大至一定深度时，就表现为软岩的变形特性，自由膨胀变形量大于 10%。

③ 节理化软岩：是指抗压强度小于 25MPa，岩体结构面较多且节理间距为 0.1~0.4m，完整系数为 0.15~0.35 的破碎岩体。

④ 复合型软岩：是指抗压强度由低到高，岩体结构面较多，膨胀性软岩、高应力软岩、节理化软岩两种或多种特性复合型的岩体，常常根据具体条件进行分类和分级。

3.1.2　深部高应力软岩的相关概念

1. 国内外对煤矿开采中深部标准的划定

深部开采的深部标准问题，因各国的开采条件、技术及管理水平的差异，各国划定的 "深井临界深度" 指标差别较大，其概念和定义也不尽相同。多数国家深部开采的深部标准定为800m。英国与波兰煤矿把深部开采起点定为 750m，日本定为 600m，俄罗斯定为 800m，德国把 800~1000m 定为深部开采，而把 1200m 以上称为超深开采。

"深井临界深度" 即深部的起始下限深度。由于 "深部" 这一概念带有比较性和很大程度的模糊性。何满潮等把国际岩石力学学会定义的硬岩发生软化的深度作为进入深部工程的界限，即假设上覆岩的容重为 $25kN/m^3$，则硬岩发生软化的临界深度为 500m。因此将大于500m 深度范围的地下工程称为深部工程，把小于 500m 深度范围的地下工程称为浅部工程。

2. 深部高应力软岩的定义

原岩应力主要由岩体的自重应力和构造应力组成，构造应力要比自重应力复杂得多，构造应力分为现代构造应力和残余构造应力两种。根据 Hoek 等的统计，垂直地应力随深度的增加基本上呈线性增加的趋势，增加的梯度约为 0.027MPa/m，与地壳岩体的平均容重接近，水平构造应力随深度变化呈双曲线形增加，在一定深度后稳定。国内外对高应力的含义至今还未达成统一的认识。陶振宇教授认为：高应力是指其初始状态，特别是水平初始应力分量大大地超过其上覆岩层的岩体重量。天津大学薛玺成认为：实测地应力的主应力之和与相对测点的自重应力之和的比值大于 2，即 50%以上的地应力值是由构造应力产生的。中国矿业大学何满潮教授指出：大于 25MPa 发生显著变形的工程岩体称为高应力。国外有些国家在勘察、设计阶段采用岩石单轴抗压强度与最大主应力的比值小于 2 时，即 $R_C / \sigma_1 < 2$ 时为高应力。在我国，有些学者认为：$R_C / \sigma_1 = 4 \sim 7$ 时为高应力，$R_C / \sigma_1 < 4$ 时为极高应力。

根据以上高应力的定义和对深部工程、深部矿井的定义及我国中部矿井开采的特点可以初步地给出深部高应力软岩的定义，应满足以下几个条件：

(1)矿井的开采深部应不小于 550m；

(2)工程岩体的单轴抗压强度大于 25MPa，且岩石单轴抗压强度与最大主应力的比值小于2，即 $R_C / \sigma_1 < 2$；

(3)残余构造应力大于自重应力，水平应力约为垂直应力的 1.5~2.5 倍。

3. 高应力软岩的含义

高应力软岩属于软岩的一种。破碎围岩由于裂隙发育，结构面相互交织，随机分布，没有明显的方向性，在一定程度上可以将其看作各向匀质的连续体；破碎围岩不能承受拉应力的作用，整体抗压强度较低，巷道开挖后围岩稳定性差，极易失稳破坏；在将破碎岩体近似看作连续体的情况下，岩体总体上将会表现出一定的弹塑性特征，这种弹塑性特征可以理解为岩体中的应力引起岩体破坏而产生滑移后，随着变形的发展保持一定的强度，并具有应变强化特性。

4. 复杂围岩的含义

伍永平教授在《复杂围岩环境地下工程多介质结构耦合支护理论与试验研究》中提出了

"复杂围岩"的概念，复杂围岩是指受高应力、水力软化、工程应力、多次翻修破坏等两项以上因素作用而引起巷道显著变形甚至破坏，采用常规的施工或支护方法无法满足煤矿安全生产需求的围岩。其特点是：影响因素多而杂，围岩变形量剧烈。平顶山天安煤业股份有限公司六矿-440m 石门运输大巷地下埋深 750m，为穿层巷道，受深部高应力和上部开采扰动的影响；经过多次返修，顶板围岩破碎；围岩环境复杂；大部分地段变形破坏严重，影响了煤矿正常生产，是典型的深部高应力软岩巷道。

3.1.3　深部高应力软岩巷道变形破坏特征

由于深部高应力破碎复杂围岩属于一种特殊的软岩，受到许多因素影响，所以巷道围岩的整体强度低，单轴饱和抗压强度为 5～15MPa，甚至更低。因此，深部高应力软岩巷道的围岩变形破坏非常强烈，表现在以下几个方面。

1）围岩的自稳时间短、来压快

自稳时间就是在没有支护的情况下，围岩从暴露到开始失稳的时间。软岩巷道的自稳时间仅为几十分钟到几小时，巷道来压快，要立即支护或超前支护，方能保证围岩不致冒落。

2）围岩变形量大、变形速度快、持续时间长

深部高应力松软复杂围岩巷道的特点就是围岩变形量大、变形速度快、持续时间长。一般来说，巷道掘进的第 1～2 天，变形速度为 5～10mm/天，多达 50～100mm/天；变形持续时间一般为 25～60 天，有的长达半年以上仍不稳定。在支护良好的情况下，巷道围岩平均变形量一般达到 60～100mm，如果支护不当，围岩变形量很大，300～1000mm 的变形量司空见惯。由于高应力软岩具有显著的流变性，故其变形具有明显的时效性，大致可分为剧烈变形、缓慢变形和稳定变形三个阶段。对于高应力软岩巷道而言，剧烈的初始变形后，要数月甚至数年时间才能进入稳定变形阶段，围岩收敛停止需更长的时间，况且收敛还取决于支护的特征。流变产生的形变围岩压力一旦支护失效，围岩会再次恶化并强烈变形，如此反复，此即好多巷道几年内多次返修仍不能有效阻止围岩变形和破坏的根本原因所在。

3）巷道四周来压且呈非对称变形

巷道围岩多为环向受压，且呈非对称、巷道底臌剧烈，在深部高应力松软复杂围岩巷道中，则是四周来压且呈非对称变形，巷道开挖后不仅顶板变形易冒落，底板也将产生强烈底臌，如果巷道支护对底板不加控制，往往出现强烈底臌并引发两帮移近、失脚和破坏、顶板塌落，甚至巷道全部破坏。

4）普通的刚性支护普遍破坏

深部高应力松软复杂围岩巷道变形量大、持续时间长，普通刚性支护所承受的形变压力很大，施工后很快就发生破坏，必须再次或多次翻修后巷道才能使用。这是刚性支护不适应深部高应力松软复杂围岩巷道变形破坏规律的必然结果。

3.1.4　高应力软岩巷道变形破坏影响因素分析

泥质软岩变形破坏的原因就在于其自身岩体强度低，遇水发生水岩相互作用后，这种特殊的地质体无法抗衡工程扰动力，或者说在工程力作用下难以自稳。影响泥质软岩地下工程稳定的因素很多，主要有岩体矿物组成、岩体结构、地应力、水、时间因素和工程因素等。对于软岩地下工程，由于变形影响因素的复杂性，在特定条件下有的因素可由次要因素转化

为主要因素，因此针对不同的工程地质条件，必须区分不同变形因素的作用，以下分别进行分析。

1. 软岩物理性质的影响

1) 矿物组分的影响

工程所在的围岩类型及岩性分布的状况构成了地下工程赖以存在的外围环境。岩石的矿物组分作为岩体的内在属性，在一定程度上决定了其物理力学性质的优劣、承载性能的强弱、变形特点的好坏、长期维护的难易等。薄层状煤系沉积岩如泥岩、页岩等，强度较低，受载变形量较大，地压显现明显，而且黏土类矿物含量高的岩体有遇水膨胀和风化的问题。在工程力作用下含有膨胀性矿物的软岩的变形破坏非常迅速，因为在这种条件下，破坏应力与水的作用是互相促进的：水加速岩体的软化使其在外力作用下变形破坏加快；在破坏应力作用下大块岩体的破碎又导致水流通道及水接触的面积增大，从而加速了岩石的泥化进程，泥质软岩变形破坏大的原因都是如此。

膨胀性泥岩的微观结构包括矿物颗粒及其集聚的形状、大小、裂隙分布及定向程度等，一般可分为蜂窝状、骨架状、基质状、紊流状及层流状五类，膨胀性泥岩多呈蜂窝状及层流状，其内部大大小小的微孔隙，给水进入形成了良好的通道。蒙脱石黏土岩吸水性特别强，吸水后体积可膨胀 1～10 倍。软岩中泥质矿物成分和结构面决定了软岩的力学特性，显示出可塑性、膨胀性、崩解性、流变性和易扰动性。

软岩在工程力的作用下，往往产生不可逆变形。这种性质称为可塑性。膨胀性软岩的可塑性是由于软岩受力后片架状结构的泥质矿物发生滑移或泥质矿物亲水性所引起的。节理化软岩是由结构面滑动和扩容引起的，高应力软岩大多是由上述两种原因共同引起的。

软岩的膨胀性是在物理、化学、力学等因素的作用下，产生体积变化的现象，其膨胀机理有内部膨胀、外部膨胀和应力扩容膨胀三种。工程中的软岩膨胀为复合膨胀形式。

软岩的崩解性是指软岩在物理、化学、力学等因素作用下，产生片状解体。膨胀性软岩崩解主要是由于黏土矿物集合体在水作用下，膨胀应力不均匀所造成的崩裂。节理化软岩的崩解则是在工程力的作用下，由于裂隙发育不均匀造成局部张力所引起的崩裂。高应力软岩则可能有多种崩解机制同时存在。

2) 岩石胶结类型的影响

对于沉积岩而言，岩石碎屑之间凭借胶结物连接在一起，固结成岩，由于岩石碎屑的强度较高，因而其抵抗外力作用的能力，主要取决于胶结物、稳定性及胶结类型。从胶结物看，由硅质或铁质胶结的岩石强度较高，钙质次之，而由泥质胶结形成的岩石强度最低。从稳定性看，硅质胶结稳定，铁质胶结易风化，钙质胶结不耐酸，泥质胶结遇水时强度降低很快。从胶结类型看，沉积岩具有基质胶结、接触胶结、孔隙胶结结构(图 3-1)。基质胶结的岩石碎屑颗粒被胶结物包围，其强度由胶结物决定。接触胶结只是在颗粒接触处有胶结物存在，因此一般胶结不牢，强度较低，透水性较强。孔隙胶结的胶结物完全地或部分地充填于颗粒孔隙之间，一般胶结较牢固，所以岩石强度及透水性主要由胶结物性质及充填程度决定。

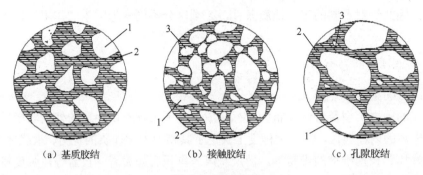

图 3-1　胶结类型

1-颗粒；2-胶结物；3-孔隙

　　在新生代与部分中生代泥质软岩中，由于成岩时间短，颗粒间密实性差，常以各自的水化膜相互重叠而形成水胶连接，其微结构以无序的蜂窝状结构为特征。从胶结程度来看，以中等胶结和弱胶结为主，因而结构较疏松，其岩性在水平方向和垂直方向常不稳定，有些泥岩碎屑颗粒与泥质物混杂堆积，成岩程度低，岩石中常有较多的粒间孔隙，碎屑颗粒间蒙脱石与伊蒙混层矿物密集分布，尤其是干湿交替条件下易发生膨胀崩解破坏。

　　3) 岩体构造与结构面的影响

　　泥质软岩中的矿物成分和胶结类型是影响软岩力学性质的内在因素，而岩体的构造及结构面则是外在因素。由于岩石的成因不同，成岩环境条件不同，软岩的结构构造千差万别。地质构造运动在地层中形成了一系列的构造形迹，大型的如断层、褶曲等，小型的则有构造型节理、小型断裂、裂隙等。岩体中还有在成岩或变质过程中形成的间断面、接触面、片理、劈理、层理、夹层等结构面。这些各种类型的结构面正是岩体中的薄弱部分，它们的力学强度，如黏结力或摩擦系数往往只有岩石母体材料强度的几分之一，甚至几百分之一。结构面尤其软弱结构面的结合程度很差、抗剪强度极低，往往是岩体变形失稳的起源地或突破口。无论是原生结构面或是次生结构面，越发育，其力学强度越低，尤其是次生结构面，往往使岩体的完整性遭受破坏。次生结构面的切割使岩体呈碎块状或碎裂状，岩体的强度被大大削弱，岩体的整体强度远低于岩块的强度，其变形阻力和刚度也往往比岩石本身小几个数量级，岩体结构面的强度包络线要比岩块试件的强度包络线低很多，如图 3-2 所示。同时，结构面发育加剧了水的劣化活动，加快了岩石风化进程，使岩体强度的衰退速度加快，因此，岩体结构面分布状况经常是围岩稳定与否的控制性因素。

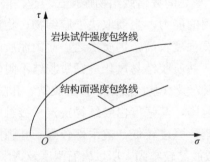

图 3-2　岩块及结构面强度包络线

2. 不同类型应力的影响

1）构造应力

（1）古构造应力：古构造应力是地质史上由于构造运动而残留于岩体内部的应力，也称为构造残余应力。从应力松弛的观点看，如果岩石的松弛期大于从应力形成到现在的时间，可以认为应力的存在是必然的。

（2）新构造运动应力：新构造运动应力是现今正在形成某种构造体系和构造形式的应力，也是导致当今地震和最新地壳变形的应力。随着地下工程埋深的增加和更加远离地震源，地震作用对工程的影响逐渐减小。这时岩体重力应力很高，地震应力相对较低，故使地下工程衬砌的强迫振动和自由振动都很小。根据计算，九级地震产生的地震围岩应力比震前应力值仅增加 15%～20%，这个数值没有超过围岩应力计算值的误差范围。

2）封闭应力

封闭应力是在各种地质因素长期作用下残存于结构内部的应力。陈宗基教授认为，岩体中各种颗粒的刚度和温度系数各不相同，它们通过边界层连接，在历次构造运动和温度应力场作用下，不断遭到复杂的加载和卸载过程，因此，岩体中存在着极不均匀的应力场，特别是在裂隙和裂纹的端部有更大的应力集中。在卸载过程中，由于各颗粒的力学特性不同，其卸载特性各异，即使外力全部卸除，内部仍然出现非均匀的应力场，原来的强应变区仍然会继续变形。火成岩、变质岩的冷却过程，也会引起大的温度梯度，产生不均匀的内应力场。由此可见，即使外力全部卸除，从局部结构来看岩体结构里仍然存在着内能，这个能量在介质里是连续被封闭的，叫被封闭的能量。它是可以自我平衡的，叫封闭应力。如果从地壳内取出一块岩样，它虽然不再受外力影响，但内部被封闭的应力还未释放，仍然继续保留在岩样内。这种应力的一般来源还不能通过现有的方法进行现场实际测定。封闭应力也包括这类应力，当岩体结构受到外力作用后，其基体结构已产生塑性变形，而其内含物颗粒仍处于弹性的应力状态下。

3）工程应力

软岩地下工程的失稳是地下工程开挖工作引起的应力重新分布超过围岩强度或岩体过分变形造成的。而应力重新分布是否会达到危险的程度与初始应力场方向、量值和性质有关，所以地应力是控制地下硐室稳定的基本因素之一。软岩中应力重新分布后会产生较大的塑性区及松动区，引起围岩随时间而增长的大变形、挤压破坏等。工程岩体的稳定性主要视岩体的强度及变形特性与开挖后重新分布的围岩二次应力场互相作用的结果而定。软岩的力学特性如各向异性、塑性、扩容性、膨胀性、流变性等都对围岩的稳定性有重要影响。例如，层状软岩的各向异性使围岩的变形失稳及失稳形态有很强烈的非对称性，软岩的扩容性和塑性明显时会使围岩形成松散破碎区或挤压变形区，软岩的膨胀性会挤坏支护或形成严重的底臌，有明显时间效应的黏土质软岩则产生黏弹-塑性或黏塑性的形变压力。

3. 工程因素的影响

主要的工程因素指地下工程的断面尺寸、形状、开挖方法、支护形式等。考虑到回采需要和施工方便，回采巷道多为矩形断面，矩形断面易在夹角处形成应力集中，而椭圆形、圆形或直墙半圆形使得断面形状优化，利于承载。对于软岩大断面地下工程，若采用全断面开挖，每个循环施工时间较长，往往不能及时采取有效支护，地下工程即发生塌方事故，故一般情况下大断面软岩地下工程开挖采用分次成巷法。在软岩地下工程内采用机械开挖对围岩的扰动比采用爆破方法要小，围岩的稳定性相对好些。

在地下工程掘进过程中，围岩的变形自掘进工作面前方 1.5～2 倍巷道半径处即已开始，当采用快速掘进时，循环时间较短，往往在地下工程开挖后，立即进行临时支护施工，这样软岩地下工程围岩时间效应影响较小，在软岩地下工程变形的初始阶段就提供支护抗力，防止了围岩形成较大的塑性区和松动区，减缓围岩松弛恶化程度，增强了围岩的自稳能力。

3.1.5 高应力软岩变形的力学机制及力学机理

1. 高应力软岩的地层压力

巷道开挖之后，高应力软岩适应不了卸荷回弹和应力重新分布作用而发生变形和破坏，这种变形和破坏通常从巷道硐室岩体中应力集中程度高、结构面强度低的最薄弱部位开始(特别是最大主应力和硐室周边垂直部位)，逐步向岩体内部应力-强度关系中的次薄弱部位发展，如此反复、连锁反应，最终引起巷道硐室周围形成松动带或松动圈。进而围岩的应力因松动圈的应力释放而重新调整，在围岩表部形成应力降低区，而高应力集中则向围岩内部转移，其结果是在围岩内形成一定的应力分布带。表部应力降低区的形成促使水分由围岩内部高应力区向围岩表部低应力区转移，这样不仅恶化了表部围岩的稳定性条件，而且使表部易吸水膨胀岩层发生强烈的膨胀变形，形成很大的地层压力。巷道变形失稳实质上是地层压力效应作用的结果。地层压力效应是指巷道开挖后重新分布的二次应力与围岩变形及强度特性互相作用而产生的一种力学现象。研究围岩的变形破坏机制，首先要明了地层压力的类型。对高应力软岩而言，地层压力可分为松动压力、形变压力、膨胀压力等。

1) 松动压力

松动压力的形成原因是巷道开挖后，围岩应力重新分布，部分围岩或其结构面失去强度，成为脱离母岩的分离块体和分散体，它们在重力法则支配下克服较小的阻力产生冒落和塌滑运动。松动压力是直接作用在巷道支护结构上的力，大多出现在巷道的顶端及侧帮，这种压力具有断续性和突发性，很难预见什么时间有多大范围的分离块体会突然塌滑下来，形成这种压力的关键因素是地质和岩体结构条件。在松散地层如断裂破碎带、挤压蚀变带易于产生此种压力。它是松散岩体直接作用在支护上的压力。

2) 形变压力

形变压力主要指在二次应力作用下，围岩局部进入塑性变形阶段，缓慢的塑性变形作用在支护上形成的压力，或者是有明显流变性能的围岩黏弹性或黏弹-塑性变形形成的支护压力，这种形式的压力大多是由于重新分布的压力足够大，使部分围岩进入塑性或进入流变变形阶段，当岩体强度较高且无支护时塑性区逐渐扩大，达到某一范围便停下来，并在弹性及塑性区边界形成一个切向应力较高的持力环。在高应力软岩巷道中，由于岩体强度较小，当围岩塑性变形过大时，塑性区进入了破裂阶段，形成较大的松动压力，导致巷道全面失稳破坏。当有支护时，支护刚度产生抗力，此抗力就是实际的形变压力，支护越早，支护上受到压力越大，围岩塑性变形越小；支护越晚，支护上受到压力越小，没有支护则不产生这种形式的压力。

形变压力的特点是连续而缓慢地发生，有时伴有破裂现象，当有微破裂发生和发展时，围岩将产生显著的扩容现象，这时因挤压而破裂的岩体向巷道空间移动，在支护上形成形变压力。

3) 膨胀压力

在软弱围岩巷道中，有些围岩如黏土质岩、含盐地层等在开挖时，岩体遇水后发生不失去整体性的膨胀变形和移动，当有支护时，膨胀变形对支护产生了另外一种形式的形变压力。根据产生膨胀的机理，可分为内部膨胀、外部膨胀及扩容膨胀：内部膨胀是指水分子进入矿物晶胞层间而发生的膨胀；外部膨胀是指极化的水分子进入颗粒与颗粒之间而产生的膨胀；扩容膨胀是指围岩受力后其中的微裂隙扩展、贯通而产生的体积膨胀现象。

以上三种压力是作用在高应力软岩和支护结构上的压力。若巷道支护不及时，形变压力和膨胀压力会使围岩破坏并转化为松动压力。高应力软岩巷道失稳主要是以上三种压力作用的结果。

2. 高应力软岩变形破坏的力学机理

依据岩体力学和工程地质理论，通过对巷道围岩变形破坏影响因素和围岩压力特征的分析，将高应力软岩变形破坏力学机理归纳为四种类型。

1) 弯曲折断破坏

弯曲折断破坏是层状尤其是夹软弱层的互层岩体产生的类似条块体的折断和倒塌。层状岩体由于层间结合力差，层状岩体的抗弯能力不强，在洞顶的岩层受重力作用下沉弯曲，进而张裂、折断形成塌落体。在侧向水平应力作用下，岩层弯曲变形也可产生对衬砌的压力。

2) 块体运动

块状或层状岩体受明显的软弱结构面切割形成块体，这种块体和围岩的联系很弱，在自重力或围岩应力的作用下有向临空运动的趋势，逐渐形成块体运动失稳的方式。在洞内衬砌和围岩间有较大孔隙而未回填，块体的塌落可能产生动态冲击荷载，从而使衬砌损坏。

3) 塑性变形和剪切破坏

在松散结构岩体或碎裂结构岩体中含软弱结构面较多的情况下，在开挖临空和围岩应力作用下产生塑性变形及剪切破坏，往往表现为塌方、边墙挤入洞内、底臌以及洞体收缩等。变形的时间效应比较突出，衬砌体受压开裂往往时间延长很久。有些含蒙脱土或硬石膏等的膨胀岩或软弱结构面，遇水膨胀并向洞内挤入。膨胀破坏也具有塑性变形和破坏的类似特点，产生边墙及洞底的鼓起、衬砌体受力开裂等。

4) 松动解脱

碎裂结构岩体基本上为碎状组合，在泥质软弱结构面含量较少的情况下有一定的承载压力的性能，但在张力、单轴压力和扰动力作用下容易松动，解开成为碎块而后散开或脱落。一般在巷道顶部出现崩塌，而在边墙则为碎块滑塌、坍塌。

3. 高应力软岩巷道变形破坏力学机理分析

巷道开挖前，岩体处于三向受压的高地应力环境，使结构面处于闭合状态，岩体具有一定的强度并处于稳定平衡状态。巷道开挖后，破坏了原有的天然应力状态，引起应力重新分布，巷道围岩中的应力状态由原来的三向应力状态转化为二向应力状态，水平应力向顶板岩层转移，垂直应力向两帮煤体转移。顶板下位岩层主要受水平力的作用，一些强度较低的岩石由于应力达到强度极限而破坏，产生裂隙或剪切位移，破坏了的岩石在重力作用下大范围塌陷，造成冒顶现象，特别是断层、节理、裂隙等软弱结构面发育的岩石更为显著。为了保证围岩的稳定以及地下巷道的安全，应在巷道中进行必要的支护与衬砌，以约束围岩的破坏和变形的继续发展。

下面以圆形巷道为例，对巷道围岩破坏机理进行分析(图3-3)。对圆形巷道而言，巷道围岩中起着决定性影响的是切向应力 σ_θ(即最大主应力)。通常，当巷道周边的切向应力大于岩石的单轴抗压强度时，巷道就开始开裂，我们知道切向应力 σ_θ 与原岩应力 P 成正比，而原岩应力 P 又随着深度增加成比例地增大。当深度很大时，$P=P_z$(P_z 为竖向应力)也就很大，σ_θ 也随之增大，而径向应力 σ_r(即最小主应力)变化不大，在巷道周边上为零。当 $\sigma_\theta - \sigma_r$ 达到某一极限时，围岩就进入塑性平衡状态，产生塑性变形。巷道周边围岩开始破坏，该处围岩的应力降低，应力重新分布，使原来由巷道周边附近岩石承受的应力转移一部分给临近的岩体，临近的岩体也就因此产生塑性变形。这样，当应力足够大时，塑性变形的范围向围岩深部逐渐扩展，这种塑性变形的结果是在巷道周围形成一个圈，这个圈称为塑性松动圈。在这个圈内，岩体的变形模量降低，σ_θ 和 σ_r 逐渐调整大小。由于塑性区的影响，巷道周边上的 σ_θ 减少很多。理论计算证明，σ_θ 沿着深度的变化由图3-3中的虚线变为实线的情况，在靠近巷道处，σ_θ 大大减少，而在岩体深处出现了一个应力升高区，此区域的岩体仍处于弹性状态。在应力升高区外，岩体基本未受扰动，仍处于原岩应力状态。

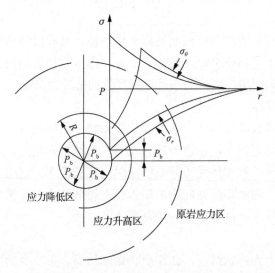

图3-3　巷道围岩出现弹塑性变形后的应力重分布图

P-原岩应力；P_b-表面支护力

虚线表示未出现弹塑性变形时的应力分布；实线表示出现弹塑性变形时的应力分布

巷道开挖后，随着塑性松动圈的扩展，巷道周边向巷道内的移近位移不断增大，当位移过大，岩体松动，失去自承能力时，必然对支护体产生挤压作用，支护体上的压力也就增大。随着围岩位移的增大通常可以发生两种情况：一种是当围岩逐渐破坏时，支护体能够支撑逐渐增加的荷载，巷道周边位移渐趋稳定；另一种是由于支护设置太迟或松动的岩石荷载过大，巷道周边位移在某一时间后加速增长，巷道破坏，如图3-4所示。

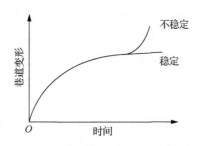

图 3-4　巷道变形与时间关系曲线

4. 高应力破碎复杂围岩的变形过程分析

对深井巷道围岩来说，复杂的地质条件和高地应力场常造成巷道围岩发生严重的变形破坏，常规的支护手段常常无法维持巷道围岩的稳定，造成深部巷道围岩失稳破坏。全过程中的变形主要包括 4 个阶段：工程开挖后围岩弹性变形恢复阶段、无支护条件下的围岩变形阶段、有支护条件下的围岩变形阶段和支护失稳条件下的围岩变形过程。

1) 工程开挖后围岩弹性变形恢复阶段

在未开挖情况下，围岩均处于原始地应力场的作用下，岩体处于相对稳定的三向应力状态，且在岩体内积聚了大量的弹性位能。在开挖后的瞬间，围岩由稳定的三向应力状态转化为单向、二向或低围压下的三向应力状态，使得岩体中积聚的弹性位能的一部分瞬间得到释放，一定量的弹性变形得到恢复，同时也造成一部分围岩因卸荷引起应力集中而破坏，形成松动圈。这部分变形无法采取支护或加固方法消除，是岩体固有属性的反映，在实施有效支护措施前，这部分变形和破坏已产生。

2) 无支护条件下的围岩变形阶段

开挖造成巷道表层围岩切向应力集中显著，而围岩应力状态又最不利(单向或二向应力状态)，因此，表层围岩首先发生破坏，然后应力峰值向围岩深部转移，而表层围岩进入峰后软化直至残余变形阶段，逐步丧失承载能力；此时，已破坏围岩可为深部岩体提供低应力径向约束，使围岩应力状态和峰值强度有所提高，但集中应力若仍超过围岩强度，该部分围岩仍将发生破坏进入软化阶段，应力峰值将继续向围岩更深部转移，如此反复，直至应力峰值处的集中应力小于该处围岩强度，处于峰前弹塑性状态，而围岩更深部则处于峰前弹性和原始地应力状态。处于峰值及峰后状态的岩体结构是不稳定的，表层围岩因产生过大变形而完全丧失承载能力并出现脱落，可造成围岩深部转化为单向或二向应力状态，导致围岩残余强度的下降和对深部约束力的降低，可进一步加剧围岩深部的变形和破坏，重新形成新的平衡结构。因此，深部巷道围岩无支护情况下的变形是很不稳定的，必须实施适时有效的支护措施，才能保证巷道围岩的稳定。

3) 有支护条件下的围岩变形阶段

开挖后的弹性恢复和无支护下的变形，使围岩中形成松动圈，松动圈的存在和发展反映了围岩的变形破坏过程和稳定状态。对开挖后的围岩实施支护后，支护体可对破坏后的围岩提供径向有效约束，相当于岩样试验中的围压或环向约束作用。

随着围岩变形的增加，围岩与支护的接触逐步密贴，支护体的抗力也逐步提高，使围岩由单向或二向应力状态转化为三向应力状态。径向约束的出现可对围岩峰后特性产生较大的影响。首先，使处于峰后软化段围岩特性的软化中止于较高的应力状态，使围岩表现出较高的残余强度；其次，使达到残余段的围岩中的残余应力得到提高，阻止了围岩滑移变形的加剧；最后，使峰前弹塑性状态下岩体的极限承载能力得到提高，阻止了变形破坏向围岩更深部发展。因此，如果支护的强度和刚度满足围岩变形发展的要求，可有效控制围岩的变形速率，使围岩逐步趋于稳定。

但在支护发挥作用、有效约束力逐步形成和变化过程中，仍可导致破裂岩体的再破坏。松动圈内围岩与支护接触处由初始的低应力区逐步转化为高应力区，说明这部分围岩在逐步提高的径向约束力和切向应力的作用下，裂隙逐步被压密，显示出较明显的结构压密效应；围岩的再破坏是支护提供的约束作用导致破裂岩体力学性能进一步演化的结果。巷道开挖后围岩裂隙分布变化特征的大量实测结果也反映了在有效支护条件下，围岩表面裂隙存在闭合和压密的过程。

4) 支护失稳条件下的围岩变形过程

支护结构提供的径向约束力，实际上是围岩变形造成支护结构变形的同时，支护对围岩施加的反作用力(抗力)，也就是说，围岩变形荷载与径向约束力是作用力与反作用力的关系。因此，支护结构的承载力对围岩的稳定起着至关重要的作用。对于弹塑性约束(如金属材料支护)来说，支护结构屈服后，一方面，过大的变形使巷道使用断面缩小，不满足使用要求，另一方面，松动圈内围岩由压密向体积膨胀发展后，可导致岩块的受力状态由三向向单向、二向和低约束下的三向应力状态转化，围岩力学性能显著降低，同时也降低了支护结构的整体承载能力；而对弹脆性约束(如喷射混凝土支护、砌碹支护)来说，当局部围岩变形荷载超过支护结构的承载力时，可导致支护结构提供的约束力显著下降直至失稳，破裂围岩力学性能显著恶化而失稳，造成围岩中应力重新分布，形成更大的松动圈。因此，有关学者提出了支护的适时性和主动性，支护过早，围岩内的应力尚处于调整状态，围岩破坏产生的变形荷载较大，易超过支护结构的极限承载力而导致整体支护结构的失稳；支护过迟，形成的围岩松动圈过大，不能有效利用围岩自承载能力实现积极支护，且在松散压力及围岩变形荷载作用下极易造成被动支护结构的失稳。因此，深部地下工程围岩的变形与破坏，既与原始地应力场分布有关，也与工程开挖后实施支护的时间和支护结构的强度与刚度相关，围岩的变形是岩石在集中应力作用下发生破坏和剪切滑移所造成的体积应变显著增加的结果。

3.1.6 高应力软岩巷道支护技术

1. 高应力软岩巷道支护的经验教训

1) 单纯提高支护刚度得不偿失

软岩巷道中，因巷道变形严重，支护不久就遭到破坏，经常出现前掘后翻的局面。此时传统的做法是不断提高支护刚度，增加支护成本，而效果却不明显。大量经验表明，对软岩与极软岩巷道，单纯提高支护刚度，采取以刚克刚的方法是错误的，其结果是支护费用巨大，但支护效果不理想，巷道不得不多次返修，严重影响巷道的正常使用。

2) 单一支护方式无能为力

软岩具有强度低，自稳定性差，易受环境效应、结构效应、空间效应以及时间效应等影响，围岩性质变化大，软岩巷道支护结构与围岩结构之间相互调节、相互控制的作用较大等特点。这些特点要求支护具有多种与软岩变形相适应的功能，如及时封闭围岩的功能、与围岩协调变形的功能、加固围岩残余强度的功能、让压与支撑相结合的功能等，显然单一支护方式一般很难同时满足以上要求，因此单一支护对软岩特别是极软岩巷道一般无能为力。

3）单靠一次成巷达不到预期目的

传统支护一般均采取短掘短砌、立即支护、一次成巷的方式，但软岩巷道围岩变形剧烈、迅速的时期，恰好是巷道掘进初期的几小时或几天甚至几个月。一次支护方式必然使支护体承受巨大的形变压力，同时产生严重的结构性破坏，而丧失进一步承载和可缩性能，或直接影响巷道的正常使用和安全，而不得不返修。

采用二次支护与联合支护理论，充分利用各种支护的优势，克服其缺点，采取适应软岩巷道变形和控制软岩巷道变形相结合的综合方法，逐步地将围岩变形量和变形速度控制在支护许可的范围内，最后形成围岩与支护结构体相对稳定，方能取得预期的支护效果。

4）多次翻修常使巷道越修越坏

一般巷道经一次翻修后压力得到释放，因而修复后的巷道一般较易维护。而软岩或极软岩巷道治理中，每次修复后支护受力和变形有所减小，但随着时间推移形变压力又迅速增大，新修巷道重新被破坏，并出现屡修屡坏的现象。这主要是由于软岩巷道一般都位于厚层甚至巨厚层软弱岩体内，在很大范围内不存在稳定结构承担外层压力，因而即使多次翻修也难以使围岩结构达到稳定状态，经过较短时间后，巨大地应力就又会通过软弱的外层集中作用在支护结构上，使支护与上次支护一样遭到破坏，而且每次破坏的形式及破坏周期也基本一致。

2. 高应力软岩巷道的支护对策

由以上分析可知，对于深部高应力松软复杂围岩巷道，常规的支护方法和单一措施都不能满足工程的实际需要，必须根据其原因采取相应的支护对策。

（1）加强网的强度和刚度，或在局部薄弱环节增加锚梁支护，以增强围岩表面约束能力，限制破碎区向纵深发展。

（2）适时进行二次支护且二次支护适当地增加锚索的强度，如适当加长锚索，增加托梁、钢带等，以保证初期支护具有一定的柔性，在巷道不失稳的前提下，允许围岩有较大的变形，让其充分地释放能量。同时，支护体后期要有足够的强度和刚度来有效控制围岩与支护的过量变形。

（3）实现深部高应力软岩巷道厚壁支护。一是采用全长锚固全螺纹钢等强锚杆，增加围岩自承圈厚度，实现厚壁支护；二是进行锚索加固，由于锚索长度较大，能够深入深部较稳定的岩层中，锚索对被加固岩体施加的预紧力高达 200kN，限制围岩有害变形的发展，改善了围岩的受力状态，增加围岩自承圈厚度，实现厚壁支护；三是改变支护结构，在巷道的两底脚增加斜拉锚杆或在巷道底板开挖成反底拱形并锚喷（梁）支护，从而形成完整的、封闭的支护整体。

（4）减少围岩的破坏，增大围岩的强度，提高围岩自承能力。一是推广光面爆破，减少围岩振动，控制围岩环向裂隙，尽量保持围岩的整体强度；二是尽量保持巷道周边的光滑平整，避免产生应力集中。

（5）采用锚注加固的方式，通过打锚杆、锚索及用膨胀性材料充满锚杆孔，形成组合拱，以改善围岩的受力状态，提高整个岩层的自身强度。

3. 高应力软岩巷道常用的支护技术

软岩巷道的变形特征不仅受围岩的力学性质影响，而且受巷道所处地应力环境和工程因素制约。软岩工程支护技术是一门实践性、经验性很强的科学技术，其发展基本上是在工程实践中首先开展试验研究，进而在总结工程经验的基础上，通过对支护结构与围岩相互作用机理的研究，上升到理论与实践的高度而发展起来的。目前应用于高地应力软岩巷道支护的技术与措施有很多，如金属支架、锚喷支护、锚网喷支护以及近年来发展起来的加强型金属支架、高强度弧板、锚索支护、锚带梁支护、锚注支护等，但应用范围最广的仍然是锚喷支护、锚网喷支护及 U 形钢可缩性支架。锚注支护由于其明显的支护效果而逐渐被煤矿所接受，应用范围也越来越大。

1) 锚喷支护与锚网喷支护

(1) 锚喷支护。

锚喷支护是以充分发挥和利用围岩的自承载能力为基点的，锚杆的作用就是提高围岩的抗变形能力，并控制围岩的变形，使围岩成为支护体系的组成部分。锚杆支护既能用于软弱岩层和膨胀性岩层中巷道的开挖支护，又能用于巷道的修复补强。锚杆支护作用原理如下。

① 悬吊作用原理。悬吊作用理论认为，通过锚杆将不稳定的岩层和危石悬吊在上部坚硬稳定的岩体上，以防止其离层滑脱。

② 组合拱作用原理。由于锚杆的约束力使围岩锚固区径向受压，从而提高了围岩的强度，充分发挥了围岩的自身承载能力。锚杆对于软岩的锚固作用主要是使围岩形成组合拱。

③ 组合梁作用原理。组合梁作用理论的实质是把层状岩体看成一种梁(简支梁)，没有锚固时，它们只是简单地叠合在一起。由于层间抗剪能力不足，各层岩石都是各自单独地弯曲。若用锚杆将各层岩石锚固成组合梁，层间摩擦阻力大为增加，从而增加了组合梁的抗弯强度和承载能力。

④ 挤压加固作用原理。锚杆的挤压加固作用认为，对于被纵横交错的弱面所切割的块状或破裂状围岩，在锚杆挤压力作用下，在每根锚杆周围都形成一个以锚杆两头为顶点的锥形体压缩区，各锚杆所形成的压缩区彼此重叠，便形成一条拱形连续压缩带。

上述锚杆的支护作用原理在实际工程中并非孤立存在，往往是几种作用同时存在并综合作用，只是在不同的地质条件下某种作用占主导地位而已。

喷射混凝土的主要作用是充填黏结作用、封闭作用、结构作用。

锚喷支护的实质是用锚杆加固深部围岩，用喷层封闭巷道表面，防止围岩弱化，抵抗围岩压力。经过锚喷支护处理后，锚杆、喷层和围岩共同组成承载圈，支承围岩压力，这部分支护结构称为外拱。外拱施工过程中通过监测了解围岩变形情况，待围岩位移趋于稳定，支护抗力与围岩压力相适应时，进行复喷或衬砌形成内拱，加强喷层抗力，使变形收敛，提高安全系数。内拱要提供足够的支承力，确保围岩的位移不会过大。对于埋深很大的软岩和力学性能极差的岩层，单纯的锚喷支护不能提供足够的刚度使巷道变形收敛并趋于稳定。目前工程中通常是在喷层内挂钢筋网复喷混凝土，形成内拱以提供支承。在高应力软岩巷道中这种内拱的支承力有限，有的巷道双层钢筋网喷层仍会破坏。

一般在外拱内侧采用钢筋网壳做初步支承，再复喷混凝土形成钢筋网壳混凝土内拱，其能提供足够的支承力和稳定性。钢筋网壳混凝土支护结构由于吸收了壳体结构优越的力学性能，把普通的锚网喷支护结构中片状或层状的金属网改为一种专用的空间钢筋网壳结构，并将其置于喷层中形成钢筋网壳混凝土结构。该结构充分发挥了钢筋和混凝土这两种材料的性能，用料节省，施工方便，结构力学特点是能使混凝土喷层受力更为均匀，从而提高其承载力。

(2) 锚网喷支护。

锚网喷支护的全称是锚杆、金属网、喷射混凝土支护。这种支护形式是在锚喷支护的基础上发展起来的，是锚杆、金属网、喷射混凝土三者并用的联合支护结构。与锚喷支护相比较，关键是增加了金属网。锚网喷支护形式，一般仍然以锚为主，以喷、网为辅。围岩的支护抗力主要由锚杆及时提供，增加金属网在于改善喷射混凝土性能，增大喷射混凝土的整体性和抗弯、抗拉、抗剪的性能，从而提高了内拱的支承力。同时，金属网的增加，使喷层不易开裂，从而更好地起到防风化、防水和防止锚杆间岩体松动掉落的作用，达到封闭围岩和充分发挥锚杆支护作用的目的，也使喷层压力得到更均匀分布。

2) 锚索支护与锚网索支护

(1) 锚索支护作用机理。

锚索技术是在混凝土和一般锚杆支护基础上发展起来的一项软岩锚固技术。当巷道硐室跨度很大时，围岩中可能出现较大应力集中；或当巷道硐室周围岩性较差时，上覆岩层形成较大的构造应力或松散压力；或对于复合顶板巷道，顶板岩石易离层，导致巷道压力大。采用一般锚杆支护或被动刚性支护时，难以承受荷载作用而易失稳破坏。短锚杆作用主要表现为组合梁或组合拱作用，在巷道上方和周围构成具有一定厚度及抗弯强度的组合梁或组合拱，形成一个承载整体结构，共同支承围岩荷载。但锚杆是刚性的，受巷道高度及施工机具影响，其长度是受限制的，因而组合梁或组合拱的厚度很小，难以支承高地应力或大变形量的软岩围岩压力。锚索用柔性钢绞线制成，其长度不受限制。此时采用锚索技术，利用其长度较长的特点，可以穿过围岩松动圈或破碎带达到深部稳定岩层中，将潜在垮落范围内的顶板岩层悬吊在其上部稳定的老顶岩层上，阻止顶板离层、垮落的发生。加上施以较大的预应力，形成明显的主动支护，使围岩变形得到有效控制。长锚索与短锚杆相结合的支护方式，实质上是把短锚杆范围内的围岩自承拱通过长锚索将其固定在较大的压缩圈内，并通过锚索把力传递到围岩深部的稳定岩体内，因此能最大限度地发挥围岩自承作用，提高围岩的力学性能、改善围岩的受力状态。锚杆支护通常将顶板岩层左右各 45° 方向锚固形成一个"挤压加固梁"，在此基础上加设锚索，相应加厚了"梁"的厚度，而且起到将下位"挤压梁"固定到深部稳定岩层的悬吊作用，有效控制了顶板下沉，确保巷帮煤层的稳定性。

(2) 锚网索支护作用机理。

锚网索支护与锚索支护的区别在于增加了金属网。金属网的作用主要是防止锚杆、锚索间岩体的松动掉落。这种现象若不及时阻止，很容易使锚杆失效，从而诱发顶板冒落和巷帮片帮，金属网正好起到了防止作用。它适合于较为破碎的围岩条件下的巷道支护。

3) U 形钢棚柔性支护

由于 U 形钢可缩性支架具有增阻速度快、支护强度高和可缩性等优点，被广泛应用于煤矿高应力软岩巷道甚至煤巷支护中。U 形钢可缩性支架属被动支护，当巷道围岩变形量达到一定程度时才开始承载，在高应力软岩巷道中，U 形钢棚柔性支护初期对围岩提供的支护阻力很小，对浅部岩体约束变形能力尚不及锚网支护，但随着围岩变形量增大，U 形钢棚承载能力迅速增加，由于其护表能力远高于普通锚网支护，对巷道围岩表面提供的支护阻力能够更有效地控制浅部破碎岩体的剪胀变形。因此，在高应力软岩巷道中，随着围岩变形量的增加，相对锚网支护而言，U 形钢可缩性支架控制围岩变形的能力相对较强。另外，U 形钢可缩性支架通过构件间的可缩和弹性变形来调节支架承受荷载，同时在支架变形和可缩过程中保持对围岩的支护阻力，促使围岩应力状态趋于平衡，具备适应巷道围岩较大变形和压力变化的能力，是软岩巷道中一种较为理想的支护形式。

然而在实际应用中，由于支架围岩相互作用关系较差，支架实际承载能力仅为理论承载能力的 1/5～1/3，甚至更低。尽管通过采用 U 形钢可缩性支架壁后充填技术，支架承载能力和支护阻力得到大幅度提高，但由于其自身结构稳定性较差，支架仍然大量出现屈服、破坏现象。大量工程实践表明，在高应力软岩巷道中单一被动支护难以控制高应力软岩巷道的强烈变形，支架往往由于浅部岩体产生的强烈剪胀变形而大量屈服、破坏。

4) 锚注支护

20 世纪 90 年代以来，中国矿业大学的陆士良、侯朝炯提出了一种注浆锚杆技术。它利用锚杆兼作注浆管，实现锚注一体化。注浆可改善更深层围岩的松散结构，提高岩体强度，并为锚杆提供可靠的着力基础，使锚杆与围岩形成整体，从而形成多层有效组合拱，即喷网组合拱、锚杆压缩区组合拱、浆液扩散加固拱，提高了支护结构的整体性和承载能力。

注浆锚杆前段为带有若干射浆孔的注浆段，后段为锚固段。众所周知，巷道开挖后围岩产生松动，使围岩强度降低，出现裂隙发育的破碎塑性区。破碎塑性区经加固后，破碎结构的围岩被胶结成拱形连续体加固圈。同时，注浆锚杆又起到悬吊、挤压等作用，使巷道围岩沿径向挤压的压力转化为切向压力，防止围岩松动范围的进一步扩展，从而使巷道径向应力减小到仅用较小的支护阻力就能使围岩长期处于稳定状态。因此，锚注支护是采用锚杆与注浆相结合的双重作用，以达到加固围岩、提高和改善围岩力学性能、控制围岩变形的效果，它扩大了注浆和锚杆的使用范围，其支护机理包括以下几个方面。

(1) 采用注浆锚杆注浆，可以利用浆液封堵围岩的裂隙、隔绝空气，防止围岩风化，且能防止围岩被水浸湿而降低围岩的本身强度；注浆锚杆注浆后将松散破碎的围岩胶结成整体，提高了岩体的黏结力、内摩擦角及弹性模量，从而提高了岩体强度，可以实现利用围岩本身作为支护结构的一部分；注浆锚杆注浆后使得喷层壁后充填密实，这样保证荷载能均匀地作用在喷层和支架上，避免出现应力集中点而首先破坏；利用注浆锚杆充填围岩裂隙并配合常规的锚喷支护，可以形成一个多层有效组合拱，即喷网组合拱、锚杆压缩区组合拱及浆液扩散加固拱，形成的多层组合拱结构扩大了支护结构的有效承载范围，提高了支护结构的整体性和承载能力，如图 3-5 所示。

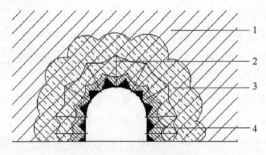

图 3-5　锚注支护机理图

1-岩层；2-外锚内注式锚杆；3-注浆加固圈；4-锚杆加固圈

(2) 注浆后使得在拱顶上的压力能有效传递到两墙，通过对墙的加固，又能把荷载传递到底板。组合拱厚度的加大不仅减小了作用在底板上的荷载集中度，而且减小了底板岩石中的应力，减弱了底板的塑性变形，从而减轻巷道底臌量；底板的稳定有助于两墙的稳定，在底板、两墙稳定的情况下又能保持拱顶的稳定；顶板的稳定不仅仅取决于顶板荷载，在非破坏带中关键取决于底板和两墙的稳定，因此锚注技术支护的重点就是保证底板和两墙的稳定，从而保证整个支护结构的稳定。

(3)注浆锚杆本身为全长锚固锚杆，通过注浆也使端锚的普通锚杆变成全长锚固锚杆，从而将多层组合拱联合成一个整体，共同承载，提高了支护结构的整体性；注浆使得支护结构面尺寸加大，围岩作用在支护结构上的荷载所产生的弯矩减少，从而降低了支护结构中产生的拉应力和压应力，因此能承受更大的荷载，提高了支护结构的承载能力，扩大了支护结构的适应性；注浆后的围岩整体性好，与原岩形成一个整体，从而在大构造应力作用下保持稳定而不易产生破坏；通过对围岩注浆加固，不仅可以改善围岩岩性和应力分布，而且可以大大缩小围岩变形，减轻支架承受的外载压力，改善支架的受力情况。

3.1.7　"三锚"耦合支护理论

对于高应力软岩巷道，目前主要依靠锚网喷索注联合支护作为支护方式。但是在支护过程中必须考虑到支护结构和围岩的相互作用，使围岩变形和支护结构变形相协调，这样才能充分挖掘锚网索支护结构的潜力，维护巷道的稳定性，最终达到支护系统和围岩耦合支护。

1. 耦合支护的含义与基本特征

1)耦合支护的含义

软岩巷道耦合支护的理念最早是由中国矿业大学何满潮教授在 1997 年 2 月的煤炭科学技术学术年会上提出来的，真正应用到煤矿支护设计和现场施工中是近年来的事。其核心意义认为：对于已进入非线性大变形阶段、变形场是非线性力学场的高应力软岩巷道变形破坏，实质上是巷道围岩在工程力作用下产生塑性大变形的一种力学过程。其破坏的主要原因是支护体力学性质与围岩力学性质特性表现出不耦合，并且首先从某一部位开始，进而导致整个支护系统的失稳。常见的联合支护系统并非是各种支护构件的简单叠加，而是应该适应软岩巷道特别是高应力软岩巷道围岩非线性大变形的特点，充分发挥锚杆、锚索、锚注的支护能力，保证巷道围岩的稳定。

通常锚网喷[①]索注联合支护在整个支护系统中，锚杆通过与围岩的相互作用，起着主导承载的作用，同时能够防止围岩的松动破坏，并有一定的伸缩性，可随巷道变形，而不失去支护能力。网的主要作用是防止锚杆间的松软岩石垮落，提高支护的整体性。锚索作为一种新型的加强支护方式，由于锚固深度大，可将下部不稳定的岩层锚固在上部稳定岩层中，同时可施加预紧力，主动支护围岩，能够充分调动巷道深部围岩的强度。锚注将产生松散破碎的围岩胶结成整体，提高了岩体的黏结力、内摩擦角和弹性模量，从而提高了支护系统的整体性和承载能力。"三锚"耦合支护的含义就是针对高应力软岩的力学特性实现锚杆、锚索、锚注联合支护体对围岩的耦合支护。

本节认为耦合支护应当包括围岩结构耦合和支护系统耦合。围岩结构耦合就是应根据巷道所处位置的围岩结构(一般分为整体结构、块状结构、块裂结构、碎裂结构和散体结构)选

---

① 喷的主要作用就是将水泥砂浆喷射到岩体表面，从而提高岩体的整体性。

择合理的断面形状及巷道位置，优化巷道设计，达到围岩在结构上的耦合；支护系统耦合就是根据巷道围岩强度条件，确定合理的支护材料，使支护体与围岩在强度、刚度上实现耦合，充分发挥围岩自身强度。支护系统耦合应包含三个方面的含义，如果把联合支护体看作一个完整的支护系统，那么其耦合支护应包括的含义在于：其一，是完整支护系统与围岩变形时间特征的耦合；其二，是单个支护体与围岩变形时间特征的耦合；其三，是单个支护体与单个支护体之间的耦合。

2）耦合支护的基本特征

根据高应力软岩巷道的破坏机理，要想实现支护系统与围岩变形的耦合，支护系统与围岩必须在强度、刚度及结构上达到耦合的要求。由于巷道围岩本身所具有的巨大的变形能，一味采取高强度的支护形式不可能阻止围岩的变形，从而，也就不能达到成功维护巷道的稳定性的目的。所以，一方面，高应力破碎围岩在巷道开挖初期将释放出大量的变形能，整体支护系统要有充分的柔度，允许巷道围岩具有足够的变形空间，在不破坏围岩本身承载强度的基础上，要充分释放其围岩的变形能；另一方面，整体支护系统必须要有足够的强度，能将巷道围岩控制在其允许的范围之内，避免因过度变形而破坏围岩本身的承载强度。因此，耦合支护的基本特征就是要实现支护系统与围岩达到强度、刚度上的耦合匹配，实现刚度和强度的耦合。

2. "三锚"耦合支护原理

"三锚"耦合支护技术，就是将软岩支护中的锚杆支护技术、锚索加固技术和锚注支护技术三种成功技术同时运用于巷道支护中，实现联合支护。

从单一的支护技术理论来看，锚杆支护技术通过锚杆的作用把破碎的岩体组合起来形成组合拱或组合梁，提高围岩的支承能力，达到增加稳定性的目的。锚索支护技术是对于大跨度的断面，通过增加锚索来达到悬吊和减跨的目的。而围岩注浆加固松动圈机理是提高松动圈内破裂岩体强度，利用注浆锚杆内浆液充填大松动圈内的破裂面，将破裂岩体固结起来，使松动圈内块体黏结成整体结构；同时使原松动圈块体由单向或者二向受力变为三向受力状态，从而大大提高破裂岩体残余强度和改善其力学性能，而注浆锚杆本身由于向围岩中注浆，使得普通锚杆也变成全长锚固锚杆，提高了锚杆的锚固力及锚固体（组合拱）的强度，从而增加了围岩自身承载能力，提高了支护结构的整体性，保证围岩松动圈的稳定性。单一的支护方法很难维护大松动圈高应力巷道的变形与稳定，把三种技术结合起来使用，对复杂条件下的巷道有很好的支护效果。锚杆的组合作用形成组合拱（梁），在一般的情况下，由于拱内的岩体裂隙发育，甚至破坏严重，岩体的强度相对较低，形成的拱的强度也较低，这样对于高应力大松动圈巷道，单一的锚网支护还是达不到理想的支护效果。如果能改善组合拱（梁）本身的强度，势必能提高巷道的稳定性和支护效果。增加强度有两种可行的方法：一是加大拱的厚度即增加锚杆的长度；二是改善岩体本身的物理力学性质，即增加岩体强度。从围岩注浆加固机理可知，通过注浆来增加组合拱（梁）的强度是最可靠、有效的。对于大跨度的断面，尤其是拱顶较破碎、拱的厚度较大的巷道，跨中弯矩较大，特别容易造成剪切破坏，如果通过增设锚索来减小跨度，可以大大提高巷道的稳定性。这样，三者有机的结合能够有效控制高应力破碎拱顶的巷道围岩的变形和破坏。

根据以上对支护技术与耦合支护基本特征的研究分析，本书认为："三锚"耦合支护技术的含义应当包括整体支护系统与围岩之间的耦合、锚杆与围岩之间的耦合、锚索与锚杆之间的耦合、锚注与围岩之间的耦合以及锚注与预应力锚索之间的耦合 5 个方面的含义。

3. 整体支护系统与围岩的耦合支护原理

在高应力软岩巷道形成过程中，塑性圈逐渐扩大，但是处于塑性状态的围岩不会马上失去承载力，仍然具有一定的承载力。高应力软岩巷道与硬岩巷道的支护原理截然不同，这主要是由它们的本构关系不同所决定的。硬岩巷道支护原理是不允许硬岩进入塑性状态，因其进入塑性状态将失去承载能力，而软岩巷道支护必须允许软岩进入塑性状态，而且以达到其最大塑性承载能力为最佳，同时，将巨大的塑性能(如膨胀变形能)以某种形式释放。因此，支护系统与围岩最大塑性承载极限的协调就是支护系统与围岩塑性变形承载极限点之间的耦合问题。理论实践研究表明，软岩巷道的耦合支护原理可以用公式(3-1)表示：

$$P_T = P_D + P_R + P_S \tag{3-1}$$

式中，P_T 为开挖后巷道围岩向临空区运动的合力，包括重力、水作用力、膨胀力、构造应力和工程偏应力；P_D 为以变形形式转化的工程力，包括弹塑性转化、黏弹塑性转化等；P_R 为围岩自承力，围岩本身具有一定的强度，能够承担一部分荷载；P_S 为工程支护力，为整体支护系统所起的作用力。

巷道开挖后，围岩所受合力如图 3-6 所示。由图 3-6 和公式(3-1)可知：①软岩巷道开挖后引起的围岩向临空区运动的合力 P_T 并不是纯粹由工程支护力 P_S 全部承担，而是由 P_S、P_R、P_D 三部分共同承担。首先，围岩的弹塑性能以变形的方式释放一部分，即 P_T 的一部分转化为围岩变形；其次，P_T 的另一部分由岩体本身自承力承担，剩余部分才由支护体承担。如果岩体强度高，$P_R > P_T - P_D$，则巷道可以保持稳定。对于复杂条件下的高应力软岩巷道，P_R 较小，一般 $P_R < P_T - P_D$，故要保持巷道稳定，就需进行支护，即加上 P_S。为使软岩巷道长期稳定，通常 $P_S + P_R$ 的值大于 $P_T - P_D$ 的值。②对于优化的巷道支护设计应该同时满足 3 个条件：$P_D \to \max$，$P_R \to \max$，$P_S \to \min$。在工程实践过程中，要使 $P_D \to \max$，P_R 就不可能达到最大；而要使 $P_R \to \max$，P_D 就不能达到最大。要同时满足 $P_D \to \max$，$P_R \to \max$，关键是选择变形能释放的时间和最佳耦合支护时间。

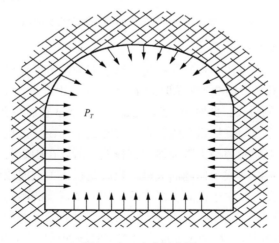

图 3-6　P_T 合力示意图

1) 最佳耦合支护时间

巷道开挖时原有应力状态被破坏,在围岩应力条件下,切向应力在巷壁附近高度集中,致使这一区域岩层屈服而进入塑性状态,此区域的围岩为塑性区。塑性区的出现改变了围岩的应力状态,对支护系统来讲有两个力学效应:①围岩中切向应力和径向应力降低,减小了作用于支护体上的荷载;②应力集中向深部转移,减小了应力集中破坏作用。按围岩的变形速度可分为三个阶段:减速变形阶段、近似线性的恒速变形阶段和加速变形阶段。在加速变形阶段,岩体自身结构改变,产生新裂纹、围岩强度大大降低。显然此阶段可以使 $P_D \rightarrow max$,却导致 P_R 大大减小,解决这个问题的关键就是确定最佳耦合支护时间。

最佳耦合支护时间就是最大限度地发挥围岩塑性区的承载能力,同时又不能出现松动破坏时所对应的时间,要严格控制松动破坏区的发展。而最佳耦合支护时间是可以使 $P_R + P_D$ 达到最大时所对应的支护时间,其意义如图 3-7 所示。最佳耦合支护时间就是 $(P_R + P_D)$-T 曲线的峰值点所对应的时间 T_S。理论分析可知,该点与 P_D-T 曲线和 P_R-T 曲线的交点所对应的时间基本相同。此时,支护系统使 P_D 在优化时间上充分地达到最大,同时又保证了围岩强度,使其强度损失在优化意义上达到充分小,即围岩自承力 P_R 达到充分大。对于高应力破碎性软岩巷道支护来讲,允许出现稳定塑性区,严格限制非稳定塑性区的扩展。其宏观判断标志是最佳耦合支护时间 T_S,它出现之前的变形为稳定变形,此间为稳定塑性区。所以 t_S 的力学含义是最大限度地发挥塑性区承载能力而又不出现松动破坏时所对应的时间。

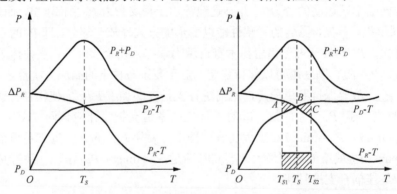

图 3-7 最佳耦合支护时间与最佳耦合支护时段

2) 最佳耦合支护时段的确定

通常最佳耦合支护时间点在工程实践中是难以掌握的,所以提出了最佳耦合支护时段的概念。在支护过程中,只要在图 3-7 所示时间 $T_S (T_{S1} \sim T_{S2})$ 附近进行支护,基本上可以使 P_R、P_D 同时达到优化意义上的最大。此时 $P_D + P_R \rightarrow max$,$P_S \rightarrow min$ 也就得到满足。

由以上可知,实现围岩与支护系统的耦合,关键在于:在最大程度上保护围岩的承载能力的基础上,让围岩内部的应力最大限度地得到释放。所以在围岩与支护系统的耦合支护过程中,确定最佳耦合支护时间成了问题的关键。也就是说,关键问题就是如何实现围岩变形和支护系统在时间上的耦合。由于围岩变形本身就是一个复杂的问题,所以,最佳耦合支护时间 T_S 在工程实践中是难以掌握的。在此基础上提出最佳耦合支护时段的问题,也就是尽可能地去逼近最佳耦合支护时间。在确定最佳耦合支护时段的问题上,可以通过以下方法得到。

(1) 通过计算机监控或者是通过现场围岩特征判断直接得到。研究表明:①变形力学状态进入图 3-7 所示 A 区时,支护体多产生鳞状剥落;进入 B 区时,伴随着片状剥落;进入 C 区后，产生块状崩落和结构失稳。因此，最佳耦合支护时间(时段)就是鳞、片状剥落的高应力变形现象出现的时间。②现场研究表明，随着围岩裂隙的变化，张性、张扭性裂纹宽度达到 1～3mm 时，即进入 A 区和 B 区，即为进入最佳耦合支护的时间。现场围岩特征的判断对于关键部位的耦合支护有着重要的意义。

(2)常常通过矿压观测方法来确定。巷道周边各点变形及其速率同时满足：①$U_i \geqslant 0.6[U]$；②$\dfrac{\partial U_i}{\partial t}$，可以在耦合支护过程中利用现场监测对最佳耦合支护时间做出判断。

巷道表面各点变形量达到设计余量的 60%时，即为进入最佳耦合支护的时间。具体实践中，可根据表面位移-时间(U-t)曲线进行判定，方法如图 3-8 所示。图中曲线拐点 T_0 附近可作为耦合支护的最佳耦合支护时间。

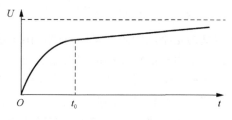

图 3-8　最佳耦合支护时段选定

4. 锚杆与围岩的耦合支护原理

1) 锚杆与围岩相互作用机理

巷道开挖后，围岩的受力状态发生改变。不同部位的岩体，由于其受力状态不同，所表现出的强度特性也各不相同(图 3-9)。巷道顶板和底板的 A 点和 C 点处于受拉状态，而岩石的抗拉强度相对较低，因此极易发生破坏。巷道帮部的 B 点处于受压状态，因此其强度表现要比 A 点高。围岩内部的 D 点仍处于三向状态，因此其强度表现相对最高。

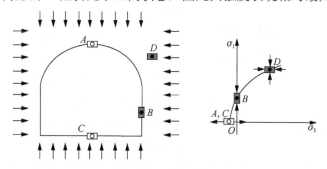

图 3-9　巷道围岩受力分析

当打入锚杆以后，锚杆和围岩的相互作用使巷道围岩受力状态发生改变。锚杆对岩体的加固作用机理比较复杂。主要表现在(图 3-10)：①锚杆与围岩黏结在一起，提高了岩体的整体刚度，增强了岩体的抗变形能力；②由于锚杆的抗拉作用，当锚杆穿过破碎岩层深入稳定岩层时，对不稳定岩层起着悬吊作用；③对于层状岩体，由于锚杆的作用，对岩层离层起着一定的阻碍作用，并增大了层间的摩擦力，与锚杆本身的抗剪作用共同阻止层间的相对滑动，从而将各个岩层夹紧形成组合梁，提高了岩层的承载能力；④由于锚杆的作用，从而形成 σ_3 作用面，改变了边界岩体的受力状态，使其由一维受力状态转化为三维受力状态，提高了岩体的承载能力。

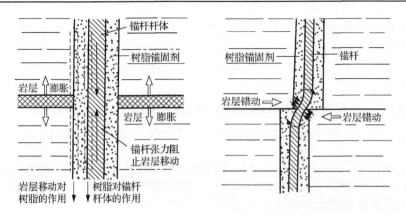

图 3-10 锚杆加固作用示意图

通常在不同阶段，锚杆的受力是不同的。在早期阶段，由于巷道顶板破坏范围较小，此时锚杆的主要作用是控制顶板下部岩体的错动和离层失稳的发生；在中期阶段，岩层产生了一定的变形，由于岩石的流变效应，随着时间的推移，岩层强度不断降低，当锚杆深入稳定岩层时，其作用主要是悬吊作用，同时锚杆径向和切向约束可以阻止破坏岩层的扩容、离层及错动；在后期阶段，围岩变形加大，锚杆受力增大，在设计合理情况下，只要锚杆不产生拉伸破坏，围岩的稳定性仍然在锚杆的控制范围之内，则锚杆和破碎岩体仍可形成承载圈，具有一定的承载能力。

2) 耦合支护原理

传统的组合拱设计观点认为，巷道围岩打入锚杆后所形成的组合拱厚度与锚杆的间排距、锚杆对岩体的控制角 α 有关（图 3-11），一般 α 取 $45°$。根据相关数值模拟的研究结果，α 的取值及锚杆调动岩体的范围应根据锚杆与围岩的耦合程度来确定。

由于岩体的开挖，顶部岩体要向下移动、变形，上部岩体和下部岩体的变形大小是不同的。锚杆的存在增大了岩体的整体刚度，使岩体的变形更加协调，下部岩体的变形比上部岩体的变形要大得多，此时锚杆就处于一种受拉状态，当锚杆顶端深入稳定岩体时，锚杆对下部岩体起着悬吊作用。由单根

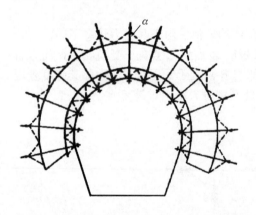

图 3-11 锚杆对岩体的控制角及调动岩体范围

锚杆周围岩体的应力分布图（图 3-12）可以看出：当锚杆与岩体在刚度上实现耦合时，即锚杆与围岩在刚度上相差两个数量级时，锚杆的作用范围比通常认为的锚杆顶部向下 $45°$ 的区域增加 60% 左右。若将岩体弹性模量降低到 10MPa，锚杆的弹性模量为 100GPa，通常的认识才符合事实，同时，其他部位锚杆的作用范围也有所降低（图 3-13）。

同样，群锚加固岩体的影响范围的大小并不都是锚杆顶部向下 $45°$ 范围内。模拟结果证明，当锚杆与围岩在刚度上达到耦合时，即锚杆弹性模量为 100GPa、岩体弹性模量为 100GPa 时，群锚的范围将比此范围增大 20% 左右；当岩体弹性模量为 10MPa 时才是通常认为的沿锚杆顶部向下 $45°$ 的加固范围；当岩体弹性模量降低至 1MPa 时，群锚的加固范围又相继降低，如图 3-14 所示。因此可以认为，在耦合条件下，即锚杆与围岩在刚度上相差两个数量级时，锚杆调动岩体强度范围远远超过传统界限。

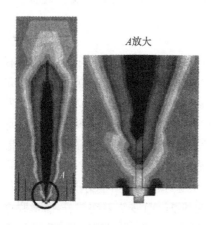 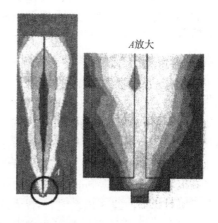

图 3-12 单根锚杆作用 σ_v 应力分布图　　　　　图 3-13 单根锚杆作用 σ_y 应力分布图

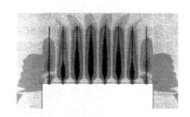 

（a）岩体弹性模量 E=1GPa　　　　　　　（b）岩体弹性模量 E=100GPa

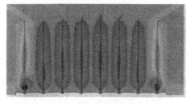 

（c）岩体弹性模量 E=10MPa　　　　　　　（d）岩体弹性模量 E=1MPa

图 3-14 群锚加固作用 σ_v 应力分布图

另外，由于锚杆支护设计中往往是依据锚杆的强度来设计的，锚杆破坏往往是由围岩和锚杆在刚度上不耦合所造成的。当锚杆和围岩在刚度上不耦合时，围岩自身的变形能就会施加到锚杆上，如果围岩的变形能超过了锚杆的强度，锚杆就会破坏。所以，锚杆的变形量必须控制在围岩稳定性的范围之内。在耦合条件下，即围岩与锚杆在刚度上相差两个数量级时，锚杆调动岩体强度范围远远超过传统界限。这就要求在进行锚杆支护设计时，首先考虑锚杆与围岩的耦合问题。因为锚杆自身的刚度是不能改变的。所以，工程实践中，通常寻找耦合试件来调和锚杆的刚度，使得锚杆和围岩协调变形，实现锚杆与围岩的耦合支护。

5. 锚索与锚杆的耦合支护原理

锚索与锚杆耦合支护作用十分重要，大量的工程实践表明，锚网索联合支护经常出现个别锚杆或者是锚索破断的现象，以往的支护经验只是单单从加大锚杆和锚索的强度和刚度入手，忽视了两种不同材质的支护体刚度和强度的耦合，导致一系列的锚杆或者是锚索破坏，这些都是由锚索与锚杆刚度的不耦合造成的。

1)共同作用原理

最理想锚杆-钢绞线锚索联合支护是锚杆-锚索同时安装，同步受力，并将围岩达到稳定时的变形量控制在锚索的延伸量范围内，使锚杆与锚索对围岩起到共同的加固作用。但是，实际工程中，当锚杆和预应力锚索同时安装时，由于锚索施加了较大的预应力，围岩在发生变形产生松动破坏后，锚索提前受力，锚索的工程延伸量较小，往往使锚索提前拉断破坏。由于深部高应力松软复杂巷道围岩的变形量很大，为了解决因锚索延伸量超过极限而破断的问题，工程实践中需要研究锚杆-锚索支护时间的耦合问题。

图 3-15 为锚杆-锚索同时施工时与围岩的相互作用关系示意图。图中给出了锚索特征曲线 4 和锚杆加固特征曲线 3 以及锚杆-锚索联合支护特征曲线 2，曲线 2 表明锚杆-锚索联合支护提高了支护体的承载能力，曲线的交点 B 为围岩变形稳定点，此时，围岩的变形破坏得到控制，保持了围岩的稳定。B 点到初始点的水平距离 U_0 为围岩表面位移。ΔL 为锚索、锚杆延伸量。从图 3-15 中可以看出，锚杆和锚索同时安装时，共同作用，同时受力拉伸，如果围岩变形量在锚杆和锚索的极限延伸量之前得到有效的控制，即 $U_0 < \Delta L$ 时，锚杆-锚索联合支护作用就是成功的。如果围岩变形量在锚杆和锚索的极限延伸量内得不到控制，即 $U_0 \geqslant \Delta L$ 时，锚杆-锚索支护体极限延伸量小的一方就会遭到破坏。

2)耦合支护原理

大量的工程实践表明，高应力软岩巷道开挖后，巷道围岩的初期来压快，变形量大，岩体自稳能力差，如果同步施工安装，往往由于两种支护材料天然的材质不同而造成了支护刚度上的极大差别。通常钢绞线锚索的延伸率为 3%～3.5%，而高强度螺纹钢锚杆的延伸率一般为 16%～23%，当锚杆和锚索同时施工时，两者同时加载，往往会由于锚索的刚度不够而提前拉断；当锚索滞后于锚杆施工时，围岩开挖后释放大量的变形能而施加在锚杆体上，又往往会由于锚杆超前受力，而使锚杆提前破坏。这样就存

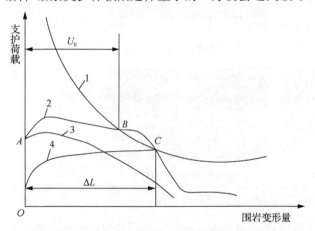

图 3-15　锚杆-锚索联合支护与围岩作用原理

1-围岩特征曲线；2-锚杆-锚索联合支护特征曲线；3-锚杆加固特征曲线；
4-锚索特征曲线；U_0-围岩表面位移；ΔL-锚索、锚杆延伸量

在一个锚杆与锚索最佳耦合支护时间问题。在实际工程中，锚杆-锚索联合支护是否能实现锚杆与锚索刚度的耦合性主要取决于锚索滞后锚杆施工的最佳耦合时间。

图 3-16 为巷道围岩与锚杆-钢绞线锚索联合互补支护相互作用原理图。图中给出了锚索特征曲线 4 和锚杆加固特征曲线 3，与一般支架的力学特性不同，锚杆支护体的承载能力随着围岩和自身变形的增加而降低。曲线 1 为围岩特征曲线，它表示围岩变形与支护强度之间的关系。根据前述分析，如果锚杆支护体和锚索的特性曲线不能与曲线 1 相交，说明单独采用锚杆支护或锚索支护，都不能控制围岩达到稳定。锚杆-锚索联合支护时，其联合支护特征曲

线 2 与曲线 1 相交，表明联合支护提高了支护体的承载能力，在曲线的交点 C 处，围岩的变形破坏得到控制，保持了围岩的稳定。AB 为初期锚杆单独受力特征曲线。$ABCD$ 为锚杆-锚索耦合支护特征曲线。由该曲线可知，锚杆和锚索各自发挥了自身的优势。从 $ABCD$ 锚杆-锚索耦合支护特征曲线可以看出，在巷道开挖支护初期，以锚杆的柔性支护为主，后期以锚索的悬吊作用为主。两者不是同时联合加强支护，而是相互取长补短，从而大大改善了锚杆的整体支护性能，达到控制围岩大变形的目的。因此，将此支护作用原理称为锚杆-锚索支护作用的耦合互补原理。为了解决锚杆-锚索耦合支护时间问题，工程实践中常常采用矿压观测方法来实现。

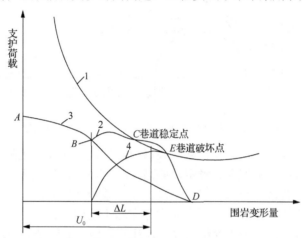

图 3-16　锚杆-钢绞线锚索联合互补支护与围岩作用原理

1-围岩特征曲线；2-锚杆-锚索联合支护特征曲线；3-锚杆加固特征曲线；

4-锚索特征曲线；U_0-围岩表面位移；ΔL-锚索、锚杆延伸量

6. 锚注与围岩的耦合支护原理

锚注支护属于隐蔽性工程，又是一个复杂的动态平衡过程，为了有效控制软岩巷道围岩变形破坏，必须合理安排施工工艺，确定最佳耦合注浆时间，才能取得最佳的支护效果。国内外地下工程支护经验表明，锚杆注浆是加固破碎裂隙岩体最有效的方式之一。锚注可以将松散破碎的围岩胶结成整体，提高了岩体的黏结力、内摩擦角和弹性模量，从而提高了岩体强度，实现了主动支护。

1) 注浆加固作用分析

围岩注浆加固往往同其他巷道支护形式结合起来使用，它不仅改善围岩岩性和应力分布，而且大大缩小围岩变形，减轻支架承受的外载压力，改善支架的受力情况。下面采用莫尔强度理论对注浆加固的作用作一一分析。

岩体的强度通常用莫尔强度理论来描述。为简化计算，强度曲线采用直线形包络线，即

$$\tau = C + \sigma \tan \varphi \tag{3-2}$$

式中，τ 为岩体抗剪强度，MPa；σ 为正应力，MPa；C 为岩体的黏结力，MPa；φ 为内摩擦角，°。

由式 (3-2) 可知岩体强度是由 C、φ 两个指标确定的。当井巷掘进后，原岩体中应力平衡状态受到破坏，因地应力重新调整，首先在巷道周围出现高于原岩应力的切向应力，出现应力集中，高应力使巷道周边的岩体依次出现破裂区、塑性区和弹性区，同时高应力向岩体内部

转移。岩体破坏之后，在巷道周围形成破坏圈层，或称为松动圈，锚注加固就是针对该圈层内的岩层。注浆加固就是使该圈层内的岩层的黏结力和内摩擦角提高，注浆加固机理见图 3-17。

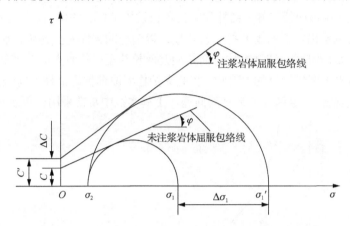

图 3-17　莫尔强度准则表示的注浆前后岩体强度的变化

岩体黏结力和内摩擦角增值大小，视注浆材料的性能及注浆工艺是否合理而不同，通常来讲，若注浆材料本身固结强度高、稳定性能高，C 和 φ 增加得较大。注浆工艺合理，能保证岩体裂隙充填密实，浆液和裂隙面黏结牢固。由于浆液在岩体内充实，固结强度提高，使巷道周围形成完整的连续的承载体，围岩应力分布趋于均匀，减少了应力集中现象，提高了支架的承载能力。相似模拟试验研究结果表明，注浆后围岩的黏结力平均增加了 40%左右，提高值很大。

2) 耦合支护原理

高应力软岩巷道的地质条件及应力状况具有复杂多变的特性，大量工程实践证明，新掘巷道除破碎带外，不宜掘后立即注浆加固。因为巷道开掘后应力重新分布，释放应力产生裂隙。如果过早注浆，一方面，由于围岩中尚未形成开度足够大的裂隙，难以注入浆液；另一方面，由于高应力破碎复杂围岩的应力释放和变形具有蠕变持续性，新裂隙不断形成，导致浆液结石强度尚低的已注浆加固岩体破坏，导致锚注支护失败。而如果过晚锚注支护，则由于丧失最佳支护时机，围岩变形过大而整体失稳，造成冒顶和安全事故。因此，锚注施工过早或过晚，都不利于实现支护系统与围岩在结构和强度上的耦合，因此，合理确定掘进巷道的最佳锚注耦合支护时间是非常重要的。最佳锚注耦合支护时间的选择应根据巷道围岩变形特性、巷道掘进施工工序、围岩裂隙发育程度等因素来综合确定。

7. 锚注与预应力锚索的耦合支护原理

松动圈围岩中，围岩松动破裂范围普遍大于锚杆长度，因而锚杆不能够把破碎围岩锚固在稳定岩层中；而当巷道或硐室断面较大时，其轮廓线上的曲率半径较大，特别是位于拱基线以上的破碎围岩，锚杆支护的组合拱效应并不明显，而且组合拱的强度往往也不能保持围岩的稳定。锚固范围外的破裂岩体，在膨胀过程中对锚固部分的岩体和锚杆施加较大的压剪力，在工程中往往发生锚杆挤出、锚杆间破碎围岩松动掉落等现象，最终导致发生冒顶事故。因此，必须采取两方面的措施以保证松动圈内围岩的稳定：第一，改变松动圈内围岩松散破碎、整体性差的状况，以提高围岩的整体性和强度；第二，充分利用松动圈外较稳定岩体的抗破坏能力和巷道松动圈内破裂岩体，一起抵抗围岩的变形失稳，并且给围岩内侧提供较强的应力和位移约束，限制围岩表面的过大变形。

由以上对锚注和预应力锚索支护机理的研究和分析可知，锚注支护可以使破碎围岩保持较好的整体性、较高的承载力和较强的抗压与抗变形能力，因此满足大松动圈围岩支护第一方面的要求；而预应力锚索通过施加较高的预应力，可以对围岩施加外部应力和位移约束，相当于提高了围岩的侧向围压，从而可以提高松动圈内围岩的强度，而其独有的长度优势，则可以充分利用深部围岩强度，以增加松动圈内破裂岩体抗破坏、抗变形的能力，因此，预应力锚索支护可以满足上述第二方面的要求。

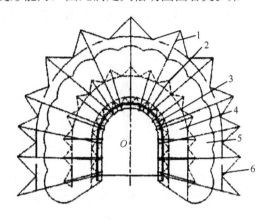

图 3-18 锚注与预应力锚索耦合支护结构图

1-预应力锚索；2-注浆锚杆；3-喷网层；4-锚杆压力拱；
5-注浆扩散范围；6-锚索压力拱区

因此，锚注和预应力锚索支护耦合使用，可以满足高应力软岩巷道中软弱破碎围岩的支护要求。而且锚注和预应力锚索支护耦合使用时，两者不仅可以单独起作用，还可以对围岩形成多重连续的加固区，如图 3-18 所示，从而使破碎围岩和完整岩体形成一个有机的整体，使破碎围岩的受力更加有利，从而使其转化为变形破坏可控的稳定围岩。

3.2 巷道变形破坏特征及原因分析

3.2.1 工程概况

六矿-440m 石门运输大巷位于矿井开采二水平，是连接上部丁$_{5-6}$组煤层与下部戊组煤层开采的主要运输巷道。设计服务年限为 60 年。巷道全长 730m，底板标高-440～-437m，垂直埋深 745m。该巷道自 1990 年投入使用以来，多次进行分段金属棚加固、锚网喷等形式的返修，平均每 2 年需扩修一次，特别是近年，每年都需扩修一次，每 3 个月需要拉底一次。最近一次返修在 2018 年，支护方式为锚网喷+U 形钢棚联合支护，棚距 600mm，打有 $\varPhi$20mm×2.4m 的锚杆；原断面设计尺寸为净宽 4.2m，净高 3.2m，巷道断面 11.5m^2；现巷道变形严重，巷道最小宽度仅为 3.2m，最小高度仅为 2.6m，最小断面不足 10m^2，严重制约了矿井的通风、运输能力，影响煤矿安全生产，需要进行扩帮修复支护。-440m 石门运输大巷具体巷道布置平面位置示意图如图 3-19 所示。

该巷道为全段穿层巷道，从上部的丁$_{5-6}$煤层顶板穿过丁$_{5-6}$煤层、戊$_7$煤层、戊$_8$煤层、戊$_{9-10}$煤层、戊$_{11}$煤层 5 组煤层和 5 组不同岩性的岩层，巷道终点位于戊$_{11}$煤层底板。受被穿过的 5 层软弱煤层的影响和上部回采工作面采动的影响，巷道破坏形态体现为顶部垮落、底臌及巷帮失稳。5 组煤层厚度一般为 1.4～3.4m；除戊$_8$煤层老底为中粗砂岩外，全段均为以砂质泥岩为主的泥岩、砂质泥岩互层，砂质泥岩、泥岩普氏硬度系数为 0.8～3；局部细-中粒砂岩普氏硬度系数为 4～6。埋深大于 600m，属于典型的深部高应力软岩巷道。-440m 石门运输大巷钻孔综合柱状图见图 3-20。

根据巷道实测地质剖面图，巷道在开挖过程中要先后穿越泥岩组、砂岩组和砂泥岩互层组，揭露的工程岩组多，地质构造复杂；埋深大，受较高的地压影响；服务年限长，且在服务期间会受到一定程度的开采动压影响。

　　-440m 石门运输大巷返修段地质剖面图见图 3-21。根据各部分围岩情况，该巷道可分为
3 个特征段：第一特征段为全岩段，合计总长 513m；第二特征段为上岩下煤段，合计总长
105m；第三特征段为上煤下岩段，合计总长 95m。由于煤层倾角为 7°～10°、厚度较薄，全
段没有全煤段。

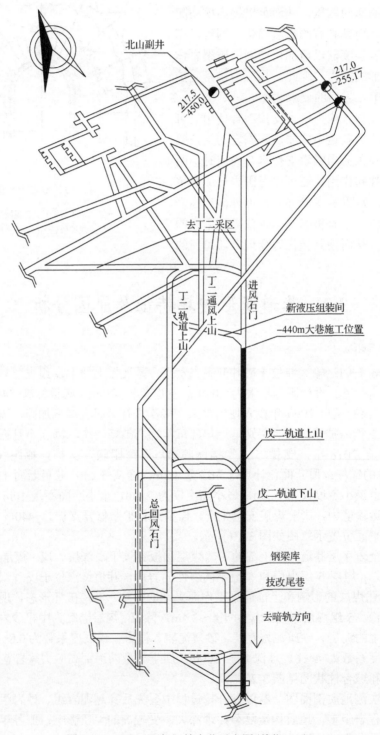

图 3-19　-440m 石门运输大巷示意图(单位：m)

-440m大巷柱状图

厚度/m	层号	巷探 岩性描述		岩性柱状（1∶200）
4.00	2	灰色，块状无层理，含有植物化石	砂质泥岩	
3.00	2	灰白色，细砂岩与泥岩互层	细砂岩	
0.70	2	灰色，含有植物化石	砂质泥岩	
3.16	2	黑色、块状	$丁_{5\text{-}6}$煤	
1.30	2	灰色泥岩，块状，含植物根部化石	泥岩	
1.6	2	灰色，含有少量泥岩	细砂岩	
6.65	2	灰色，含有植物化石	砂质泥岩	
0.20	2	黑色	煤线	
4.60	2	灰色，含有植物化石	砂质泥岩	
0.50	2	灰色，含有少量泥岩	细砂岩	
4.00	2	灰色，含有植物化石	砂质泥岩	
0.4	2	红色，含有Fe^{3+}	砂质泥岩	
12.00	2	灰色，含有植物化石	砂质泥岩	
5.18	1	灰白色钙质胶结，局部呈条带状结构，含少量的白云母碎片植物化石，菱铁矿鲕粒，裂隙发育，由方解石脉充填	细粒砂岩	
0.38	2	灰色，含有植物化石	砂质泥岩	
1.14	3	黑色，块状	$戊_7$煤	
0.74	4	灰色，块状，含少量的植物根系化石及白云母小碎片	砂质泥岩	
1.02	5	灰白色，块状	细粒砂岩	
2.90	6	灰色，块状，含少量的植物化石及白云母小碎片	砂质泥岩	
0.62～1.18	7	黑色，块状	煤线	
1.40	8	灰黑色，块状	砂质泥岩	
0.50	9	灰黑色	细粒砂岩	
0.72	10	灰黑色，块状，含有植物化石	砂质泥岩	
0.2	11	灰黑色，含有泥岩	煤线	
4.00	12	灰色，块状，偶见白云母小碎片，含有植物化石	砂质泥岩	
0.10	13	黑色，块状	煤线	
3.00	14	灰色-深色，块状，偶见植物化石，含有云母小碎片	砂质泥岩	
0.10	15	黑色，块状	煤线	
2.40	16	灰色，块状，由方解石脉充填	砂质泥岩	
0.30	17	灰色-黑色，有受力挤压现象	泥岩	
1.45	18	灰色-深色，块状，偶见植物化石，含有云母小碎片	砂质泥岩	
1.40	19	灰白色，含有石英，局部有红色砂岩	细砂岩	
0.50	20	灰黑色，含植物化石、白云母小碎片及泥质包体	砂质泥岩	
2.10	21	黑色，块状	$戊_8$煤	
0.30	22	灰黑色	砂质泥岩	
11.6	23	白色，块状，主要成分为石英，长石次之，钙质胶结，水平层理，分选性好，由方解石脉充填	中粒砂岩	
3.40	24	黑色，块状	$戊_{9\text{-}10}$煤	
2.10	25	灰黑色，块状，含有植物化石	砂质泥岩	
0.75	26	黑色，块状	$戊_{11}$煤	
7.80	27	灰色，块状，偶见植物化石，含砂量不均	砂质泥岩	

图 3-20　-440m 石门运输大巷钻孔综合柱状图

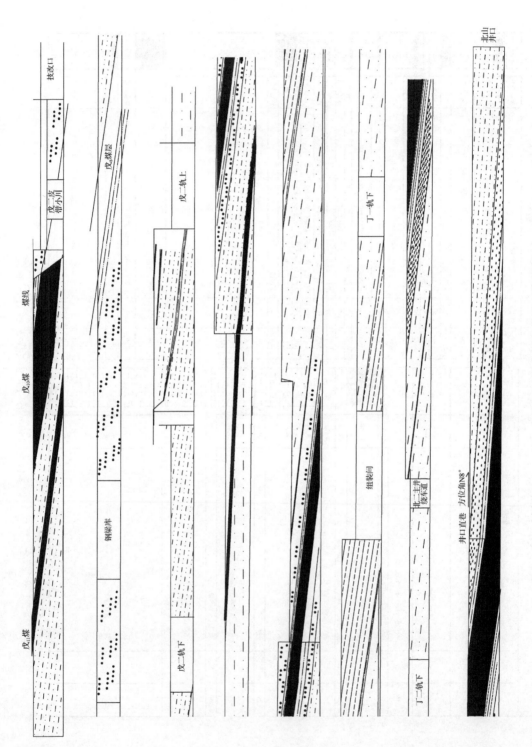

图 3-21　-440m 石门运输大巷返修段地质剖面图

3.2.2　巷道围岩岩性分析

1. 巷道围岩宏观结构分析

由于该工程埋深大，且为穿多层煤系的软弱地层，属于典型的高应力软岩巷道。受多次返修扰动影响，巷道围岩松动圈范围大，岩石破碎，稳定性较差。通过扩修时现场揭露岩层的实际观察情况可知，该工程围岩主要为泥岩或砂质泥岩，含黏土等膨胀性矿物成分高，岩石节理裂隙发育，受高应力影响，岩石松散破碎，岩性较差，巷道岩层中还夹有煤线，对巷道的稳定性非常不利，具体情况见图 3-22。

(a) -440m 石门运输大巷扩修迎头围岩破碎

(b) -440m 石门运输大巷扩修迎头两帮围岩节理裂隙发育

图 3-22　-440m 石门运输大巷围岩破碎、节理裂隙发育

2. 巷道围岩微观结构分析

-440m 石门运输大巷为穿层巷道，根据巷道实测地质剖面图，巷道在开挖过程中依次穿越丁$_{5-6}$煤、戊$_7$煤、戊$_8$煤、戊$_{9-10}$煤、戊$_{11}$煤五组煤层的顶底板，揭露岩性主要为砂质泥岩和泥岩。-440m 石门运输大巷钻孔综合柱状图和地质剖面图见图 3-20 和图 3-21。

为查明六矿-440m 石门运输大巷围岩的微观结构和矿物成分，于 2011 年 5 月 14 日在该大巷扩修段掘进头采集丁$_{5-6}$煤底板和丁$_{5-6}$煤岩样各一块，试样照片如图 3-23 和图 3-24 所示，分别进行了扫描电镜试验和 X 射线衍射分析试验。

1) 岩石微观结构分析

取样部位的丁$_{5-6}$煤厚 2.5m，半光亮型，容重为 1.4t/m^3，黑色，块状，层理、裂隙较发育，性脆、易碎，为块裂结构。煤层倾角为 7°～10°，平均为 8°。丁$_{5-6}$煤顶、底板均为砂质泥岩，灰色-灰黑色，块状，具裂隙，含膨胀性黏土岩。

选用德国卡尔蔡司公司生产的 EVO 18 电镜试验系统，分辨率为 3.0nm，放大倍数为 5～1000000，如图 3-25 所示。

图 3-23　丁$_{5-6}$煤底板砂质泥岩岩样

图 3-24　丁$_{5-6}$煤岩样

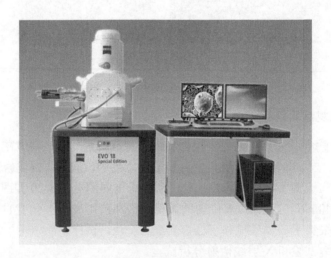

图 3-25　EVO 18 电镜试验系统

丁$_{5-6}$煤扫描电镜分析结果显示：在放大 500 倍时，可见长 5～10μm 微裂缝；在放大 2000 倍时，可观察到微裂隙和粒表溶蚀孔；在放大 8000 倍时，可见长 1～3μm 微裂隙，缝中见长石晶体，连通好，还可见粒表少量片状高岭石及微裂隙，如图 3-26～图 3-29 所示。

图 3-26　丁$_{5-6}$煤电镜扫描图(×500)

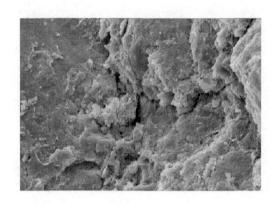

图 3-27　丁$_{5-6}$煤电镜扫描图(×2000)

图 3-28　丁$_{5-6}$煤电镜扫描图(1)(×8000)

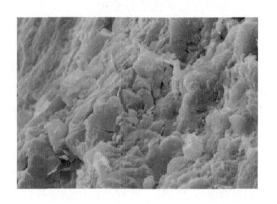

图 3-29　丁$_{5-6}$煤电镜扫描图(2)(×8000)

丁$_{5-6}$煤底板砂质泥岩的扫描电镜分析结果显示：在放大 500 倍时，可见样品致密，裂隙少；在放大 3000 倍时，可观察到裂隙中块状高岭石(Si，Al)；在放大 5930 倍时，可见粒表片状伊蒙混层与溶蚀孔；进一步放大到 6000 倍时，可见粒表片状伊蒙混层与微溶孔，如图 3-30～图 3-33 所示。

图 3-30　丁$_{5-6}$煤底板砂质泥岩电镜扫描图(×500)

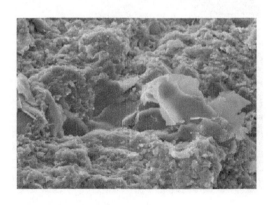

图 3-31　丁$_{5-6}$煤底板砂质泥岩电镜扫描图(×3000)

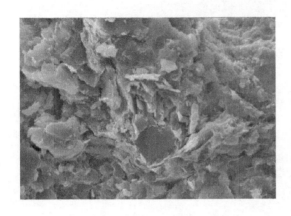 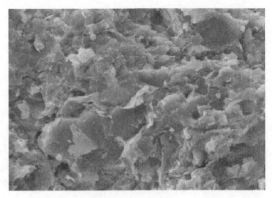

图 3-32　丁$_{5-6}$煤底板砂质泥岩电镜扫描图(×5930)　　图 3-33　丁$_{5-6}$煤底板砂质泥岩电镜扫描图(×6000)

2)巷道围岩矿物成分分析

对煤底板砂质泥岩及丁$_{5-6}$煤所作的 X 射线衍射分析结果显示,顶板泥岩中黏土矿物含量高达 68.6%,石英含量为 24%,菱铁矿、斜长石、钾长石含量较少,分别为 5.1%、1.6% 和 0.7%。黏土矿物中伊蒙混层含量为 51%,高岭石和伊利石含量分别为 45% 和 4%。由此可知,丁$_{5-6}$煤直接顶、底板砂质泥岩中伊蒙混层含量为 68.6%×51%＝34.99%,可见该地段中丁$_{5-6}$煤顶底板砂质泥岩膨胀性较强,遇水易膨胀、泥化,这是造成巷道大变形破坏的主要原因之一。

丁$_{5-6}$煤主要由非晶态物质组成,含量高达 75%,并含有一定量的黏土矿物(22.7%)和少量的菱铁矿(1.8%)及石英(0.5%)。黏土矿物以高岭石为主,含量高达 83%,伊蒙混层含量为 16%,伊利石含量仅为 1%,具有一定的膨胀性。

3.2.3　-440m 石门运输大巷变形破坏情况

现-440m 石门运输大巷各段变形严重(图 3-34～图 3-36),已严重影响煤矿的安全生产。

第一特征段见图 3-34。全岩段断面宽 3.0m,高 2.1m,断面比较大,锚杆拉断失效、U 形钢外露,顶帮部喷层脱落,支护体失效,底臌比较严重,达到 900mm。

 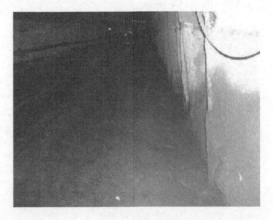

(a)帮部喷层脱落　　　　　　　　　　　　　　　　(b)底臌比较严重

(c)锚杆拉断失效、U 形钢外露

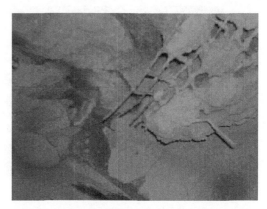

(d)金属网破坏失效、喷层脱落

(e)两帮不对称变形

(f)顶部背网破坏、喷层剥落

图 3-34　第一特征段(全岩段)巷道变形特征

第二特征段见图 3-35。上岩下煤段断面宽 3.5m，高 2.3m，尖顶现象突出，两帮压力比顶板压力大，顶板喷层露出空洞，喷层大面积垮落，两帮受压大小不一样，产生扭曲变形。

(a)顶部喷层脱落

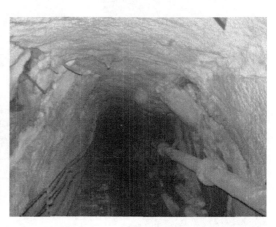

(b)两帮扭曲变形

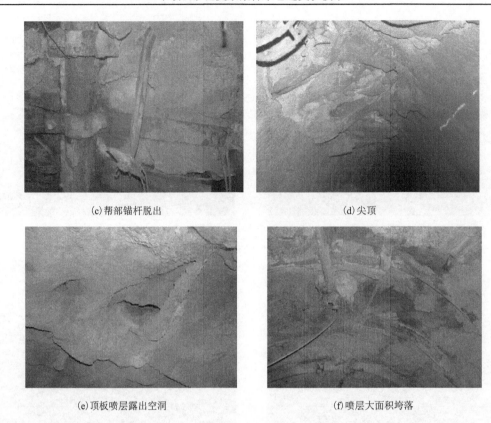

(c) 帮部锚杆脱出　　　　　　　　　　　(d) 尖顶

(e) 顶板喷层露出空洞　　　　　　　　　(f) 喷层大面积垮落

图 3-35　第二特征段(上岩下煤段)巷道变形特征

第三特征段见图 3-36。上煤下岩段最小断面宽 2.7m，高 1.8m，顶板冒落，两帮钢棚被压凹，锚网喷支护失效，全断面收缩变形大，由于顶板为厚煤层，表现出明显的垂直压力大。

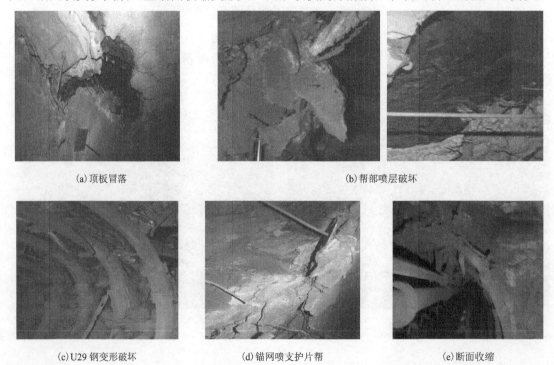

(a) 顶板冒落　　　　　　　　　　　　　(b) 帮部喷层破坏

(c) U29 钢变形破坏　　　　　　(d) 锚网喷支护片帮　　　　　　(e) 断面收缩

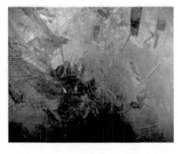
(f)严重冒顶

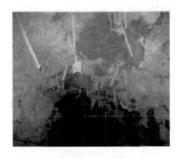
(g)锚杆(索)体脱落

(h)两帮钢棚压凹

图 3-36 第三特征段(上煤下岩段)巷道变形特征

从前述巷道变形破坏特征的现场调查中不难看出,-440m 巷道变形破坏表现出明显的深部高应力大变形特征。同时也反映出,支护强度低,支护体之间、支护体与围岩之间不耦合。

3.2.4 高应力软岩巷道变形破坏原因初步分析

通过对六矿-440m 石门运输大巷现场考察和实验室对巷道围岩微观测定分析,初步认为影响六矿-440m 石门运输大巷稳定性的主控因素如下。

1)巷道围岩软弱

巷道围岩软弱主要表现在巷道埋深大,该运输大巷为穿层巷道,全长穿过煤系地层、泥岩组、砂质泥岩组和软煤,巷道围岩底板两帮均为煤层,围岩的力学性质、工程特性较差,岩体强度较低。经过动压破坏,岩体内部节理裂隙发育,松动范围扩大,煤层膨胀性增强,较破碎,受到挤压突出,出现严重的底臌现象,并造成支护结构的失稳。

2)地压大

由于六矿-440m 石门运输大巷最大埋深为 745m,岩石容重取 25kN/m³,自重应力约为 18.75MPa,水平集中应力最高可达 35MPa,巷道围岩已进入非线性高应力状态。根据该矿地应力测试结果,六矿-440m 石门运输大巷水平最大主应力为 35MPa,方位角为 150°,而巷道走向为 N37°,因此巷道走向与最大水平主应力的夹角为 13°,受地应力影响较大,造成了巷道局部的非对称变形。

3)对耦合支护设计理念缺乏认识

传统支护方式没有考虑到支护材料间、支护材料与围岩间的耦合作用,只是被动地、机械地通过多种支护材料的联合使用,以期增加支护强度,但由于不同支护材料间刚度、强度等的不耦合,其中一种或几种支护材料没有发挥出应有的作用,最后造成支护的失败,所以在深部软岩工程中,必须考虑支护材料的不同特性,使不同支护材料间达到耦合作用。同时更重要的是现有的主要支护材料,包括锚杆、锚索等不能适应深部巷道的围岩大变形而发生破断失效,这是导致现有的支护理论技术不能适应深部巷道围岩大变形控制的主要原因。

4)对支护过程设计缺乏足够的认识

在深部软岩工程中,由于其非线性大变形的特点,其支护设计应考虑过程,并进行相关的过程设计,同时考虑对各种力学对策的施加方式、施加过程的研究。而在原支护设计和现场施工过程中,没有考虑过程相关性,几种支护体不分先后同时施加,造成不耦合支护,或者由于没有考虑不同巷道施工的先后顺序,巷间相互扰动,使巷道遭受破坏。

上述影响因素的综合作用,造成了六矿-440m 石门运输大巷前修后坏,屡遭破坏。

3.2.5　高应力软岩围岩松动圈测试

1. 松动圈测试的目的

本次钻孔岩层探测(松动圈测试)的意义主要在于：更可靠地了解巷道深部围岩的变形与破碎情况，同时为后续支护参数的理论计算提供可靠的依据，采用钻孔窥视仪对巷道的顶部及帮部进行原位测试。为了使初步支护设计尽可能满足使用要求，将原位测试孔选在 3 个特征段变形最严重的位置进行测试。

图 3-37　YS(B)钻孔窥视仪

2. 测试设备与仪器

本次测试选用煤炭科学研究总院西安分院所生产的 YS(B)钻孔窥视仪，其主机配接设备为 YS(B)钻孔窥视仪窥视镜。YS(B)钻孔窥视仪见图 3-37。其工作原理是：通过 CCD 将钻孔内岩层实测图像由视频信号线传输到显示屏并显示出来，并可用记忆卡将图像存储起来，见图 3-38。需要的相关机具主要为锚杆钻机，用于施工钻孔，钻孔直径为 28～32mm。部分煤帮可采用风钻钻孔，钻孔直径可调为 42mm。

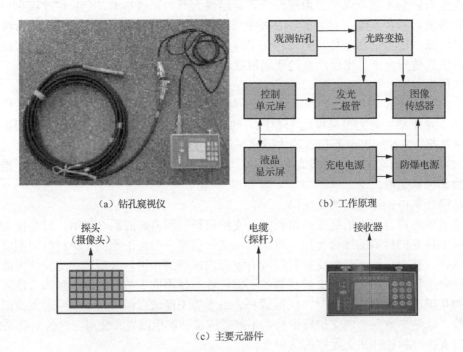

（a）钻孔窥视仪　　　　　　（b）工作原理

（c）主要元器件

图 3-38　钻孔窥视仪工作原理及主要元器件

3. 测试地点及钻孔布置

在-440m 石门运输大巷三个特征段分别选取 1 处变形最严重的位置布置了两帮和顶部 3 个勘察孔，钻孔的深度均为 8m。勘察孔布置情况如图 3-39 所示。

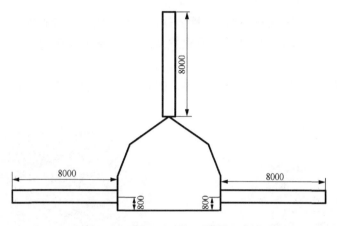

图 3-39　勘察孔布置图(单位：mm)

4. 测试过程

(1)在需探测的岩体内钻出一个直径大于 28mm 的钻孔，钻孔深度：巷帮 8m，顶板 8m(具体可视现场情况而定)，岩层完整时，钻孔深度略小，岩层破碎时，钻孔深度加大。若钻孔中有大量岩煤粉填在岩层的裂隙中，为了不影响探测效果，用水冲尽或用风吹出充填在裂缝中的岩煤粉。

(2)将探头通过导杆送至孔口，打开电源开关，按下 POWER 键开机进入录像状态，并向岩体内逐渐移进，判断岩层松动破裂情况，并根据导杆上的读数记好岩层破裂带的位置。

(3)将录像的结果存储下来。

(4)人员安排。矿井现场安排两名工人配合打孔。测量过程中，安排 3 人操作，其中 1 人操作移动导杆，1 人传递导杆，1 人读取并记录数据。

(5)资料整理。将录像的文件传输到计算机保存好，根据现场记录的数据和录像资料，对各测试点岩层情况进行分析评价，确定围岩破裂带范围。现场测试情况如图 3-40 所示。

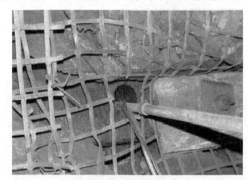

(a)数据采集　　　　　　　　　　　　　　(b)光学钻孔窥视探测

图 3-40　现场测试情况

5. 测试结果分析

1)上煤下岩段测站测试结果分析

(1)左帮钻孔。

① 岩层分析。

由图 3-41 可知，8.0m 煤岩分层，6.0～8.6m 岩层完整性良好，无明显裂隙；6.5～6.8m

有裂隙，6.5m 有煤岩夹层；5.5～6.5m 岩性较软，完整性较差，较破碎；5.2～5.5m 为煤层，软弱破碎；1.6～5.2m，岩层完整性差，裂隙发育；0～1.6m，呈破碎状态。

　　② 松动圈分析。

　　5.2～5.5m 为软弱煤夹层，5.2m 范围内，围岩破碎、裂隙发育，因此初步确定松动圈厚度为 6m 左右。

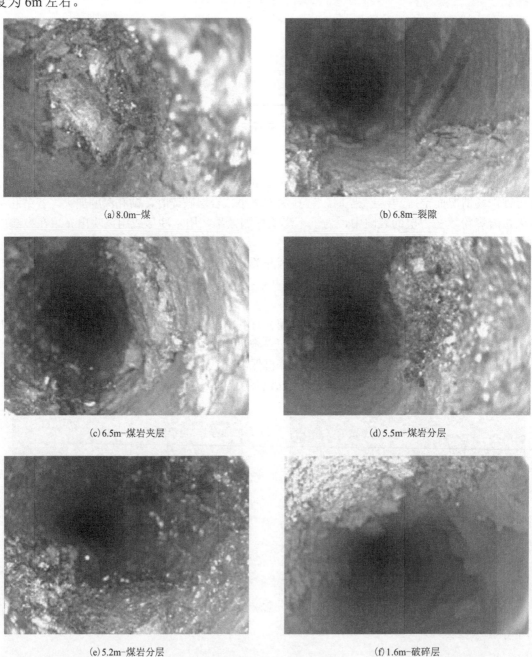

(a) 8.0m-煤　　　　　　　　　　　　　　　(b) 6.8m-裂隙

(c) 6.5m-煤岩夹层　　　　　　　　　　　　(d) 5.5m-煤岩分层

(e) 5.2m-煤岩分层　　　　　　　　　　　　(f) 1.6m-破碎层

图 3-41　左帮孔(上煤下岩段)勘察孔图片

（2）右帮钻孔。

① 岩层分析。

由图 3-42 可知，3.7～4.5m 岩性较软，2.0～3.7m 岩性较硬，层间完整性较好；0～2.0m 为煤层，层间完整性差，煤层间有岩石夹层。

② 松动圈及裂隙分析。

3.7～4.5m 岩性较好，有三条裂隙；3.7m 处有一个大的裂隙；但 2.0～3.7m 岩性完整性良好，存在 6 条微裂缝；2.0m 内为煤层软岩破碎，因此可以确定松动圈厚度为 4m 左右。

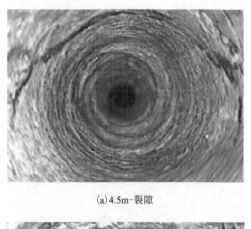
(a) 4.5m-裂隙

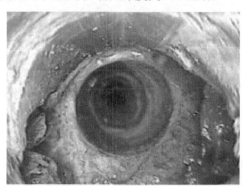
(b) 3.7m-大裂隙

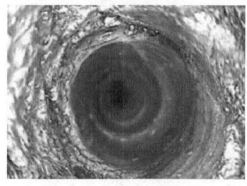
(c) 2.0m-煤岩分层

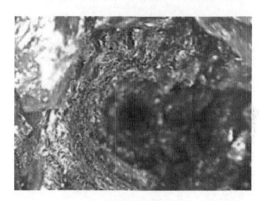
(d) 1.6m-破碎

图 3-42　右帮孔（上煤下岩段）勘察孔图片

（3）顶部钻孔。

① 岩层分析。

由图 3-43 可知，7.6～8.8m 围岩较软弱，但围岩整体性较好；6.6～7.6m 岩层较完整，存在 4 个裂隙，裂隙间岩层完整，岩性较好，6.6m 处裂隙较发育；5.2～6.6m 岩层完整性良好，存在两处微小裂隙，岩性良好；4.2～5.2m 为全煤层，煤层裂隙发育，煤层破碎；4.0～4.2m 为岩层，完整性较好；2.9～4.0m 为全煤层，煤层裂隙发育，但夹有岩石；1.3～2.9m 为煤岩互层，岩层软弱，但未呈破碎状态；0～1.3m 为煤岩互层，岩性软弱，但未呈破碎状态。

② 松动圈分析。

在 5.2m 处煤岩分层，4.2～5.2m 煤层裂隙发育，煤层呈破碎状态；0～4.2m 岩层软弱；因此确定松动圈厚度为 5.5m。

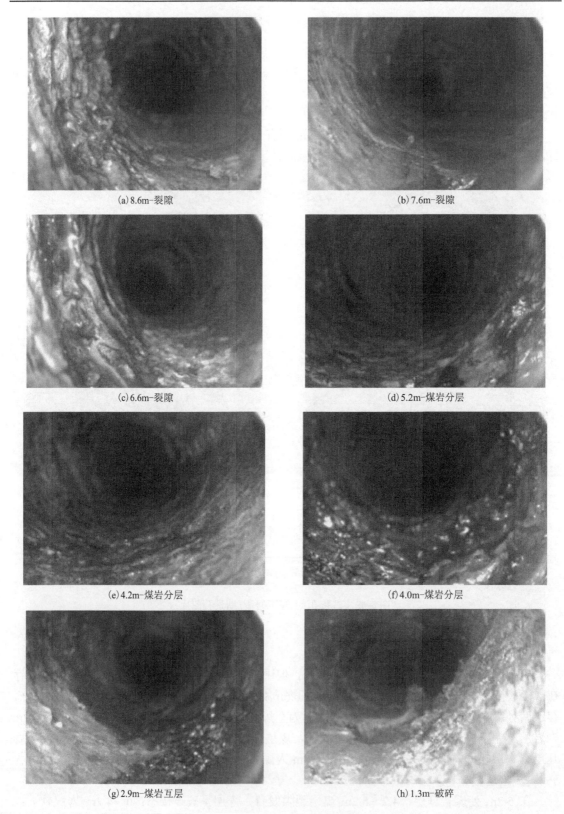

(a) 8.6m-裂隙

(b) 7.6m-裂隙

(c) 6.6m-裂隙

(d) 5.2m-煤岩分层

(e) 4.2m-煤岩分层

(f) 4.0m-煤岩分层

(g) 2.9m-煤岩互层

(h) 1.3m-破碎

图 3-43　顶孔(上煤下岩段)勘察孔图片

2）全岩段测站测试结果分析

（1）左帮钻孔。

① 岩层分析。

由图 3-44 可知，2.1～2.9m 岩性坚硬，岩层完整，没有裂隙；1.7～2.1m 有裂隙，2.0m 处有煤夹层；0～1.7m，裂隙发育，岩层相当破碎。

② 松动圈分析。

1.7～2.9m 岩层整体性完整，1.7～2.1m 只有两条裂隙；0～1.7m 岩层完全破碎；确定该孔的松动圈厚度为 2.5m 左右。

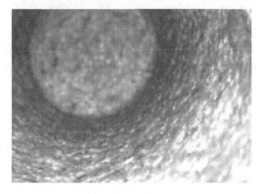 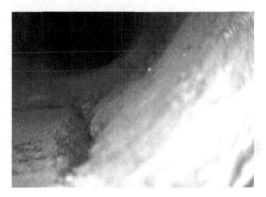

　　　　（a）2.9m 处　　　　　　　　　　　　　　　（b）1.7m-破碎层

图 3-44　左帮孔（全岩段）勘察孔图片

（2）右帮钻孔。

① 岩层分析。

由图 3-45 可知，0.4～5.7m 岩性良好、坚硬，岩层完整，只有 5 条小裂隙；0～0.4m 岩层裂隙发育。

② 松动圈分析。

根据地质属性描述，该孔位于岩石段顶帮；第二特征段岩体较稳定，岩层完整性良好，裂隙小，松动圈厚度为 4m 左右。

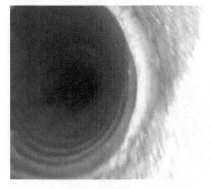 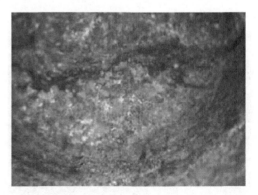

　　　　（a）5.7m-岩层完整　　　　　　　　　　　　（b）0.4m-大裂隙

图 3-45　右帮孔（全岩段）勘察孔图片

(3) 顶部钻孔。

① 岩层分析。

由图 3-46 可知,4.6~6.9m 存在 7 条小裂隙,裂隙间岩层完整,整体岩层完整性良好;0~4.6m 裂隙发育破碎。

② 松动圈分析。

根据地质描述属性,该孔位于顶帮,为岩石的巷道段,实测表明 4.6~6.9m 岩层整体性良好,只存在几条微小裂隙,没有破碎岩层,因此初步确定松动圈厚度为 4.6m 左右。

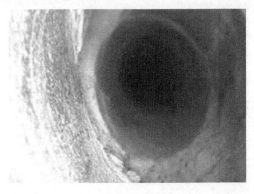 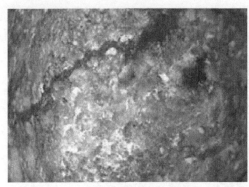

(a) 6.9m-密实　　　　　　　　　　　　　　(b) 4.6m-破碎层

图 3-46　顶孔(全岩段)勘察孔图片

3) 上岩下煤段测站测试结果分析

(1) 左帮钻孔。

① 岩层分析。

由图 3-47 可知,4.6~8.0m 有两条微小裂隙,岩层完整性良好,没有软弱岩层;4.0~4.6m 岩层完整性较差,裂隙较发育,存在一条大裂隙与几条小裂隙;0.6~4.0m 岩层完整性良好,存在 3 条微小裂隙;0~0.6m 岩层软弱,裂隙较多,完整性较差。

② 松动圈分析。

根据地质属性描述,该孔位于全岩巷道段;第一特征段岩体较完整。松动圈厚度在 3m 左右。

 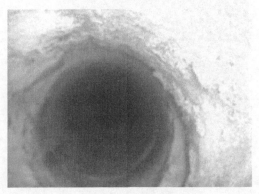

(a) 8.0m-密实　　　　　　　　　　　　　　(b) 4.6m-裂隙发育

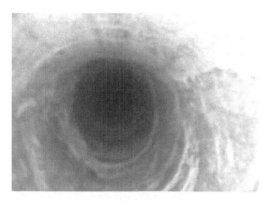

(c)4.0m-密实

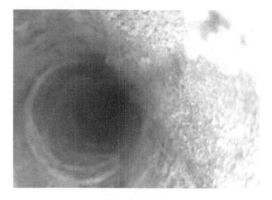

(d)0.6m-软弱层

图 3-47　左帮孔(上岩下煤段)勘察孔图片

(2)右帮钻孔。

① 岩层分析。

由图 3-48 可知，6.8～8.8m 裂隙间岩层完整，存在 5 条小裂隙；5.1～6.8m 岩层较软，存在软弱层，裂隙间岩层较完整；4.5～5.1m 岩层软弱；3.0～4.5m 为软弱煤岩夹层，围岩破碎；0～3.0m 岩层完整性差，岩层破碎，只有 2.0～2.5m 岩层完整。

② 松动圈分析。

由于此段松动圈范围比较大，根据目前数据判定，松动圈厚度初步确定为 5.8m。

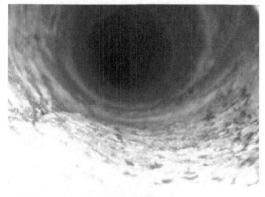

(a)8.8m-密实

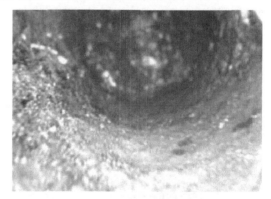

(b)6.8m-裂隙

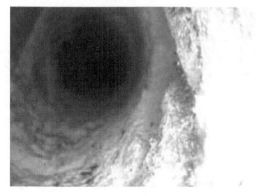

(c)5.1m-裂隙

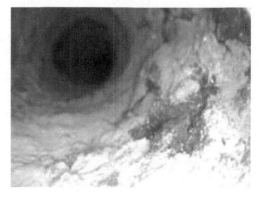

(d)4.5m-煤岩分层

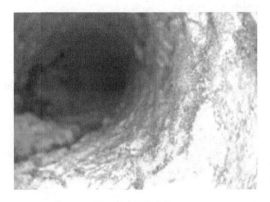

(e) 3.0m-煤岩分层

(f) 1.8m-破碎

图 3-48 右帮孔(上岩下煤段)勘察孔图片

(3)顶部钻孔。

① 岩层分析。

由图 3-49 可知,4.1~8.0m 岩层完整性良好,岩性良好,只有三条裂隙,5.5m 处裂隙较大;3.5~4.1m 岩层呈破碎状态;2.3~3.5m 岩层裂隙发育,但未呈破碎状态,且有两处出现煤夹层;1.5~2.3m 岩层裂隙较发育,岩层完整性较差;0~1.5m 岩层破碎,裂隙发育。

② 松动圈分析。

4.1~8.0m 岩层完整性良好,3.5~4.1m 岩层完全呈破碎状态,且破碎层较厚;1.5~3.5m 岩层裂隙发育,0~1.5m 岩层又呈破碎状态,因此初步确定松动圈厚度为 5.5m 左右。

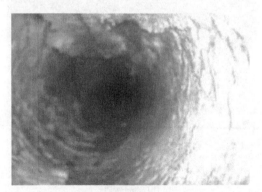

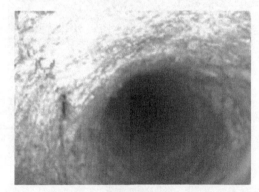

(a) 8.0m 处

(b) 5.5m-裂隙

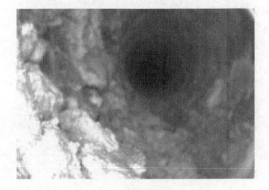

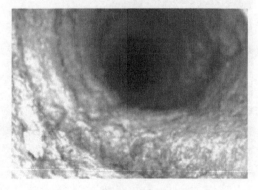

(c) 4.1m-破碎

(d) 3.5m-破碎

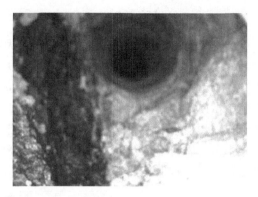

(e) 2.3m-煤夹层　　　　　　　　　　　(f) 1.5m-夹煤破碎

图 3-49　顶孔(上岩下煤段)勘察孔图片

6. 测试结果修正

　　勘察孔测得的数据为巷道变形后的数据,为了能真实反映原巷道的周边松动圈范围,需要对所测数据进行修正。修正方法为顶部取顶部所测松动圈深度减去顶部变形量;帮部取帮部所测松动圈深度减去巷道帮部变形量的 1/2。因此实际松动圈厚度以修正后值为准。每个特征段的松动圈厚度按照此特征段最大松动圈厚度取值。经计算,各勘察孔的松动圈厚度修正结果如表 3-1 所示。

　　以上观测结果表明:六矿-440m 石门运输大巷各特征段巷道围岩松动圈范围均超过 3m,属于Ⅵ类极不稳定围岩(极软围岩),围岩变形在一般支护条件下无稳定期。

表 3-1　松动圈探测值表

特征段	测点	巷道掘进高、宽度/m	实测高、宽度/m	实测松动圈厚度/m	松动圈厚度修正值/m	松动圈厚度取值/m
上煤下岩段	左帮	4.5	2.7	6.0	5.0	5.1
	右帮			4.0	3.1	
	顶部	3.4	1.8	5.5	4.1	
全岩段	左帮	4.5	3.0	2.5	1.7	3.5
	右帮			4.0	3.2	
	顶部	3.4	2.1	4.6	3.5	
上岩下煤段	左帮	4.5	3.5	3.0	2.5	5.3
	右帮			5.8	5.3	
	顶部	3.4	2.3	5.5	4.6	

3.2.6　高应力软岩巷道变形破坏机理数值模拟分析

　　为了进一步探讨六矿-440m 石门运输大巷返修加固巷道支护技术的合理性和科学性,应用有限差分程序 FLAC^{3D} 软件对以往返修巷道的三种支护形式进行模拟分析,以期对六矿-440m 石门运输大巷变形破坏机理有更加深入的了解,为本书以后提出合理化支护方案提供科学依据。

1. 地质工程模型建立

通过以上分析：六矿-440m 石门运输大巷在开挖过程中要先后穿越以下三个工程岩组：砂质泥岩岩组、泥岩岩组和煤岩岩组，强度依次降低，为了分析巷道围岩的变形情况，应用有限差分程序 FLAC^{3D}，在巷道处于最不利位置即半煤岩岩组下构建如下三种支护形式的三维数值模拟模型(图 3-50)。计算范围长×宽×高＝30m×45m×45m，共划分 12960 个单元、14532 个节点。该模型侧面限制水平移动，底部固定，模型上表面为应力边界。施加的荷载为 25MPa，模拟上覆岩体的自重边界。材料破坏符合 Mohr-Coulomb 强度准则。工程岩体的物理力学计算参数见表 3-2。水平方向的侧应力系数为 1.3，荷载大小为 32.5MPa。

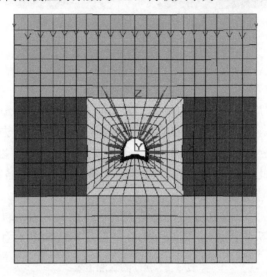

图 3-50　数值模拟模型

2. 巷道围岩与支护体物理力学参数选取

因六矿-440m 石门运输大巷为穿多组煤岩层的巷道，根据 3.2.5 节松动圈测定结果，为了简化运算，巷道围岩的物理力学参数以巷道处于最不利位置即上煤下岩段力学参数为依据。具体参数选择见表 3-2 和表 3-3。

表 3-2　平煤股份六矿工程岩体物理力学参数取值表

岩性名称	容重/(kg/m³)	体积模量/MPa	剪切模量/MPa	抗拉强度/MPa	黏结力 C/MPa	内摩擦角 φ/(°)
煤	1500	492	254	0.2	0.8	17.5
砂质泥岩	2500	4100	2450	2.3	5	28.5

表 3-3　锚杆、锚索力学参数

支护材料	锚杆、锚索直径/mm	锚杆、锚索长度/m	预紧力/kN	杆体弹性模量/GPa	抗拉强度/MPa	黏结力 C/MPa	内摩擦角 φ/(°)
锚杆	20	2.6	80	210	490	3	30
锚索	17.8	7.5	100	200	1860	2.8	28

3. 模拟巷道断面布置

掘进断面：宽 4.6m，高 3.4m，半圆拱巷道，具体布置如图 3-51 所示。

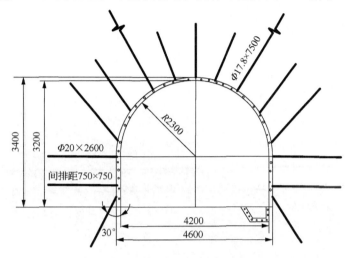

图 3-51　模拟巷道断面图(单位：mm)

4. 模拟方案选择

根据以往六矿-400m 石门运输大巷返修加固技术方案选择以下三种支护形式进行模拟。

(1)锚喷网＋锚索支护形式。

(2)锚喷网＋锚索＋U 形钢支护形式。

(3)U 形钢＋喷浆支护形式。

三种支护的布置图如图 3-52～图 3-54 所示。根据上述构建的三种不同支护形式的三维计算模型,应用有限差分程序 FLAC³ᴰ 进行计算,得到前两种支护形式的综合受力情况如图 3-55 和图 3-56 所示。

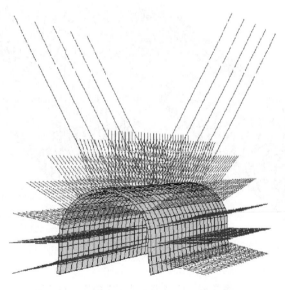

图 3-52　锚喷网＋锚索支护形式布置图

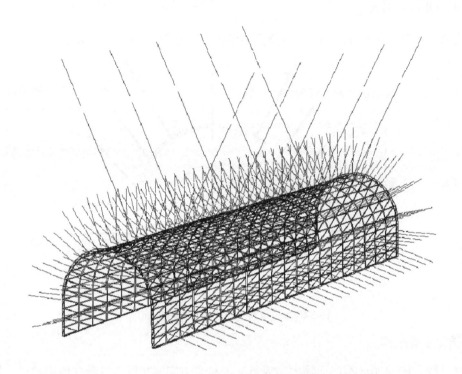

图 3-53　锚喷网＋锚索＋U 形钢支护形式布置图

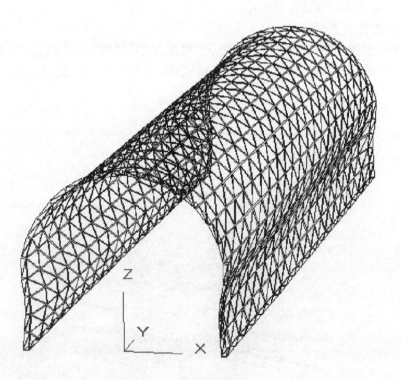

图 3-54　U 形钢＋喷浆支护形式布置图

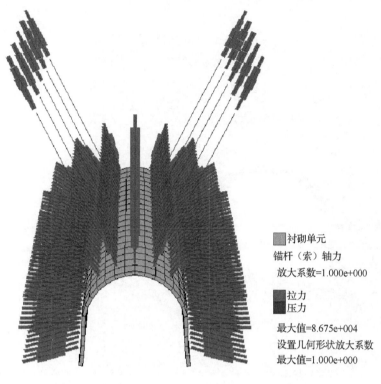

衬砌单元

锚杆（索）轴力

放大系数=1.000e+000

拉力
压力

最大值=8.675e+004
设置几何形状放大系数
最大值=1.000e+000

图 3-55　锚喷网＋锚索支护形式综合受力图(单位：N)

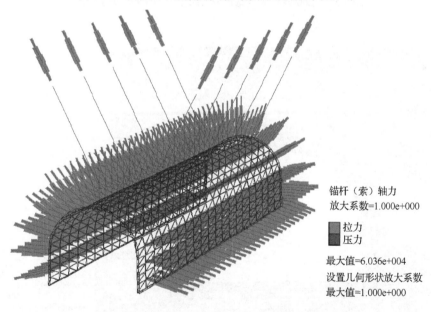

锚杆（索）轴力
放大系数=1.000e+000

拉力
压力

最大值=6.036e+004
设置几何形状放大系数
最大值=1.000e+000

图 3-56　锚喷网+锚索+U 形钢支护形式综合受力图(单位：N)

5. 模拟结果分析

1) 水平位移分析

三种不同支护形式的水平方向位移如图 3-57～图 3-59 所示。

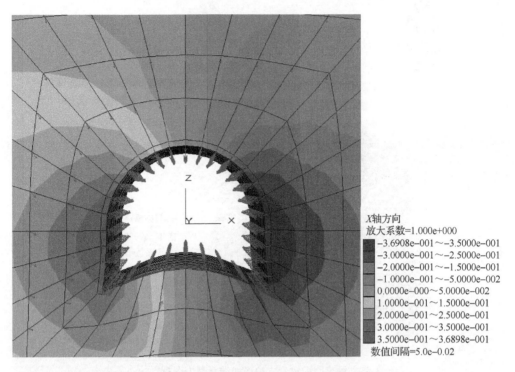

图 3-57　锚喷网＋锚索支护形式水平方向位移(单位：m)

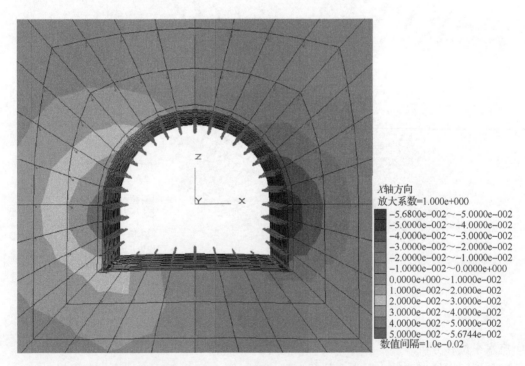

图 3-58　锚喷网＋锚索＋U 形钢支护形式水平方向位移(单位：m)

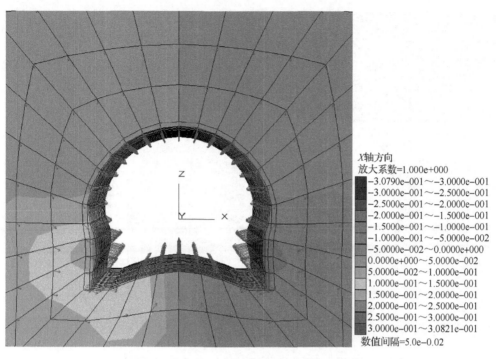

图 3-59　U 形钢＋喷浆支护形式水平方向位移(单位：m)

采用锚喷网＋锚索支护，最大水平位移为 738mm，采用锚喷网＋锚索＋U 形钢支护，最大水平位移为 113mm，采用 U 形钢＋喷浆支护，最大水平位移为 616mm。

2) 垂直位移分析

三种不同支护形式的垂直方向位移如图 3-60～图 3-62 所示。

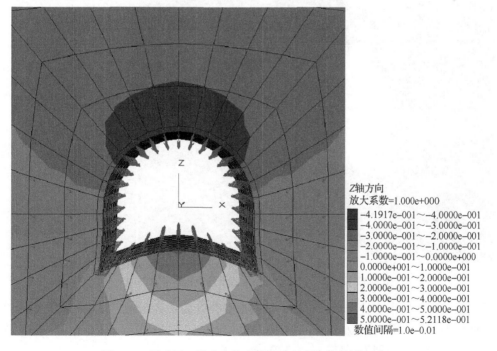

图 3-60　锚喷网＋锚索支护形式垂直方向位移(单位：m)

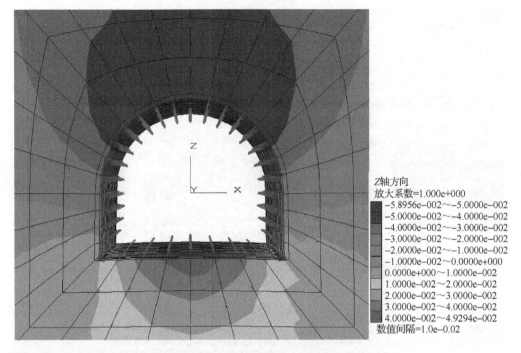

图 3-61　锚喷网＋锚索＋U 形钢支护形式垂直方向位移（单位：m）

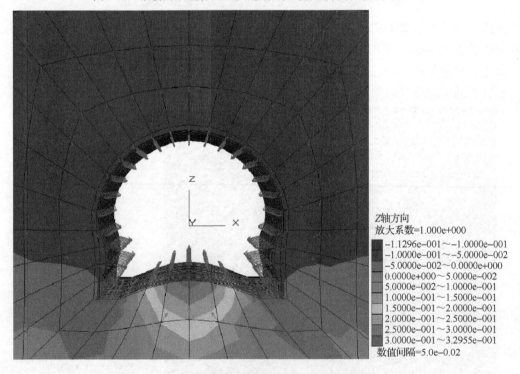

图 3-62　U 形钢＋喷浆支护形式垂直方向位移（单位：m）

采用锚喷网＋锚索支护，最大顶板下沉和底臌分别为：419mm，521mm；采用锚喷网＋锚索＋U 形钢支护，最大顶板下沉和底臌分别为：59mm，49mm；采用 U 形钢＋喷浆支护，最大顶板下沉和底臌分别为：113mm，330mm。

从这三种不同支护方式可以看出,原支护方案中采用锚喷网+锚索支护和采用 U 形钢+喷浆支护两种方案巷道围岩变形量均超过平顶山天安煤业股份有限公司规定的巷道变形极限值,均不能满足生产要求。采用锚喷网+锚索+U 形钢支护的围岩移近量比较小,但支护费用最高。

3.2.7　巷道变形破坏原因分析

结合以上三种支护工况的变形破坏的数值模拟研究及现场勘察和围岩松动圈测定结果分析,平煤股份六矿二水平-440m 石门运输大巷掘进初期采用了锚喷网+锚索支护形式,在返修过程中又使用了 U 形钢+喷浆支护和锚喷网+锚索+U 形钢支护形式。支护过程中虽采取了多种支护形式,但由于支护体与围岩之间不耦合,巷道出现断面收缩、顶板下沉、片帮、钢架变形剪断、锚杆锚索被拉断、喷层脱落、底臌等破坏现象。支护体之间、支护体与围岩之间不耦合的具体表现如下。

(1)各种支护体之间未能充分协调、相互作用共同支护围岩,锚索、U 形棚是在巷道出现变形破坏后才安设的,造成了"头痛治头、脚痛治脚、治标不治本"的现象,错过了最佳支护时间,无法相互协调作用,各种支护形式都是在变形无法控制的情况下被迫使用的,在前面的支护形式已部分失效的情况下,新施工的支护形式就属于超负荷承载,在高水平应力作用下,无法维持较长时间,自然就出现支护体破坏,最终导致巷道失稳破坏。

(2)支护强度明显不足,锚杆长度略短,密度低,锚索偏细。锚网和围岩不耦合,围岩不同部位应力状态不同,巷道顶、帮部位出现应力集中现象,导致局部锚杆承载力过高而被拉断,围岩出现不规则变形,致使锚杆弯曲折断、剪断,托盘与杆体脱离,造成破坏逐渐向纵深方向发展,致使巷道完全破坏;锚索大多绷断,钢筋体弯曲挤出,并与锚索脱离失效。另外,在围岩及水化的作用下,树脂锚杆杆体出现较为严重的化学腐蚀,杆体受损严重,承载力明显下降,从而造成顶沉、帮缩严重。

(3)焊接金属网所用铁丝直径偏小,强度低,在局部出现应力集中时,铁丝网破坏,未能通过锚杆较好地作用于围岩,造成混凝土大面积破坏、脱落。

(4)U 形棚普遍出现拱顶弯曲甚至折断,棚腿出现明显收缩,这主要是因为该巷道围岩水平压力较大,而 U 形棚则具有竖向承载力大于水平承载力的结构特点,所以在较大的水平压力作用下,首先导致支护体破坏。另外,U 形棚充填不密实,使支护体受力不均匀。这样支护体局部将可能承受集中荷载,使支护体不能充分发挥作用,很容易因个别点的应力集中而导致支护结构的局部破坏。

(5)未考虑上部动压影响,从破坏现象来看,围岩变形呈现均匀收缩,除了和围岩特性有关,还反映了围岩应力作用呈现四周均匀来压的特点,而该巷道为穿层巷道,全长穿过 5 层可采煤层,上部回采巷道纵横交错,多次受到采空区和回采面的动压影响,使巷道呈现明显的长期不稳定大变形状态。

(6)底板控制。六矿主要巷道初次支护大多采取开放式的底板支护形式,未对底板采取有效的支护措施,在高应力、强膨胀的作用下,巷道出现严重底臌,严重地段底臌已超过 1.5m;巷道出现底臌大变形后,围岩性质进一步恶化,进一步引起巷道的肩部和顶部产生应力集中,进而产生更大范围的大变形破坏,最终引起巷道围岩大变形,甚至引起大面积塌方等严重破坏。

3.3　深部高应力破碎复杂围岩巷道"三锚"耦合支护方案设计

针对平煤股份六矿二水平-440m石门运输大巷返修段各个特征段的破坏特点,采用理论计算和工程类比、现场监测、数值模拟等方法进行"三锚"耦合支护方案设计。

3.3.1　设计依据

主要参考《平煤股份公司煤巷锚杆支护技术规范》(平煤股份〔2009〕100号)的通知精神进行设计。

深部巷道开挖以后,围岩表面发生少则几十毫米多则几米的变形,且随开采深度加大,巷道变形量呈近似线性关系增大。根据物理模拟和数值模拟结论可知,巷道围岩的变形增长和破裂区的形成经历了一个时间过程,深部巷道变形发展速度在巷道刚开掘时较快,以后逐渐衰减,直至破裂区完全形成。模拟研究结果表明,允许表层岩体发生一定程度的破碎(强度不要低于原来的50%),以释放部分高应力,这样不仅可以有效地减小围岩变形量,而且支护体将承受较小的变形应力,既有利于主承载结构发挥高承载能力,又有利于支护的次承载结构稳定。因此,应选择合理的支护时机、支护形式与强度,使浅部围岩的应力得到很好的释放,且保证围岩的强度没有明显降低,或围岩发生一定的变形、破碎,但通过支护的形式得以提高(模拟结果表明,强度提高幅度不低于30%时,效果较为明显),使得围岩能够承担应力重新分布后的状态,这是围岩稳定控制的灵魂和核心。

3.3.2　支护对策

根据平煤股份六矿二水平-440m石门运输大巷变形破坏特点及前面研究结果,为了充分体现高应力软岩巷道支护中"让""护""支""限"的耦合支护原则,本书提出"先让后抗、强顶护帮、控底护角、分步加载、动态耦合"的支护对策。采用锚杆+锚索+锚注"三锚"耦合支护技术,以适应围岩的变形特征,最大限度地发挥围岩的自承载能力,实现巷道早期稳定。具体对策表现在以下几个方面。

(1)加强围岩强度与刚度的耦合。采用高预紧力、大刚度、高强度锚杆、锚索和具有早强、高强性能的新型超细水泥浆材料实行围岩锚注加固;同时,通过采用新型具有高强抗裂性能的聚丙烯纤维混凝土喷层提高围岩的护表能力,提高支护系统的整体承载能力,保证巷道的长期稳定性。

(2)通过施工过程控制实现支护体与围岩变形的耦合。科学选择锚索、锚注的最佳支护时间,适时进行锚索与锚注施工,协调单个支护体特性最大限度的发挥,提高支护系统整体的强度和刚度,实现支护系统的稳定性。

(3)设计合理的耦合支护结构。主要包括:选用加厚碟形锚杆、托盘,增加木垫板和减摩垫圈,配备阻尼式扭矩螺母。

(4)加强对底臌的控制。采用底角锚杆及底角注浆或底板反拱等。

(5)通过初期喷锚网梁支护,可以护顶护帮,防止冒顶、掉块、垮帮的发生,同时能适度让压;锚索二次补强,能够在让压后,充分调动深部岩体的承载能力,将压力转移到深部;实施滞后浅孔锚注和组合锚索,将喷锚网梁+锚索+锚注加固三种支护作用相结合,达到加固围岩、提高和改善围岩力学性能、控制围岩变形的效果。

由于六矿二水平-440m 石门运输大巷扩修段地质条件复杂,有全岩段、上煤下岩段和上岩下煤段三种特征段,本书选择围岩条件环境最恶劣,松动圈测试破坏范围最大的上煤下岩段作为设计对象,其他特征段可以在实施过程中根据现场观测情况对设计方案进行适时调整。

3.3.3　"三锚"耦合支护的设计方法

目前,国内外锚杆支护设计方法大体上分为工程类比法、理论计算法、数值模拟法、专家系统法及监测法。这些方法虽都具有一定的指导性,但也均存在着不准确性,而且均延续传统的设计方法,即设计是独立的,与工程施工脱节,易造成实际工程的失败或材料的浪费,信息化锚杆支护设计方法彻底解决了上述问题,它具有动态性、真实性、理论性和可操作性等功能,将岩土工程、地质工程、支护理论和现场施工融于整个设计当中,而设计本身不是独立的,它贯穿于整个工程始终,是目前最科学的设计方法,该设计方法本次在平煤股份六矿二水平-440m 石门运输大巷扩修中得到了成功应用,并取得了显著的技术经济效果。

1. 信息化设计方法简介

锚杆支护的信息化设计方法就是根据工程本身提供的有关信息和通过围岩物理力学性质测试及地质力学评估提供的有关信息,运用高预应力锚杆系统支护理论,采用全过程动态分析手段进行锚杆支护的跟踪设计。其主要特点是:其一,设计具有全过程性和动态性,设计不是一次完成的,不是一个阶段,是一个跟踪分析设计过程,符合地质体的复杂多变特点,是一种正确的技术路线;其二,设计是建立在工程本身提供的有关信息和通过地质力学评估及测试提供的大量充足的资料信息基础之上的,具有充足的数据进行分析;其三,由于对围岩地质特征和稳定类型进行了准确评估,所以能够合理地确定支护形式和支护参数,其设计流程见图 3-63。

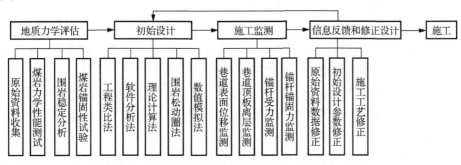

图 3-63　信息化"三锚"耦合支护方案设计流程图

该设计方法的主要内容包括四个方面:地质力学评估、初始设计、施工监测、信息反馈和修正设计。在进行支护设计前要对工程所处的围岩特征和地应力进行测试,通过地质力学评估和围岩分类提供设计所需的全部信息资料;在此基础上利用耦合支护理论计算和工程类比法进行初始设计,确定支护参数,根据初步设计结果利用计算机模拟巷道的稳定性,最后通过参数初步调整后用于工程施工;施工过程中利用监测理论、监测方法和监测仪器进行锚杆、锚索受力测试和围岩表面位移、深部位移、顶板离层等变形监测;根据监测结果分析验证初始设计质量,并进一步修正设计参数,以使支护设计符合工程实际情况。

2. 信息化设计程序

1)地质力学评估

地质力学评估就是对工程所处的地质力学状况进行全面测试，收集所需资料，测定地应力，分析围岩力学特性，掌握工程基本情况和矿压显现规律，测定围岩可锚性能，使涉及工程的全部信息资料显示出来，为设计提供真实、可靠、全面的信息内容。

其主要内容包括：煤层厚度，煤层倾角与水平方向的夹角，地质构造，水文地质条件，巷道几何形状和尺寸，2 倍左右巷道宽度范围内巷道顶底板岩层层数和厚度，煤(岩)层物理力学参数，岩层的分层厚度，各层节理裂隙间距，巷道轴线方向，原岩应力的大小和方向，煤柱宽度，采动影响和锚杆在煤(岩)层中的拉拔力等。此外还要进行围岩稳定性分类，地质力学主要评估内容及测试方法见表 3-4。

表 3-4　地质力学主要评估内容及测试方法

序号	项目	内容	收集方法
1	应力场	地应力大小及其方向、地质构造、构造应力	地质钻孔资料、地应力实测
2	岩石性质	单轴抗压强度、黏结力、内摩擦角、弹性模量、坚固性系数	现场或实验室测定
3	煤岩锚固性能	顶底板煤的锚固性	煤岩可锚性测定、锚杆拉拔试验
4	工程状况	巷道断面尺寸、破坏形式、矿压显现规律	资料统计、现场观测
5	围岩构造	层里分布、节理分布、裂隙方向及大小	现场取样分析

在由地质力学评估提供的信息资料的基础上，利用高预应力锚杆系统支护理论进行锚杆支护初始设计。锚杆支护初始设计的主要方法有以下几种。

(1)工程类比法。根据已有的成功类似的工程支护经验和颁布、编制的一些参考设计参数及科学研究的一些技术成果来进行设计。

(2)理论计算法。利用锚杆支护理论进行设计计算，常用的有悬吊理论、组合梁理论、挤压加固拱理论、最大水平应力理论、剪切滑移理论等。

(3)数值模拟法。利用现代数学方法(有限元、离散元、边界元)将围岩进行数值模拟处理，模拟相应的应力场，建立相应的变量函数和平衡方程求解出位移、应力近似解来进行设计，这种设计方法主要在大型数值模拟软件的支持下完成。

(4)围岩松动圈法。认为巷道开挖后由于地层应力超过围岩本身强度而导致在巷道围岩内形成松动圈和塑性区，支护的主要作用是限制围岩松动圈碎胀力造成的有害变形，并依据松动圈大小进行围岩分类、提出支护形式及进行参数设计。

2)施工监测

依据初始设计所给参数进行实际施工后，第二阶段的施工监测即随之开始，施工监测的主要任务是收集施工中围岩及支护的实际信息，验证初始设计的合理性，并为下一步修正设计参数提供科学准确的数据信息。施工监测的主要内容为巷道围岩的变形监测和锚杆受力测定，见表 3-5。

表 3-5　施工监测内容及监测仪器

序号	监测内容	监测仪器
1	巷道表面位移	收敛计、测杆、钢卷尺
2	顶板锚固区内离层变形量	顶板多点离层指示仪
3	顶板锚固区外离层变形量	顶板多点离层指示仪
4	锚杆受力状态	顶板测力计、测力锚杆
5	锚杆锚固力	锚杆拉拔仪
6	锚杆预应力	力矩扳手

3）信息反馈和修正设计

（1）信息反馈。

根据锚杆支护施工过程中收集的观测数据信息，利用工程数学方法进行回归，给出观测数据变化曲线，整理观测分析结果，得出信息反馈内容。平顶山天安煤业股份有限公司煤巷顶板高强度树脂锚杆支护极限警戒值见表 3-6。

反馈的主要内容包括：顶板锚固区外变形量、顶板锚固区内变形量、两帮表面位移量、顶底板移近量、锚杆受力状况、锚杆锚固力。以上反馈数据要根据工程实际情况和围岩稳定性分类情况，综合考虑确定一个极限警戒值。如果信息反馈数据中的一项或数项超过规定警戒值，就要进行初始设计修正。平煤股份六矿Ⅳ、Ⅴ类软岩巷道锚杆支护极限警戒值见表 3-6。

表 3-6　顶板高强度树脂锚杆支护极限警戒值

序号	项目	警戒值	工作条件
1	顶板锚固区内变形量	20mm	
2	顶板锚固区外变形量	25mm	
3	顶底板移近量	100mm	Ⅳ、Ⅴ软岩巷道
4	两帮表面位移量	300mm	
5	锚杆受力状况	小于锚杆杆体屈服强度	
6	锚杆锚固力	顶板>90kN，帮>50kN	

注：来自《平煤股份公司煤巷锚杆支护技术规范》。

（2）修正设计。

根据监测结果和信息反馈情况，依据所定警戒值，进行逐项分析，从而进行初始设计修正。

① 顶板锚固区外变形量处于临界警戒值或超过警戒值，说明锚杆长度不够，应适当增加锚杆长度，若岩层变形位移量过小，说明锚杆长度偏大，可适当减小锚杆长度。

② 顶板锚固区内变形量处于临界警戒值或超过警戒值，说明锚杆间排距过大，应适当减小锚杆间排距或增加锚杆根数，若岩层变形位移量过小，说明锚杆间排距过小，可适当增大锚杆间排距。

③ 两帮表面位移量处于临界警戒值或超过警戒值，说明两帮锚杆长度不够且间排距过大，应适当增加锚杆长度和减小锚杆间排距，反之若两帮相对位移量过小，可适当增大锚杆间排距。

④ 若锚杆受力过大，锚杆处于临界屈服状态，说明锚杆杆体太细，应适当增大锚杆杆体直径或采用锚索补强。

⑤ 若锚杆锚固力过小，说明锚杆结构不合理，应增加锚杆长度，优化钻头直径，改进托板形状或改进锚固方式。

以上修正设计并非相互独立的，在具体情况下可同时使用几种修正设计支护措施，达到整体最佳耦合支护形式和支护参数。

本书根据平煤股份六矿-440m 石门运输大巷变形破坏特点，借鉴国内外先进技术经验，依据高应力软岩巷道耦合支护技术原理，按照工程地质资料分析—初步支护参数设计(工程类比法、理论计算法、数值模拟法)—巷道稳定性数值模拟分析—按初选方案施工—现场实施—现场监测—信息反馈与修改、完善设计七个步骤进行动态信息设计。

3.3.4　锚杆(索)耦合支护参数设计

1. 巷道支护断面设计

根据六矿二水平-440m 石门运输大巷初期设计要求，该巷道服务年限为 60 年。随着近年来矿井生产能力的加大，该巷道运输、通风能力越来越不能满足生产要求，为了提升六矿-440m 石门运输大巷的生产能力，减少后期维护费用，保证巷道长期稳定性，结合目前巷道围岩现状，决定扩大巷道断面，减小大松动圈的破坏效应，采取新型"三锚"耦合动态联合支护技术。设计扩修段巷道断面仍为半圆拱断面，断面扩大到掘进断面为 36m^2，巷道掘进宽度为 7.5m，掘进高度为 5.55m，巷道断面形状及尺寸如图 3-64 所示。

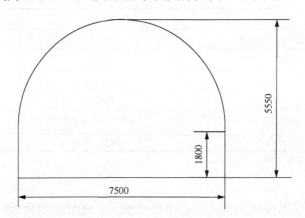

图 3-64　六矿-440m 石门运输大巷扩修毛断面尺寸(单位：mm)

六矿二水平-440m 石门运输大巷为全长扩修，根据其地质条件可分为全岩段、上岩下煤段、上煤下岩段三个特征段。本书根据现场勘察的巷道破坏特征和松动圈测定结果，针对巷道破坏最严重的上煤下岩段进行初步设计，因为巷道底臌是全长巷道破坏的共同特征，因此，设计中要普遍考虑到加强底臌治理的支护方案。

2. 锚杆(索)支护参数设计

由于该巷道为穿多层岩层巷道，经过多次返修扰动，对于锚杆、锚索参数的选择依据存在一定不确定性，本书从经验公式计算法、围岩松动圈计算法、非弹性区理论和组合拱支护理论计算法、耦合支护理论计算法四个方面进行锚杆、锚索参数的理论计算设计，最后进行综合对比分析选择。

1) 锚杆参数计算

(1) 经验公式计算法。

① 煤巷锚喷支护。

锚杆长度：

$$L = N(1.3 + W/10) \tag{3-3}$$

式中，L 为锚杆总长度，m；W 为巷道或硐室跨度，取 7.5m；N 为围岩影响系数，取 1.2。

则有，$L = N(1.3 + W/10) = 1.2 \times (1.3 + 0.75) = 2.46\,(\text{m})$。

围岩类别按《煤矿井巷工程锚杆、喷浆、喷射混凝土支护设计试行规范》中的围岩影响系数分类，见表 3-7。

表 3-7　围岩影响系数表

围岩类别	II	III	IV	V
围岩影响系数 N	0.9	1.0	1.1	1.2

锚杆间距：

$$M \leqslant 0.4L \tag{3-4}$$

式中，M 为锚杆间距，m。

则有，$M \leqslant 0.4L = 0.4 \times 2.46 = 0.984\,(\text{m})$。

锚杆直径：

$$d = L/110 \tag{3-5}$$

式中，d 为锚杆直径，m。

则有，$d = L/110 = 2.46 \div 110 = 0.022\,(\text{m})$。

② 煤巷锚杆及网、梁组合支护。

锚杆长度：

$$L = N(1.5 + W/10) \tag{3-6}$$

则有，$L = N(1.5 + W/10) = 1.2 \times (1.5 + 0.75) = 2.7\,(\text{m})$。

锚杆间距：

$$M \leqslant 0.9/N \tag{3-7}$$

则有，$M \leqslant 0.9/N = 0.9 \div 1.2 = 0.75\,(\text{m})$。

锚杆直径：

$d = L/110 = 2.7 \div 110 = 0.0245\,(\text{m})$。

经验公式计算法应用于锚杆支护设计，具有简便的特点；虽然其考虑的因素少，但经验公式是专家、学者、现场技术人员在大量的工程实践中总结出来的，因此这种设计方法也具有参考价值。

(2) 围岩松动圈计算法。

① 在巷道开挖前，岩体处于三向应力平衡状态，开挖后，破坏了围岩原有的三向应力平衡状态，使应力重新分布，一是应力增加，并产生应力集中；二是径向应力降低，巷道周边

处应力达到零；三是围岩受力状态由三向变成二向，岩石强度下降许多，如果集中应力值小于下降后的岩石强度，围岩将处于弹塑性状态，围岩可自稳，不存在巷道支护问题。相反，如果集中应力值等于下降后的岩石强度，围岩将发生破裂，这种破裂将从周边开始逐渐向深部扩展，直至达到新的三向应力平衡状态，此时围岩中出现一个破裂带，这个破裂带称为围岩松动圈。松动圈是塑性区的一部分，弹塑性理论分析表明，塑性区半径是原岩应力 P_0、岩体强度 R_C、巷道跨度 D 和支护阻力 P_i 相互作用的结果。

巷道支护的主要对象是松动圈形成发展过程中的破碎形变压力。松动圈较小，围岩碎胀变形也较小，支护较容易；松动圈较大时，由此而产生的碎胀变形量也较大，支护困难。经过大量的现场松动圈测试及巷道支护难易程度相关关系的调研，结合锚喷支护机理，依据围岩松动圈的大小将围岩分为小松动圈稳定围岩、中松动圈一般稳定围岩和大松动圈不稳定围岩三个大类，如表 3-8 所示。

表 3-8 巷道支护围岩松动圈分类表

围岩类别		分类名称	松动圈厚度 L_P/cm	支护机理及方法	备注
小松动圈	I	稳定围岩	0～40	喷射混凝土	围岩整体性好，不易风化，可支护
中松动圈	II	较稳定围岩	40～100	锚杆悬吊理论 喷层局部支护	任何支护都能支护成功
	III	一般围岩	100～150	锚杆悬吊理论 喷层局部支护	刚性支护局部破坏
	IV	一般不稳定围岩(软岩)	150～200	锚杆组合拱理论 喷层金属网局部支护	刚性支护大面积破坏
大松动圈	V	不稳定围岩(较软围岩)	200～300	锚杆组合拱理论 喷层金属网局部支护	围岩变形有稳定期
	VI	极不稳定围岩(极软围岩)	>300	二次支护理论	围岩变形在一般支护条件下无稳定期

② 大松动圈围岩状态支护参数确定。

松动圈厚度 L_P=150～200cm 为 IV 类一般软岩；松动圈厚度 L_P=200～300cm 为 V 类较软围岩；L_P>300cm 为 VI 类极软围岩，对于软岩要用组合拱理论设计锚喷网支护。锚杆是锚喷网支护结构的主体构件，锚杆深入围岩内部，与围岩相互作用形成的组合拱支护结构体，具有接近原岩强度的性能和较好的可缩性能，能对巷道实行全方位的支护；喷层能够及时封闭围岩，防止围岩风化潮解，并能充填围岩裂隙和补平岩壁凹凸表面，改善围岩受力状态，同时对锚杆间围岩起支护作用；喷层加钢筋网是为了改善喷层性能，提高喷层的抗大变形、抗弯、抗剪能力，增强喷层的整体性，保证锚杆间的表面支护强度。

对于锚喷网支护参数计算，考虑锚喷网能将破裂了的围岩重新组合起来，且具有足够的可缩性。主体支护主要是由锚杆形成的组合拱，其支护参数要按组合梁理论计算，锚杆长度近似关系如式(3-8)所示。

锚杆长度：

$$L = L_1 + L_P + L_2 \tag{3-8}$$

式中，L 为锚杆长度，m；L_1 为锚杆的外露长度，通常取 0.1～0.15m；L_2 为锚杆锚入围岩松动圈外的深度，通常取 0.3m；L_P 为松动圈的厚度值，m。

根据六矿-440m 石门运输大巷扩修段变形量大于 300mm，属大松动圈计算范畴；依据表 3-8 可知按Ⅵ类围岩计算，选取松动圈的厚度为 2.5m，按式 (3-8) 计算，则有，$L = L_1 + L_P + L_2 = 0.1 + 2.5 + 0.3 = 2.9(\text{m})$。

锚杆间距：

$$M \leqslant 1.63 m_1 \left[\sigma_1 / (KP) \right] / 2 \tag{3-9}$$

式中，m_1 为最下面一层岩层的厚度，取最厚煤层的厚度为 3.4m；K 为安全系数，取 8～10；P 为本层自重均布荷载，MPa；σ_1 为最上面一层岩层抗拉计算强度，取砂质泥岩的抗拉强度为 1.14MPa。

以上所选锚杆长度，还需保证组合梁各层间不发生相对滑动，并保证最下面一层岩层的稳定性。

则有，$M \leqslant \dfrac{1.63 m_1 \left[\sigma_1 / (KP) \right]}{2} = \dfrac{1.63 \times 3.4 \times \left[114 / (8 \times 14 \times 3.4) \right]}{2} = 0.83(\text{m})$。

(3) 非弹性区理论和组合拱支护理论计算法。

支护范围的确定：按非弹性区理论计算顶板稳定层位置。

支护范围的参数确定：巷道最大埋深为 745m，上覆岩层平均容重按 2500kg/m³ 计算，则巷道垂直地应力为：$P = \gamma H = 2500 \times 10 \times 745 = 18.63(\text{MPa})$；根据巷道穿过的 5 组煤及顶、底板的柱状图，选取砂质泥岩和煤层的物理力学参数及其平均值进行计算，见表 3-2，C 的平均值为 5.03MPa；φ 的平均值取为 26°，岩石坚固系数 f 取为 2.0。

① 锚杆长度计算。

巷道围岩变形破坏范围估算的主要依据是非弹性区理论计算的巷道顶板稳定岩层位置，主要依据非弹性区理论计算巷道顶板稳定岩层位置。

非弹性区等效圆半径：

$$r = \sqrt{a^2 + (h/2)^2} \tag{3-10}$$

式中，a 为半跨度，m；h 为巷高，m。

巷道宽 $B = 7.5$m，半跨度 $a = 3.75$m，高 $h = 5.55$m，则非弹性区等效圆半径为

$$r = \sqrt{a^2 + (h/2)^2} = 4.67\text{m}$$

无支护时巷道围岩内部最大非弹性区（塑性区）半径：

$$R_0 = r \left[\frac{(P + C \cot \varphi)(1 - \sin \varphi)}{C \cot \varphi} \right]^{\frac{1 - \sin \varphi}{2 \sin \varphi}} \tag{3-11}$$

式中，r 为非弹性区等效圆半径，取 4.67m；P 为试验巷道位置的地应力，取 18.63MPa；C 为岩层黏结力，取平均值 5.03MPa；φ 为岩层内摩擦角，取平均值 26°。

因此无支护时巷道围岩内部最大非弹性区（塑性区）半径为

$$R_0 = 4.67 \times \left[\frac{(18.63 + 5.03 \times 2.05) \times (1 - 0.44)}{5.03 \times 2.05} \right]^{\frac{1 - 0.44}{2 \times 0.44}} = 6.22(\text{m})$$

松动破坏半径：

$$R = R_0 \left(\frac{1}{1 + \sin \varphi} \right)^{\frac{1 - \sin \varphi}{2 \sin \varphi}} \tag{3-12}$$

则有，$R = 6.22 \times \left(\dfrac{1}{1+0.44}\right)^{\frac{1-0.44}{2\times0.44}} = 4.93(\text{m})$。

顶板非弹性区深度为

$$a_1 = R - \frac{h}{2} \tag{3-13}$$

则顶板非弹性区深度为

$$a_1 = R - \frac{h}{2} = 4.93 - 2.8 = 2.13(\text{m})$$

两帮非弹性区深度为

$$b = R - a \tag{3-14}$$

则两帮非弹性区深度为

$$b = R - a = 4.93 - 3.75 = 1.18(\text{m})$$

根据顶部挤压加固理论可知，顶锚杆长度为

$$L_{顶} = a_1 + L_1 + L_2 \tag{3-15}$$

帮锚杆长度为

$$L_{帮} = b + L_1 + L_2 \tag{3-16}$$

式中，L_1 为锚固端长度，0.3m；L_2 为锚杆外露长度，0.1m；a_1、b 为潜在的松动深度，m。

则顶锚杆长度为

$$L_{顶} = a_1 + L_1 + L_2 = 2.13 + 0.3 + 0.1 = 2.53(\text{m})$$

帮锚杆长度为

$$L_{帮} = b + L_1 + L_2 = 1.18 + 0.3 + 0.1 = 1.58(\text{m})$$

② 锚杆直径计算。

根据工程类比经验设计锚固力为 0.1MN（10t），高强度螺纹钢锚杆的极限屈服强度为330MPa，断后延伸为 21%，锚杆直径可以按照公式（3-17）确定：

$$D = \sqrt{4Q / (\pi\sigma_s)} \tag{3-17}$$

式中，D 为锚杆直径，m；Q 为锚杆锚固力，MN；σ_s 为高强度中空注浆锚杆抗拉强度，MPa。

则有，$D = \sqrt{4 \times 0.1 / (3.14 \times 330)} = 0.020(\text{m})$，计算得到高强度螺纹钢锚杆直径应为 20mm。

③ 锚杆间排距计算。

根据加固拱理论，锚杆间排距可按式（3-18）计算：

$$a = \tan\theta(L - b) \tag{3-18}$$

式中，a 为锚杆的间排距，m；b 为组合加固拱厚度，取 1.5m；L 为锚杆的有效长度，取 2.2m；θ 为按半圆拱巷道断面计算时，锚杆在松散体中的控制角，取 45°。

将已知数据代入式（3-18），得到锚杆的间排距为 0.7m。

按悬吊理论校验：

$$a \leqslant \sqrt{\frac{Q}{KH\gamma}} \tag{3-19}$$

式中，a 为锚杆的间排距，m；H 为顶板非弹性区厚度，取 2.13m；K 为安全系数，取 2；Q 为锚杆的设计锚固力，100kN；γ 为被悬吊岩石的重力密度，kN/m³，取煤岩的平均值 20kN/m³。

则有，$a \leqslant \sqrt{\dfrac{Q}{KH\gamma}} = \sqrt{\dfrac{100}{2 \times 2.13 \times 20}} = 1.08(\text{m})$。

根据计算和校验结果，最后选取锚杆的间排距为 0.7m 能够满足要求。

(4) 耦合支护理论计算法。

① 锚杆长度计算公式。

$$L_b = l_{b1} + l_{b2} + l_{b3} \tag{3-20}$$

式中，L_b 为锚杆长度，m；l_{b1} 为锚杆外露长度，一般取 0.1～0.15m；l_{b2} 为锚杆有效长度，m；l_{b3} 为锚杆锚固长度，一般取 0.3～0.4m。

对于受动压影响的巷道，l_{b2} 按式(3-12)确定：

$$l_{b2} = 0.5a \left(\frac{K_1 P_{sr}}{\sigma_t} \right)^{\frac{1}{2}} \tag{3-21}$$

式中，a 为巷道宽度，m；K_1 为抗拉安全系数，一般取 2～5；P_{sr} 为动压巷道顶板支护荷载，kN/m²；σ_t 为各岩层平均抗拉强度，kN/m²。

② 锚杆的间排距计算公式。

锚杆按等距排列，根据每根锚杆所承担的支护荷载，间排距按式(3-22)计算：

$$S_b = \left(\frac{[\sigma_b]}{P} \right)^{1/2} \tag{3-22}$$

式中，S_b 为等距排列时的锚杆间排距，m；$[\sigma_b]$ 为单根锚杆的极限破断力，kN；P 为巷道各部位的支护荷载，kN/m²。

$$P_{sr} = k \frac{W_{\mathrm{I}}}{L_r} \tag{3-23}$$

$$P_{sw} = k \frac{W_{\mathrm{II}}}{L_w} \tag{3-24}$$

式中，k 为支护安全系数(k 的取值范围为 1.05～2.0)；P_{sr} 为巷道顶板支护荷载，kN/m²；P_{sw} 为巷道帮部支护荷载，kN/m²；L_r 为巷道顶板承载长度，m；L_w 为巷道帮部承载长度，m；W_{I} 为顶板计算范围内岩体重量，kN/m；W_{II} 为巷道帮部荷载计算范围内岩体重量，kN/m。

对于巷道顶板承载长度、顶板计算范围内岩体重量和巷道帮部荷载计算范围内岩体重量，根据巷道形状，其取值不同。对于受动压影响的巷道分别采用式(3-25)～式(3-27)计算：

$$L_r = \left[\pi - 2\arctan \left(\frac{a}{2d} \right) \right] \frac{(a/2)^2 + d^2}{2d} \tag{3-25}$$

式中，a 为巷道宽度，m；d 为直墙圆拱形巷道拱高，m。

$$W_{\mathrm{I}} = \left\{ \left[a + (d + m_z) \tan \beta \right] (d + m_z) - ad \right\} \gamma \tag{3-26}$$

式中，m_z 为动压软岩巷道上区段采场直接顶厚度，m；γ 为计算范围内上覆岩层平均体积重量，kN/m³；φ 为巷道围岩内摩擦角；$\beta = \left(45° - \dfrac{\varphi}{2} \right)$。

$$W_{\mathrm{II}} = \frac{1}{2} (2m_z + 2d + c) c \times \tan \beta \times \gamma \tag{3-27}$$

式中，m_z 为动压软岩巷道上区段采场直接顶厚度，m；c 为直墙圆拱形巷道墙高，m；d 为直墙圆拱形巷道拱高，m；γ 为计算范围内上覆岩层平均体积重量，kN/m³。

对于直墙半圆拱形巷道 L_w（巷道帮部承载长度）按式（3-28）计算：

$$L_w = c \tag{3-28}$$

式中，c 为直墙圆拱形巷道墙高，m。

③ 顶锚杆长度计算。

巷道顶板计算承载长度为

$$L_r = \left[\pi - 2\arctan\left(\frac{a}{2d}\right)\right]\frac{(a/2)^2 + d^2}{2d} = (3.14 - 2 \times 3.14 \div 4) \times \frac{3.75^2 + 3.75^2}{7.5} = 5.89(\text{m})$$

动压软岩巷道上区段采场直接顶厚度 Z_m 根据钻孔柱状图确定：Z_m=2.6m。

顶板荷载计算范围内岩体重量按式（3-29）计算：

$$W_{\text{I}} = \left\{\left[a + (d + m_z)\tan\beta\right](d + m_z) - ad\right\}\gamma \tag{3-29}$$

$$W_{\text{I}} = \left\{[7.5 + 6.35 \times \tan 32°] \times 6.35 - 28.13\right\} \times 20 = 893.83(\text{kN}/\text{m})$$

巷道顶板支护荷载按式（3-23）计算：

$$P_{sr} = k\frac{W_{\text{I}}}{L_r} = 1.7 \times \frac{893.83}{5.89} = 258(\text{kN}/\text{m}^2)$$

锚杆有效长度按式（3-21）计算：

$$l_{b2} = 0.5a\left(\frac{K_1 P_{sr}}{\sigma_t}\right)^{\frac{1}{2}} = 0.5 \times 7.5 \times \left(\frac{2 \times 258 \times 10^3}{1 \times 10^6}\right)^{\frac{1}{2}} = 2.13(\text{m})$$

锚杆长度按式（3-20）计算：

$$L_b = l_{b1} + l_{b2} + l_{b3} = 0.1 + 2.13 + 0.3 = 2.53(\text{m})$$

综合考虑该矿的实际情况与经验，锚杆长度取 2.6m。

④ 顶锚杆间排距计算。

顶锚杆按等距排列，根据每根锚杆所承担的支护荷载，按式（3-22）确定顶部锚杆的间排距，锚杆采用高强度螺纹钢锚杆，其破断荷载为 180kN。

$$S_b = \left(\frac{[\sigma_b]}{P_{sr}}\right)^{1/2} = \left(\frac{180}{258}\right)^{0.5} = 0.835(\text{m})$$

⑤ 帮部锚杆长度计算。

帮部承载长度按式（3-28）取直墙圆拱巷道墙高：

$$L_w = c = 1.8\text{m}$$

⑥ 帮锚杆间排距计算。

巷道帮部荷载计算范围内岩体重量按式（3-27）计算：

$$W_{\text{II}} = \frac{1}{2} \times (2 \times 2.6 + 2 \times 3.75 + 1.8) \times 1.8 \times \tan 32° \times 20 = 0.5 \times 14.5 \times 1.8 \times 0.62 \times 20 = 162(\text{kN}/\text{m})$$

巷道帮部支护荷载按式（3-24）计算：

$$P_{sw} = k\frac{W_{\text{II}}}{L_w} = 2.0 \times \frac{162}{1.8} = 180(\text{kN}/\text{m}^2)$$

锚杆采用高强度螺纹钢锚杆，其破断荷载为 180kN。根据每根锚杆所承担的支护荷载，按式（3-22）确定帮部锚杆的间排距：

$$S_b = \left(\frac{[\sigma_b]}{P_{sw}} \right)^{1/2} = \left(\frac{180}{180} \right)^{0.5} = 1.0 \, (\text{m})$$

由于该支护设计为联合支护（即锚杆+锚索+锚注联合支护），依据平煤股份六矿以往的施工经验，锚杆间排距取为 0.8m。

2）锚索参数计算

（1）按悬吊理论计算。

① 锚索长度的确定。

$$L = L_a + L_b + L_c + L_d \tag{3-30}$$

式中，L 为锚索长度；L_a 为锚索深入较稳定岩层的锚固长度，取 1.4m；L_b 为需要悬吊的不稳定的岩层厚度，综合考虑实测巷道顶板最大松动圈范围为 5.3m 和以上计算出的最大非弹性区（塑性区）半径 R_0 为 6.22m，取最大悬吊的不稳定的岩层厚度为 6.22m；L_c 为托盘、锁具外露长度，取 0.2m；L_d 为需要外露的张拉长度，取 0.2m。

则锚索长度为

$$L = L_a + L_b + L_c + L_d = 1.4 + 6.22 + 0.2 + 0.2 = 8.02 \, (\text{m})$$

② 锚索间排距的确定。

锚杆间排距初步确定为 0.7m。锚索的间排距按与锚杆隔 3 排布置，取锚杆间排距的 3 倍为 2.1m。

③ 锚索数目的确定。

锚索的数目根据锚杆失效时，锚索所承担的上部岩层重量确定。每排锚索的数目为

$$N = \frac{W}{P} \tag{3-31}$$

式中，N 为锚索数目；P 为锚索的极限破断力，取 300kN。W 为锚杆失效被吊岩层的自重，kN。

$$W = B \times \sum h \times \sum r \times D \tag{3-32}$$

式中，B 为巷道掘进宽度，取最大宽度 7.5m；$\sum h$ 为锚杆失效被悬吊岩层的厚度，按锚杆控制范围内岩层厚度计算，取 2.5m；$\sum r$ 为悬吊煤岩层平均容重，取 20kN/m³；D 为锚索间排距，取最大值为 2.1m。则 $W = B \times \sum h \times \sum r \times D = 7.5 \times 2.5 \times 20 \times 2.1 = 787.5 \, (\text{kN})$。

代入式（3-31）得 $N = \dfrac{787.5}{300} = 2.6$（根）。

通过以上计算可知：巷道安装锚索时，考虑到巷道经过多次扩修，松动圈较大，从安全角度考虑加强顶板支护，故巷道断面顶板安装 3 根锚索可满足设计要求。

（2）按厚煤层组合拱理论计算。

① 锚索长度的计算。

锚索长度按式（3-33）确定：

$$L_a = L_{a1} + L_{a2} + L_{a3} \tag{3-33}$$

式中，L_a 为锚索长度，m；L_{a1} 为锚索外露长度（一般取 0.3m）；L_{a2} 为锚索有效长度，m；L_{a3} 为锚索锚固长度（一般取 1.0～2.0m）。

综合考虑平煤股份六矿-440m 石门运输大巷所处的高应力破碎复杂围岩环境，全长要穿

过 5 组可采煤层、22 组软岩，巷道上部的稳定岩层具有不确定性，锚索长度按式(3-34)确定：

$$L_a = \max\left\{1.5a, \sum_{i=1}^n h_i\right\} \tag{3-34}$$

式中，a 为巷道宽度，m；h_i 为稳定岩层下各岩层厚度，m；i 为稳定岩层下岩层层数。

注：当 $\dfrac{L_{a2}}{a} > 2$ 时，取 $L_{a2} = 3a$。

根据钻孔综合柱状图，以巷道穿过地段中上部岩层岩性最差的戊$_8$煤地段为依据，戊$_8$煤上部共有软弱岩层 8 层，由式(3-34)计算：

$$L_{a2} = \max\{1.5 \times 7.5, 0.5 + 1.4 + 1.45 + 0.3 + 2.4 + 0.1 + 3\} = \{11.25, 9.15\} \approx 11(\text{m})$$

校验：$\dfrac{11}{7.5} = 1.5 < 2$，最终取 11m。

② 锚索间排距的计算。

锚索间排距按式(3-35)确定：

$$S_a = \frac{n[\sigma_a]}{a\gamma h_i} \tag{3-35}$$

式中，a 为巷道宽度，取 7.5m；n 为锚索的根数，取 3 根；γ 为上覆岩层平均体积重量，取 20kN/m³；$[\sigma_a]$ 为单根锚索的极限抗拉强度，选用 Φ17.8mm×7 预应力钢绞线，单根极限破断力为 300kN；h_i 为顶部岩层中松动圈的厚度，取 2.5m；

由式(3-35)计算：

$$S_a = \frac{3 \times 300}{7.5 \times 20 \times 2.5} = 2.4(\text{m})$$

效验：$L/S \geq 2$，$11/2.4 = 4.58 \geq 2$。式中，L 为锚索孔深度；S 为锚索间排距。

3. 锚杆(索)支护材料选型与锚固参数

锚杆(索)支护材料和锚固参数的选择直接关系到"三锚"耦合支护技术的成败，是耦合支护技术设计的重要环节。−440m 石门运输大巷埋深 650～720m，平均大约为 700m，属于垂深小于 800m 的巷道，依据《平煤股份公司煤巷锚杆支护技术规范》要求，结合−440m 石门运输大巷的现场实际情况，从安全可靠、技术可行、经济效益三个方面考虑，初步选择锚杆、锚索材料。

1)锚杆材料及力学性能

根据中华人民共和国煤炭行业标准 MT 146.2—2011 的要求，巷道全断面选择直径为 Φ22mm 的左旋无纵筋(KMG335)高强度螺纹钢锚杆，屈服强度≥335MPa，极限抗拉强度≥490MPa，极限抗拉荷载≥186kN；设计锚固力为 180kN。热轧矿用锚杆钢筋力学性能见表 3-9 和表 3-10。

表 3-9 矿用锚杆钢筋力学性能表(1)

牌号	屈服强度/MPa	极限抗拉强度/MPa	延伸率/%
KMG335	≥335	≥490	≥15
KMG450	≥450	≥640	≥15
KMG500	≥500	≥660	≥15
KMG600	≥600	≥815	≥15

表 3-10　矿用锚杆钢筋力学性能表(2)

规格/mm	公称直径/mm	公称面积/mm²	屈服荷载/kN	极限抗拉荷载/kN	重量/(kg/m)	尾部螺纹长度/mm
材质：KMG 335						
Φ20	20.1±0.2	326.85	≥110	≥160	2.67	(200、300)±5
Φ22	22.1±0.2	380.13	≥127	≥186	2.98	(200、300)±5
Φ25	25.1±0.2	490.87	≥165	≥241	3.85	(200、300)±5
材质：KMG 500						
Φ20	20.1±0.2	326.85	≥160	≥210	2.67	100±5
Φ22	22.1±0.2	380.13	≥190	≥250	2.98	100±5
Φ25	25.1±0.2	490.87	≥245	≥325	3.85	100±5
材质：KMG 600						
Φ20	20.1±0.2	326.85	≥190	≥260	2.67	100±5
Φ22	22.1±0.2	380.13	≥230	≥310	2.98	100±5
Φ25	25.1±0.2	490.87	≥295	≥395	3.85	100±5

2)锚索材料及力学性能

一次补强支护选用Φ17.8mm×7预应力钢绞线锚索，强度为1860MPa，截面积为191.00mm²，延伸率≥3.5%，最低破断力为353kN。矿用钢绞线锚索的规格及力学性能见表3-11。

表 3-11　矿用钢绞线锚索的规格及力学性能

结构	公称直径 D_n/mm	抗拉强度 R_m/MPa	整根最大力 F_m/kN	规定非比例延伸力 F_p/kN	最大力总延伸率 A_{gt}/%
1×7	15.24	1470	206	186	对所有规格不小于3.5
		1570	220	198	
		1670	234	211	
		1720	241	217	
		1860	260	234	
		1960	274	247	
	15.70	1770	266	240	
		1860	279	252	
	17.80	1720	327	295	
		1860	353	318	
(1×7)	12.70	1860	208	188	
	15.20	1820	300	270	
	18.00	1720	384	346	

注：非比例延伸力 F_p 值不小于整根钢绞线公称最大力 F_m 的 90%，钢绞线的弹性模量为(195±10)GPa。

3)锚杆梁(钢带或钢筋梯子梁)的规格、性能与选择

锚杆梁是组合锚杆支护中的关键构件之一，一般指钢带或钢筋梯子梁。钢带由薄钢板制成，钢带上有钻孔，钻孔形状为圆形或椭圆形。我国矿山应用比较多的有两种形式的钢带，即平钢带和 W 形钢带。有些矿区为了节省钢材，采用由钢筋焊制而成的梯子梁(钢筋托梁)代替钢带，也取得了较好的效果。

W 形钢带是利用带钢经多组轧辊连续进行冷弯、滚压成型的型钢产品。带钢在冷弯成型过程中的硬化效应可使型钢强度提高 10%。冷弯成型出材率高(98%)，与冲压及热扎型钢相比，可节约钢材 10%～30%。

根据我国煤矿井下巷道的具体情况，制定了我国钢带式组合锚杆支护技术中涉及的 W 形钢带参数系列，如表 3-12 所示。除了表中所列的型号，目前有些矿区在应用窄型钢带，如带宽为 120～180mm 等，并取得了良好的技术效果。平钢带也有多种规格型号，常用的如表 3-13 所示。

表 3-12　W 形钢带技术特征

型号	展宽 W_0/mm	带宽 w/mm	平宽 B/mm	厚 T/mm	高 H/mm	孔半径 R/mm	边孔距 L_o/mm	截面积 S/mm²	拉断荷载 F/kN	重量 /(kg/m)
BHW-280-3.0	310	280	155.6	3.00	24.64	20	150	810	354.0	7.25
BHW-280-2.75	310	280	155.6	2.75	24.64	20	150	742	324.5	6.65
BHW-280-2.50	310	280	155.6	2.50	24.64	20	150	675	285.0	6.05
BHW-250-3.0	280	250	135.7	3.00	24.64	20	150	720	314.6	6.55
BHW-250-2.75	280	250	135.7	2.75	24.64	20	150	660	288.4	6.01
BHW-250-2.50	280	250	135.7	2.50	24.64	20	150	600	262.2	5.56
BHW-220-3.0	252	220	115.7	3.00	24.64	20	150	636	277.9	5.90
BHW-220-2.75	252	220	115.7	2.75	24.64	20	150	593	254.8	5.41
BHW-220-2.50	252	220	115.7	2.50	24.64	20	150	530	231.6	4.9l

表 3-13　平钢带几何尺寸及力学参数

宽度 W/mm	厚度 T/mm	孔半径 R/mm	截面积 S/mm²	屈服荷载/kN	拉断荷载/kN	惯性矩/mm⁴	重量 /(kg/m)
220	2.50	20	450	44	171	234.4	4.3
250	2.75	20	577.5	55	219.5	363.9	5.4
280	3.00	20	720	67.2	273.6	540	6.6

注：材质为 A₃ 钢，σ_s =240MPa，σ_b =380MPa。

在巷道顶板比较稳定或在锚网支护的条件下，可以采用钢筋梯子梁作为组合锚杆的组合部件。根据我国巷道的条件，制定了钢筋梯子梁系列，如表 3-14 所示。经过计算，得出钢筋梯子梁的力学参数，见表 3-15。

表 3-14　钢筋梯子梁系列

钢筋直径/mm	梯子梁宽度 W/mm	加强筋间距 L/mm	边孔距 L_o/mm	长度 L/m
Φ14				2.0～2.6
Φ16	60～100	60～100	100～200	2.4～3.0
Φ18				2.6～3.4
Φ20				3.2～4.0

注：材质为 A₃ 钢，σ_s =240MPa，σ_b =380MPa。

表 3-15　钢筋梯子梁系列的力学参数

钢筋直径/mm	截面积 S/mm^2	屈服荷载/kN	拉断荷载/kN	惯性矩/mm^4
Φ14	307.9	73.9	117.0	3771.5
Φ16	402.1	96.5	152.8	6434.0
Φ18	508.9	122.1	193.4	10206.0
Φ20	628.3	150.8	238.8	15708.0

注：材质为 A$_3$ 钢，σ_s =240MPa，σ_b =380MPa。

最终选用直径为 14mm 钢筋制作梯子梁。

4）锚杆与锚索托板的规格、性能与选择

（1）锚杆托板。

一般来说，导致托板失效的方式有三种：①杆体与托板脱离，锚杆陷入岩体中；②托板破裂；③托板将岩体表面岩石压碎。这些都是托板参数设计不当所致，因此在选择托板时要考虑：①托板的承载能力要与锚杆的承载能力相匹配；②托板的结构形式合理，要有良好的受力状态；③托板的大小要适中，并具有可缩性。根据试验巷道的地质力学条件，在材质上应选择金属托板，在结构形式上应选择碟形托板。考虑基本支护方式为锚网喷，托板的面积不宜过小，托板要有足够的承载能力。因此锚杆选用 120mm×120mm×8mm 钢板压制的碟形多功能托板。

（2）锚索托板。

锚索的作用效果和作用范围与托板的面积和厚度有关。锚索托板采用厚 14mm 的钢板割制而成，其尺寸为长×宽×厚=300mm×300mm×14mm，在托板中心钻打 Φ20mm 的锚索孔，见图 3-65（a）。为增大托板的作用效果，在托板下面应放置一节 14#槽钢短梁。槽钢短梁长 300mm，在中间钻一个 Φ20mm 的孔，见图 3-65（b）。施工时，将钢板托板置于 14#槽钢短梁之间并加装长×宽×厚=300mm×300mm×20mm 的木垫板。

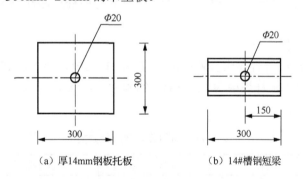

（a）厚14mm钢板托板　　　　（b）14#槽钢短梁

图 3-65　锚索托盘与槽钢短梁（单位：mm）

5）网的规格、性能与选择

网的种类有多种。按照材料不同可分为金属网和非金属网，按照网孔形状不同可分为经纬网和菱形网。铁丝网一般采用直径 3～6mm 的铁丝编制而成。经纬网的网孔尺寸一般为20mm×20mm～60mm×60mm，而菱形网的网孔尺寸为 30mm×30mm～100mm×100mm。由于菱形网具有结构合理、受力均匀、承载能力高、护顶效果好、不撕网、网孔不变形等优点，其在逐步替代经纬网。表 3-16 为菱形网与经纬网的技术经济指标比较。

表 3-16 菱形网与经纬网技术经济指标对比

指标	菱形网	经纬网	备注
铅丝号	12#	10#	
出网量/(m²/t)	400	230	
材料消耗/(kg/m²)	2.5	4.2	菱形网比经纬网节约 1.7kg/m²
成本/(元/m²)	3.3	5.29	菱形网比经纬网节约 1.99 元/m²
强度/kPa	149	136.6	菱形网比经纬网提高 12.4kPa
展网	容易	困难	
联网	省时	费时	
结构	铰接	梭形	
护顶效果	整体性强，自锁好，不撕网，不漏矸	整体性差，自锁不好，易撕网，漏矸	

钢筋网是用钢筋焊接而成的大网格金属网，它由受力筋和分布筋构成。钢筋网的横向筋一般为受力筋，直径 10mm 左右；纵向筋为分布筋，直径 6mm 左右，网孔为 100mm×100mm 左右。这种网的强度和刚度都比较大，不仅能够阻止松动岩块掉落，而且可以有效地增加锚杆支护的整体效果，适用于大变形、高地应力的巷道。

对两锚杆间网丝与围岩相互作用的分析表明：网对围岩的作用力主要取决于网丝的强度 (d, σ)、锚杆间距、网的挠度，以及它们之间的合理匹配。作用力随锚杆间距的加大呈三次方减少，所以在施工中网与锚杆的固定和绷紧尤为重要。在确保施工质量的情况下，我国煤矿现用的菱形金属网对围岩的最大作用力可达 0.01MPa，锚网支护中对网的要求是：①网体整体强度高，刚度大，在巷道围岩变形初始阶段就能对围岩提供护表力；②加工方便，成本低廉；③便于运输，可以折叠或卷捆；④具有一定的可弯曲性，以便能与巷道轮廓相吻合。所以，在运输顺槽、轨道顺槽和综放工作面开切眼中，选用由直径 3～4mm 的铁丝编制而成的网孔尺寸为 40mm×40mm 的菱形铁丝网。为了与锚杆排距相适应，网的宽度确定为 1000mm。

6)树脂锚固剂的选择

选择的树脂锚固剂应符合煤炭行业标准 MT 146.1—2011 要求，Φ22mm 的左旋无纵筋 (KMG335)高强度螺纹钢锚杆规格为 CK2335，锚固力＞125kN。具体产品规格、力学性能要求见表 3-17～表 3-21。

表 3-17 树脂锚固剂产品分类

类型	特性	凝胶时间/s	等待时间/s	颜色标识
CKa	超快速	8～25	10～30	黄
CK		8～40	10～60	红
K	快速	41～90	90～180	蓝
Z	中速	91～180	480	白
M	慢速	＞180	—	—

注：在(22±1)℃环境温度条件下测定。

表 3-18　产品规格

锚固剂直径/mm	35	28	23
适用锚杆孔直径/mm	42	32	28
药卷长度/cm	40，35，30	40，35，30，25	60，55，40，35，30，25

注：用户特殊需要时，可生产其他规格的锚固剂；锚固剂长度由供需双方商定。

表 3-19　锚固力规定值

类型	CKa	CK	K	Z	M
龄期/min	3	10	15	30	—
螺纹钢杆体 $\sigma_s \geqslant 335\text{MPa}$	$\Phi22\text{mm}$		>125kN		
	$\Phi20\text{mm}$		>105kN		
	$\Phi18\text{mm}$		>85kN		
	$\Phi16\text{mm}$		>75kN		
圆钢杆体 $\sigma_s \geqslant 235\text{MPa}$	$\Phi22\text{mm}$		>90kN		
	$\Phi20\text{mm}$		>70kN		
	$\Phi18\text{mm}$		>60kN		
	$\Phi16\text{mm}$		>50kN		

表 3-20　树脂锚固剂的主要物理力学性能

性能	单位	指标	备注
抗压强度	MPa	≥55	
抗拉强度	MPa	11.5	
剪切强度	MPa	30	
弹性模量	MPa	1.6×10^4	在 20h、24h 的条件下测定
泊松比		≥0.3	
收缩率	%	0.6	
容重	g/cm³	1~2.2	

表 3-21　树脂锚固剂与几种材料的黏结强度

岩石	砂岩	页岩	煤	混凝土	螺纹钢
黏结强度/MPa	5~8	3.5~5.5	1~2	>7	>16

7) 锚杆锚固长度与锚固力的确定

为了能够发挥锚杆杆体材料的力学性能，设计中必须保证锚固段所能提供的最大锚固力大于锚杆杆体的屈服力，根据锚杆杆体的屈服强度和锚固剂的参数来计算锚杆的锚固长度。设计所采用的左旋无纵筋(KMG335)高强度螺纹钢锚杆锚固力为 180kN。按松软破碎岩层考虑树脂锚固剂与钻孔壁间的黏结力，取 $\tau = 1.6\text{MPa}$。

锚固长度应按式(3-36)计算：

$$L_0 = \frac{P_m}{\pi D \tau} \tag{3-36}$$

式中，P_m 为设计锚固力，其值为 180kN；D 为锚杆孔直径，0.028m；τ 为锚固剂与围岩的黏结强度，其值取 1.6MPa。

则锚固长度应为

$$L_0 = \frac{P_m}{\pi D \tau} = \frac{180}{3.14 \times 0.028 \times 1600} = 1.28(\mathrm{m})$$

所需锚固剂药卷的长度按式(3-37)计算：

$$L = \frac{R^2 - R_1^2}{R_2^2} L_0 \tag{3-37}$$

式中，R 为锚杆孔的半径，取 0.014m；R_1 为锚杆杆体的半径，取 0.011m；R_2 为锚固剂药卷的半径，取 0.0125m。

则所需锚固剂药卷的长度为

$$L = \frac{R^2 - R_1^2}{R_2^2} L_0 = \frac{0.014^2 - 0.011^2}{0.0125^2} \times 1.28 = 0.61(\mathrm{m})$$

为保证锚杆尽快获得锚固力，提高掘进速度，并考虑到施工操作速度和不同药卷凝胶时间的配合，在实际施工中，每孔采用规格为 CK2335 型和 K2335 型树脂锚固剂各 1 卷。所以每孔实际锚固长度为 0.7m，最大锚固力为 263kN。

8) 锚索锚固长度与锚固力的确定

采用规格为 $\Phi 22.6$mm×8 中空注浆锚索，极限破断力为 420kN。锚索的锚固段为比较稳定的实体岩。

$$L_0 = \frac{P_m}{\pi D \tau} = \frac{420}{3.14 \times 0.032 \times 1600} = 2.61(\mathrm{m})$$

式中，P_m 为设计锚固力，取锚索杆的极限荷载，其值为 420kN；D 为锚索孔直径，取为 0.032m；τ 为锚固剂与围岩的黏结强度，其值取 1.6MPa。

需用 $\Phi 23$mm 树脂锚固剂的长度为

$$L = \frac{R^2 - R_1^2}{R_2^2} L_0 = \frac{0.016^2 - 0.0113^2}{0.014^2} \times 2.61 = 1.7(\mathrm{m})$$

式中，R 为锚索孔的半径，取 0.016m；R_1 为锚索体的半径，0.0113m；R_2 为树脂药卷的半径，0.014m。

每孔用 1 卷 CK2350 型和 2 卷 K2350 型树脂锚固剂，则每根锚索的实际锚固长度为 1.5m，最大锚固力为 504kN。

4. 锚杆(索)初步设计参数

锚杆、锚索理论计算结果见表 3-22 与表 3-23。

根据平煤股份六矿-440m 石门运输大巷的实际地质情况和松动圈测试结果，参考类似高应力软岩巷道支护工程，以及现场工程技术人员的经验及施工条件的可行性，综合分析四种计算方法所得的锚杆、锚索参数计算结果，最终确定支护参数设计结果如表 3-24 所示。

表 3-22　锚杆参数理论计算结果汇总

计算方法	经验公式法		非弹性理论和组合拱理论计算法		松动圈理论计算法	耦合支护理论计算法	
锚杆类型	煤巷锚喷支护	煤巷联合支护	顶锚杆	帮锚杆	大松动圈	顶锚杆	帮锚杆
长度/m	2.5	2.7	2.53	1.58	2.9	2.33	1.8
间排距/m	0.984	0.75	0.7	0.7	0.83	0.835	1

表 3-23　锚索参数理论计算结果汇总

锚索规格	悬吊理论	耦合支护理论
长度/m	8.02	11
间排距/m	2.1	2.4
根数	3	3

表 3-24　锚杆、锚索初步设计参数汇总表

顶锚杆/m		帮锚杆/m		顶锚索/m			帮锚索/m	
长度	间排距	长度	间排距	长度	间距	排距	长度	排距
2.6	0.8	2.6	0.8	10～11	2.4	2.4	10	2.4

每根锚杆选用 CK2335 型和 K2335 型树脂锚固剂各 1 卷；
每根锚索选用 1 卷 CK2350 型和 2 卷 K2350 型树脂锚固剂

大量的高应力软岩巷道破坏机理表明，巷道帮部的破坏主要是由作用于帮部的支撑压力导致的压缩破坏。研究表明：在帮部施工下扎斜拉锚索，能够有效地治理帮部的破坏和限制底臌。同时，应借助平煤股份六矿井下多年来的经验，更好地发挥围岩的承载能力，控制帮部稳定，充分利用锚索调动深部岩体的承载能力，将浅部应力集中转移到深部；在两帮，各打一根下扎 30° 的锚索，配合底角锚杆控制底臌。全断面锚索长度取 10m。考虑到半煤岩特征段中上煤下岩段巷道的围岩性能最差，变形破坏最严重，因此，这两段的锚索设计加长至 11m。上煤下岩特征段锚杆、锚索初步设计参数见表 3-24。

3.3.5　高强度螺纹钢中空注浆锚杆

长期以来，煤矿注浆加固围岩，使用的注浆管都是由矿上用普通钢管自制加工而成的，只重视了浆液对围岩的加固作用而忽视了注浆管的后期锚固作用。本章借鉴地铁、人防等地下工程经验，将高强度中空注浆锚杆首次引入煤矿软岩巷道注浆技术中。高强度中空注浆锚杆杆体由 40Cr 合金钢制造，采用热轧工艺，滚压成全螺纹状，极限抗拉强度大于 180kN，延伸率大于 10%。组合套件包括球形等强螺母、碗形垫片、倒刺锚头、止浆塞等。止浆塞为中间有贯通孔的圆台体，止浆塞上有一个通气孔。高强度中空注浆锚杆的最大特点是杆体强度大，外螺纹与浆液黏结力大，与早强高强超细水泥浆液配合注浆，可以在 2 天后施加 80kN 以上的预紧力，可以真正地实现锚注一体化，新型高强度中空注浆锚杆及规格见图 3-66 和表 3-25。

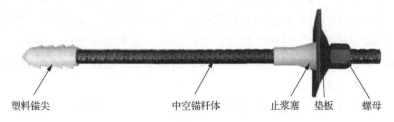

塑料锚尖　　　　　　中空锚杆体　　　　止浆塞　垫板　螺母

图 3-66　高强度中空注浆锚杆实物结构图

表 3-25　高强度中空注浆锚杆规格及技术参数

型号	外径/壁厚/mm	极限抗拉荷载/kN	延伸率/%	螺纹旋向	螺距/mm	直径/mm	杆体标准长度/m
BQD25	25/5	≥180	>8	左/右旋	10/12.7	Φ42	2/2.5/3/3.5/4
BQD28	28/5	≥200	>8	左/右旋	10/12.7	Φ46	
BQD32	32/6	≥280	>8	左/右旋	10/12.7	Φ50	5/5.5/6/
BQD38	38/7	≥350	>8	左/右旋	10/12.7	Φ75	6.5/7/7.5/8
BQD51	51/8	≥500	>8	左/右旋	10/12.7	Φ80	

高强度中空注浆锚杆兼作注浆管，起到了注浆和高强锚杆的双重作用，可有效实现压力注浆，改善围岩弱面的力学性能，提高破碎圈、裂隙圈裂隙的黏结力和内摩擦角，增大围岩体内部相对移动的阻力，提高破碎岩体的整体稳定性。由于高强度中空注浆锚杆锚固力高，对已经形成较大破坏变形的巷道围岩，锚杆可在岩层内部产生着力点，能有效抵抗深部围岩传递的压力，在注浆时中空注浆锚杆是一根注浆管，注浆完毕后即能起到一根高强锚杆的作用，因而能有效抑制巷道变形。同时，高强度中空注浆锚杆克服了树脂锚杆锚固长度短、锚固力低的缺陷，采用注浆与预应力两种不同性能支护的组合结构对巷道进行耦合支护，能发挥两种支护形式的各自特点。高强度中空注浆锚杆不仅使破碎围岩重新胶结成整体，形成承载结构，提高围岩的整体稳定性，而且注浆后使预应力锚杆的自由段得到了有效充填，改善了预应力锚杆的整体力学性能，充分发挥了"三锚"耦合支护的综合作用。

因-440m 石门运输大巷经过多次返修，巷道围岩破碎，经现场实际观测可知松动圈厚度大于 2.5m，考虑到围岩注浆加固范围要超过松动圈范围，因此，设计选择注浆锚杆如下：锚杆体外径为Φ25mm，壁厚 5.5mm，长度为 3000mm。用于加固底板的组合加长注浆锚杆规格如下：有 2 根锚杆体外径为Φ32mm，壁厚 6mm，长度为 3500mm，通过中间连接套连接加长到 7000mm。

3.3.6　高压注浆组合锚索支护参数设计

1. 组合锚索的组成及结构

高地应力破碎复杂围岩的支护采用二次或多次联合支护。一次支护以常规支护手段从改变浅部围岩结构、围岩力学性质的角度，使浅部围岩形成具有一定厚度的、强度较高的、结构完整的支护体，通过浅部支护体的整体移动变形，释放部分岩体变形能，从而降低围岩应力。二次或多次支护使用组合锚索高压注浆技术，根据深部非稳定塑性区的位置和厚度选择组合锚索长度，对深部扩大的塑性破裂岩体及时加固，提高岩体强度、刚度，改善深部围岩结构特征，保护一次支护结构体稳定。组合锚索由多个部件组成，包括组合锚索主体、托盘和锁具等组成，具体结构分述如下。

整束组合锚索由 4 根钢绞线、四孔锁具、托盘、导气管、塑料套管、支撑架和索头组合而成，如图 3-67 所示。

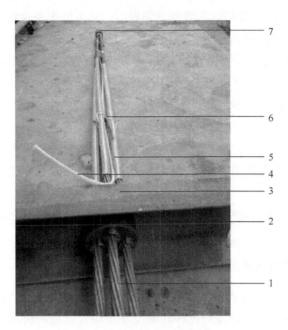

图 3-67　组合锚索结构图

1-Φ17.8mm 钢绞线；2-四孔锁具；3-托盘；4-导气管；5-塑料套管；6-支撑架；7-索头

（1）钢绞线：根据所在矿区巷道埋深以及地质条件选用符合强度等级要求的钢绞线型号，根据六矿的地质条件选用的钢绞线为 1860MPa 强度级别的 Φ17.8mm×7 捻制钢绞线，其力学性能符合表 3-26 的规定。

表 3-26　钢绞线力学性能参数表

序号	项目	基本参数
1	直径/mm	17.8
2	强度级别/MPa	1860
3	截面积/mm^2	190
4	延伸率/%	3.5
5	单位质量/(kg/m)	1.48
6	最小破断力/kN	353
7	应力松弛率	≤2.5%

（2）四孔锚具：采用 KM18 型四孔锚索锁具，其孔数应与钢绞线束相匹配，产品符合 GB/T 14370—2015 要求。锁芯性能应符合表 3-27 的要求。

表 3-27　锁具外套及锁芯性能表

型号	静载极限荷载/kN	极限荷载下总应变ε_{apu}	锁具效率系数η_a
KM18	365	≥2.0%	≥0.95

（3）托盘：常见的组合锚索托盘形状有圆形、长方形、正方形等，多由槽钢、U 形钢或钢板叠焊而成。该组合锚索采用的是 20b 槽钢，长度为 600mm，其背部焊接厚 12mm 的钢板。

(4)导气管：为 Φ5mm 的胶管，在锚索安装好后，孔内处于密封状态，注浆时孔内的空气可以由导气管排出，当浆液填满锚索孔时导气管由排气转为排浆。

(5)塑料套管：为 Φ20mm 的胶管，其作用是在注浆过程中防止浆液进入，保证套管内锚索的延展性，上盘张拉时能够提供足够的预紧力。塑料套管长度应根据施加在钢绞线上的预应力大小并结合钢绞线弹性模量决定。

(6)支撑架：其作用是使组合锚索的锚索与锚索之间留出孔隙，能够与浆液充分接触，保证凝固强度，且中间的导气管通道能够保护导气管在安装过程中不被损坏，保证其导气性。应根据实际情况使锚索分散在支撑架周边，导气管由支撑架内孔穿过，长度根据组合锚索孔深决定。

(7)索头：其作用是将锚索头固定在一起，在穿锚索时防止单根锚索与孔壁碰撞，能够顺利将锚索穿到孔内。

2. 组合锚索支护参数的确定

(1)锚索长度的确定。可根据地质资料确定巷道所处位置附近复杂围岩位置或者通过钻探内窥技术和声发射、地质雷达、多点位移计确定复杂围岩位置，所选锚索长度应穿过复杂围岩进入稳定基岩内。

组合锚索长度为

$$L = L_a + L_b + L_c \tag{3-38}$$

式中，L 为组合锚索长度；L_a 为悬吊不稳定岩层厚度，m；L_b 为锁具和锚索盘厚度，m；L_c 为外露张拉长度，m。

(2)排距的确定。依据悬吊理论可知：

$$L \leq nF_2 / \left[BHr - (2F_1 \sin\theta) / L_1 \right] \tag{3-39}$$

式中，L 为排距，m；B 为巷道最大支护宽度，m；H 为巷道一次支护最大高度，m；r 为岩体容重，kN/m³；L_1 为一次支护中最深支护排距，m；F_1 为一次支护中最深支护极限承载力，kN；F_2 为组合锚索材质极限承载力，kN；θ 为一次支护中最深支护与巷道的夹角；n 为锚索排数，取 1。

(3)间距的确定。

$$L \geq \frac{C}{KW / P_{断}} \tag{3-40}$$

式中，L 为组合锚索间距，m；C 为巷道加固位置周长，m；K 为安全系数，取 2；$P_{断}$ 为整束锚索最低破断力，kN；W 为被悬吊岩石的自重，kN。

$$W = B \times \sum h \times \sum r \times D \tag{3-41}$$

式中，B 为巷道掘进宽度，m；$\sum h$ 为悬吊岩石厚度，m；$\sum r$ 为悬吊岩石容重，m；D 为组合锚索排距。

在施工中采用的锚索为压力分散型，使锚固段剪应力更均匀，也可改变锚固区域的应力集中，但是由于组合锚索和浅部支护延伸率不同，组合锚索应均匀布置在浅部支护中，水平间距不小于 2.5m，垂直间距不小于 3m。

(4)最大张拉压力的确定。

$$P = \frac{L\eta}{A_p E_p} \tag{3-42}$$

式中，P 为单根钢绞线最大张拉力，N；L 为受拉锚索长度，m；η 为最大变形率；A_p 为钢绞线截面积，380mm^2；E_p 为弹性模量，MPa。

(5)注浆压力的确定。

注浆压力为浆液扩散、充塞、压实提供能量。浆液在岩层裂隙中扩散、充塞的过程，就是克服流动阻力的过程。注浆压力按经验公式(3-43)计算：

$$P = KR_0 H_0 / 10 + R_c H_0 / 10 \tag{3-43}$$

式中，P 为注浆压力，MPa；R_0 为水的比重，kN/m^3；R_c 为浆液比重，kN/m^3；K 为压力系数，取 3～3.5；H_0 为岩层厚度，m。

(6)浆液水灰比的确定。

水灰比的大小对浆液的黏度、结石率、结石体强度都有一定影响。一般来说，随着水灰比的增大，水泥浆液的黏度、结石率、结石体强度呈现逐渐下降趋势；较小的水灰比会增大浆液黏度，可流动性小，在高压注浆环境下，压力效应使得易在裂隙孔口发生压密作用，影响可注性。同时测试浆液性能时，高压注浆水灰比一般选择 0.8:1～1:1，在此区段的水灰比黏度相对较小，结石率高(在 85%以上)，结石体强度高。水泥浆液基本性能测试结果如表 3-28 所示。

表 3-28　水泥浆液基本性能表

水灰比(重量比)	黏度	密度/(g/cm³)	结石率/%	抗压强度/MPa		凝结时间	
				3 天	28 天	初凝	终凝
0.5:1	139	1.86	99	4.14	22	7h40min	12h30min
0.8:1	24	1.51	94	2.21	1091	9h30min	20h11min
1:1	18	1.49	85	2	8.9	14h56min	24h23min
1.5:1	17	1.37	67	2.01	2.22	16h40min	34h44min
2:1	16	1.3	56	1.66	2.8	17h10min	56h10min

(7)ACZ-1 添加剂用量的确定。

通过对比试验可知，ACZ-1 添加剂可以改善浆液的黏度、膨胀率，提高强度，但随添加剂用量的增大，改善效果呈减弱趋势。综合考虑 ACZ-1 添加剂掺入量对浆液黏度、结石率及结石体强度的影响，再加上经济因素，认为当添加剂掺入量达到 8%时，改性水泥浆液具有良好的流动性，结石体具有早强的特征，能够满足裂隙岩体注浆加固工程需要，如图 3-68 和图 3-69 所示。

据以往矿区经验选取注浆组合锚索，其每组由 4 根 Φ17.8mm×13000mm 的钢绞线组合而成，间排距为 2400mm×3200mm，顶部 4 根/排，与锚杆隔 4 排布置，两底角设置组合锚索各 1 根，下扎角 30°。整束组合锚索由钢绞线、四孔锚具、塑料套管、托盘、导气管、支撑架和索头组合而成。注浆组合锚索允许外露长度不超过 500mm。

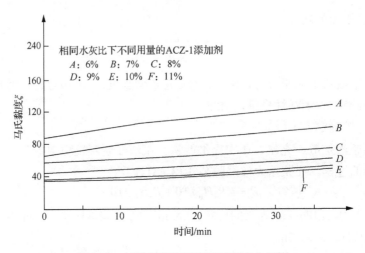

图 3-68　试验组浆液黏度随时间变化规律

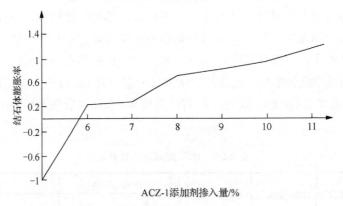

图 3-69　试验组添加剂性能表

3.3.7 "三锚"耦合支护方案初步设计结果

根据工程类比、理论计算及数值模拟参数分析，初步确定平煤股份六矿-440m 石门运输大巷扩修"三锚"耦合支护方案如下。

(1) 巷道断面形式为直墙半圆拱形，掘进断面尺寸为宽 7.5m，高 5.55m，墙高 1.8m。

(2) 支护方式为锚网梁+一次钢绞线锚索补强+中空注浆锚杆锚注+二次组合锚索锚注补强。

(3) 全断面选用直径为 Φ22mm 的左旋无纵筋(KMG335)高强度螺纹钢锚杆，屈服强度 ≥335MPa，极限抗拉强度≥490MPa，极限抗拉荷载≥186kN；设计锚固力为 180kN；长度为 2600mm，间排距为 800mm。除底角锚杆外，全断面锚杆方位均与巷道轮廓线垂直布设。两底角锚杆水平下扎 45°，以加强对底臌的控制。采用 CK2335 型和 K2335 型树脂锚固剂各 1 卷进行锚固。

(4) 钢绞线锚索。全断面选用 Φ17.8mm×7 预应力钢绞线锚索，强度为 1860MPa，截面积为 191.00mm²，延伸率≥3.5%，最低破断荷载大于 353kN。长度为 10000m，顶锚索 4 根，间距为 2.4m，排距 3.2m，与锚杆隔 4 排布置；两帮设置水平锚索各 1 根；两底角设置底角锚索各 1 根，下扎角 30°。每根锚索选用 1 卷 CK2350 型和 2 卷 K2350 型树脂锚固剂进行锚固。

（5）高强度中空注浆锚杆。全断面锚注加固，选用高强度左旋螺纹钢中空注浆锚杆，材质为 40Cr 合金钢，采用热轧工艺，滚压成全螺纹状。极限抗拉强度大于 180kN，延伸率大于 10%。选择 Φ25mm×3000mm 和 Φ32mm×3500mm 两种规格注浆锚杆。Φ25mm×3000mm 注浆锚杆规格如下：锚杆体外径为 Φ25mm，壁厚 5.5mm，长度为 3000mm。Φ32mm×3500mm 注浆锚杆规格如下：锚杆体外径为 Φ32mm，壁厚 6mm，长度为 3500mm，有 2 根通过中间连接套连接加长到 7000mm，构成组合加长注浆锚杆，用于加固底板。两种规格锚杆杆体均每隔 400mm 钻有 Φ6mm 的射浆孔。注浆锚杆布置如下：拱部间排距为 1600mm×1600mm；两帮部各布置 1 根；两帮底角水平下扎 45° 各布置 1 根；底板中间垂直向下布置 2 根规格为 Φ25mm×3000mm 的单根注浆锚杆，同时，在底板两侧分别布置 1 根规格为 Φ32mm×3500mm 中间加连接套的组合加长注浆锚杆，长度为 7000mm。底板锚杆间距为 1500mm，排距为 1600mm。每根锚杆选用 1 卷 CK2350 型树脂锚固剂进行锚固。

（6）组合锚索。注浆组合锚索每组由 4 根 Φ17.8mm×13000mm 的钢绞线组合而成，间排距为 2400mm×3200mm，顶部 4 根/排，与锚杆隔 4 排布置，两底角设置底角组合锚索各 1 根，下扎角 30°。整束组合锚索由 4 根钢绞线、四孔锚具、托盘、导气管、塑料套管、支撑架和索头组合而成。注浆组合锚索允许外露长度不超过 500mm。注浆以水泥单液浆为主，水泥采用 P.O42.5 级新鲜硅酸盐水泥，注浆终孔压力以 6～8MPa 为宜。10 天后对组合注浆锚索逐根进行张拉，张拉前安装锚盘时要先找平孔口，安装锚具，然后穿上千斤顶进行张拉，张拉要逐股分组循环进行，单根锚索张拉强度不得小于 100kN。

（7）托盘。锚杆托盘为金属托盘，规格为 120mm×120mm×8mm 的拱形高强度托盘，材质为 Q345，并加装 150mm×150mm×20mm 的木垫板。锚索托盘采用厚 14mm 钢板割制而成，其尺寸为长×宽×厚=300mm×300mm×14mm，在托板中心钻打 Φ20mm 的锚索孔，见图 3-65（a）。为增大托板的作用效果，在托板下面放置一节 14# 长 300mm 的槽钢短梁，槽钢与短梁中间加装 3000mm×300mm×20mm 的木垫板。所有配件中间钻一个 Φ20mm 的孔，见图 3-65（b）。注浆组合锚索盘采用长度为 600mm 的 20b 槽钢与 12mm 厚钢板焊接加工而成，如图 3-67 所示。

（8）选用 Φ6mm 钢筋焊接成网孔为 50mm×50mm 菱形金属网，网片规格为顶网 3 片：长×宽=4200mm×1000mm；帮网：长×宽=1800mm×1000mm，金属网搭接长度为 100mm。

（9）托梁。顶锚杆采用 3 节钢筋托梁，由直径为 14mm 的钢筋加工而成，材质为 Q235。每节宽 75mm，长度为 3800mm；帮部托梁宽 75mm，长 1800mm。托梁中间每隔 80mm 焊接加强筋。扩修-440m 石门运输大巷各特征段支护参数见表 3-29。

表 3-29　各特征段支护方案主要参数表

特征段	锚杆长度 /mm	锚杆间排距 /mm	锚索长度/m	锚索间排距 /mm	注浆锚杆		组合锚索	
					长度/mm	间排距/mm	长度/mm	间排距/mm
上岩下煤段	2600	800×800	8	2400×3200	3000	2000×1600	16000	2400×3200
上煤下岩段	2600	800×800	10	2400×3200	3000	2000×1600	16000	2400×3200
全岩段	2600	800×800	8	2400×3200	3000	2000×1600	16000	2400×3200

"三锚"耦合支护初步设计四阶段支护参数设计见表 3-30，各断面锚杆、锚索布置图见图 3-70～图 3-75。

表 3-30   "三锚"耦合支护设计参数一览表

		位置	型号	材质	排列方式	长度/mm	直径/mm	间排距/mm	数量
第一阶段	锚杆	顶、帮	Φ22mm×2600mm	KMG335	三花	2600	22	800	18
		底角	Φ22mm×2600mm	KMG335	下扎45°	2600	22	800	2
	钢筋梁	顶	Φ14mm×75mm	Q235	平铺	3800	14	800	3
		帮	Φ14mm×75mm	Q235	平铺	1800	14	800	2
	钢筋网	顶	50mm×50mm	12#铅丝或6#钢筋	绑扎	4200		宽1000	3
		帮	50mm×50mm			1800		宽1000	2
	托盘		120mm×120mm×8mm	Q345		120	120		20
	木垫板		150mm×150mm×20mm	松木		150	150		20
	锚固剂		CK2335，K2335	树脂		350	23		20+20
	喷层		材料配比			等级		厚度	
			水泥：沙子：石子：水=1：1.5：1.5：0.45 1m³添加聚丙烯纤维0.9kg			C20		初喷50mm 复喷60mm	

		位置	型号	材质	排列方式	长度/mm	直径/mm	间排距/mm	数量
第二阶段	锚索	顶、帮	Φ17.8mm×710000mm	钢绞线	三花	10000	17.8	2400×3200	6
		底角	Φ17.8mm×10000mm	钢绞线	下扎30°	10000	17.8	2400×3200	2
	托盘		150mm×150mm×10mm	Q345		150	150		8
	木垫板		170mm×170mm×20mm	松木		170	170		8
	锚固剂		CK2350，K2350	树脂		500	23		8+8×2

		位置	型号	材质	排列方式	长度/mm	直径/mm	间排距/mm	数量
第三阶段	注浆锚杆	顶、帮	Φ22mm×3000mm	40Cr	三花	3000	22	1600×1600	8
		底角	Φ25mm×3000mm	40Cr	下扎角45°	3000	25	1600×1600	4
		底板	Φ32mm×7000mm	40Cr	外扎30°	7000	32	1500×1600	2
	钢筋梁	顶	Φ14mm×75mm	Q235	平铺	3800	14		3
		帮	Φ14mm×75mm	Q235	平铺	1800	14		2
	钢筋网	顶	50mm×50mm	12#铅丝或6#钢筋	绑扎	4200		宽1000	3
		帮	50mm×50mm			1800		宽1000	2
	托盘		120mm×120mm×8 mm	Q345		120	120		14
	木垫板		150mm×150mm×20mm	松木		150	150		14
	锚固剂		K2335	树脂		350	23		14×2

		位置	型号	材质	排列方式	长度/mm	直径/mm	间排距/mm	数量
第四阶段	组合锚索	顶	Φ17.8mm×13000mm	钢绞线	三花	13000	17.8	2400×3200	4
		底角	Φ17.8mm×13000mm	钢绞线	下扎30°	13000	17.8	2400×3200	2
	托盘		20b 槽钢	Q235		600			6

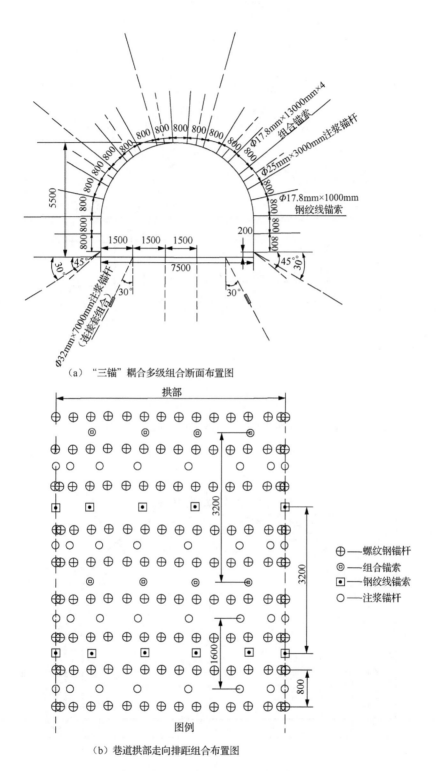

（a）"三锚"耦合多级组合断面布置图

（b）巷道拱部走向排距组合布置图

图 3-70　"三锚"耦合多级组合支护综合布置断面图(单位：mm)

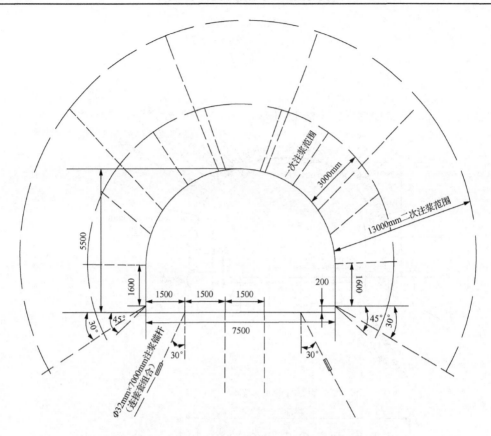

图 3-71　浅、深孔两级注浆锚杆、锚索组合断面布置图(单位：mm)

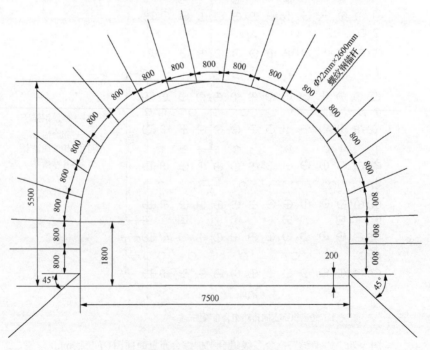

图 3-72　第一阶段：螺纹钢锚杆断面布置图(单位：mm)

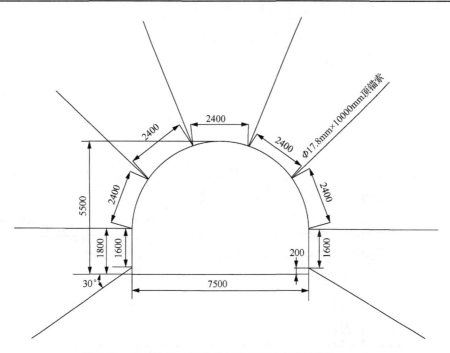

图 3-73　第二阶段：钢绞线锚索断面布置图(单位：mm)

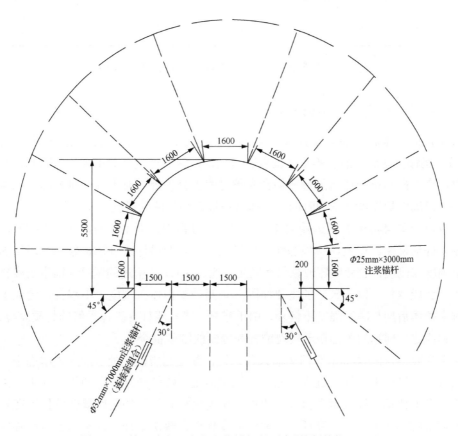

图 3-74　第三阶段：中空注浆锚杆断面布置图(单位：mm)

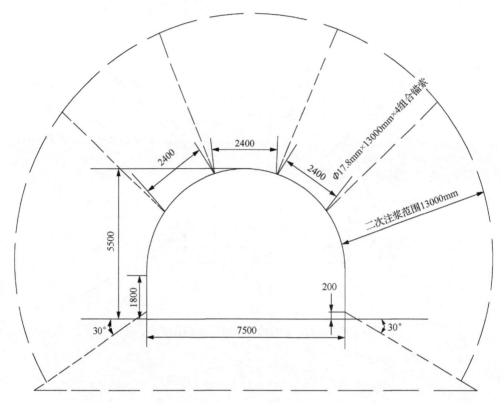

图 3-75   第四阶段：组合锚索断面布置图（单位：mm）

3.3.8   "三锚"耦合支护关键技术

耦合支护的关键就是要能发挥每个支护环节和支护材料的作用，尤其对平煤股份六矿-440m 石门运输大巷这样的破碎复杂围岩巷道来说，这一点是至关重要的。因此，在制定施工方案时，合理确定每一环节的最佳耦合支护时间十分关键。对于本书研究的"三锚"耦合支护技术来说确定最佳耦合支护时间主要体现在锚索和锚注的最佳施工时间上。

平煤股份六矿-440m 石门运输大巷在以往返修过程中，采用锚网索联合支护时，经常出现个别锚索提前破断的现象，这种恶性循环导致一系列的锚杆或者锚索破坏。即使加大锚杆和锚索的强度与刚度，这种破坏现象仍然发生。通过 3.1.7 节所述的锚杆、锚索刚度耦合机理分析认为，造成锚杆、锚索破断的主要原因就是两种支护体在刚度上不耦合，造成了锚杆、锚索两种支护体后期与围岩强度不耦合，由于锚杆、锚索两种支护体天然的材质差异，所以，目前唯一解决这一问题的关键在于实现锚杆和锚索的刚度耦合。

对于平煤股份六矿-440m 石门运输大巷来说，巷道围岩破碎处于高应力状态中。在实施锚网索联合支护过程中，施工过程不允许出现空顶距，锚杆必须紧跟迎头先施工，由于锚杆的伸缩率本身就比钢绞线锚索大得多，所以，实现锚杆和锚索的刚度耦合就体现在打锚索滞后锚杆所需要的时间上，通过锚杆和锚索的刚度耦合来解决锚杆、锚索和围岩在强度上的耦合。因此，耦合支护的技术关键在于确定锚索的最佳耦合支护时间或者最佳耦合支护时段。

锚索和锚注的最佳耦合支护时间可以根据巷道围岩的位移-时间(U-t)曲线以及顶板离层观测进行判断，通过巷道表面位移的监测，可以将巷道表面位移变化速度由快到趋于平缓的拐点附近作为锚索的最佳耦合支护时间；通过观测巷道顶板的深部岩层位移变化，判断深部岩层裂隙发育和破碎情况，从而确定锚注的最佳时间。

1. 锚索最佳耦合支护时间

1) 巷道位移观测

为了得到锚索滞后于锚杆施工的最佳耦合支护时间及锚注施工的最佳时间，课题组在2011 年 7 月对正在采用锚网喷索支护形式施工的-440m 石门运输大巷返修段进行了现场观测。采用分段施工、分段观测方法进行井下观测。先按锚网喷支护方式不加锚索施工，待根据观测结果分析确定锚索最佳耦合支护时间后再施工锚索，这样就需要锚网喷施工留出一定的观测时间，锚索施工过晚，将会带来安全隐患，为了安全起见，先在锚网喷索同时施工的新返修段设立观测站，初步判定锚索最佳耦合支护时间后，再进行分段施工、分段观测，最后确定锚索和锚注的最佳耦合支护时间。首先在正在锚杆/锚索同时施工的60m 大巷内紧跟迎头共设置 6 个巷道表面位移监测站，主要通过对巷道的表面收敛监测来初步判定锚索施工的最佳时间。表面位移监测站间隔为 10m。顶板离层监测站间隔为 15m。对各监测站设置完毕后进行将近一个月的观测。将数据做成图表，测站原则上在迎头布置。从而可以较真实地反映巷道围岩的变化规律。观测结果如图 3-76～图 3-87 所示。

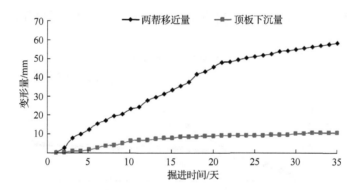

图 3-76　-440m 石门运输大巷新扩修段 1 号测站巷道变形曲线

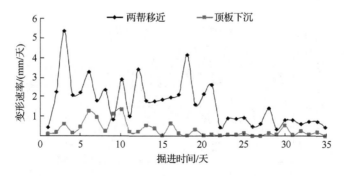

图 3-77　-440m 石门运输大巷新扩修段 1 号测站巷道变形速率曲线

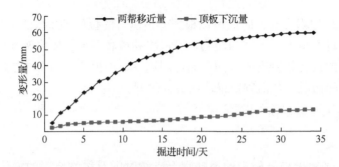

图 3-78　-440m 石门运输大巷新扩修段 2 号测站巷道变形曲线

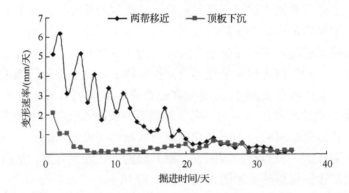

图 3-79　-440m 石门运输大巷新扩修段 2 号测站巷道变形速率曲线

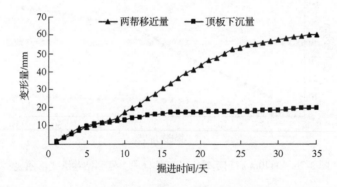

图 3-80　-440m 石门运输大巷新扩修段 3 号测站巷道变形曲线

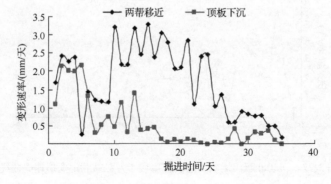

图 3-81　-440m 石门运输大巷新扩修段 3 号测站巷道变形速率曲线

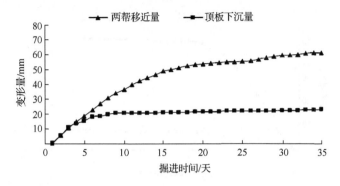

图 3-82　-440m 石门运输大巷新扩修段 4 号测站巷道变形曲线

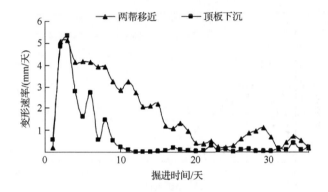

图 3-83　-440m 石门运输大巷新扩修段 4 号测站巷道变形速率曲线

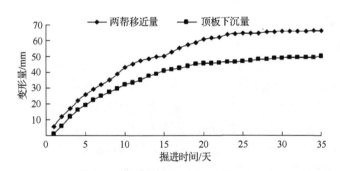

图 3-84　-440m 石门运输大巷新扩修段 5 号测站巷道变形曲线

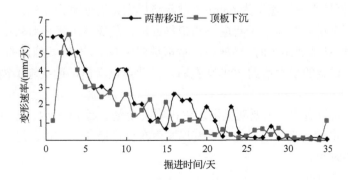

图 3-85　-440m 石门运输大巷新扩修段 5 号测站巷道变形速率曲线

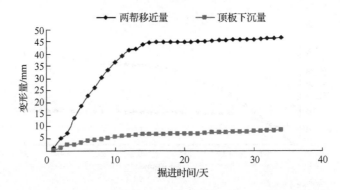

图 3-86　-440m 石门运输大巷新扩修段 6 号测站巷道变形曲线

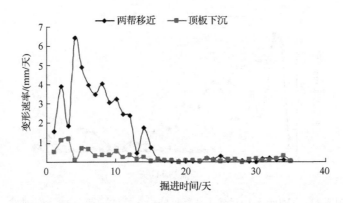

图 3-87　-440m 石门运输大巷新扩修段 6 号测站巷道变形速率曲线

2) 监测结果分析

巷道表面位移见图 3-76～图 3-87。

1 号测站顶板下沉量最大值为 10.8mm，两帮移近量为 58.5mm。

2 号测站顶板下沉量最大值为 13mm，两帮移近量为 59.9mm。

3 号测站顶板下沉量最大值为 19.6mm，两帮移近量为 60mm。

4 号测站顶板下沉量最大值为 22.3mm，两帮移近量为 61.33 mm。

5 号测站顶板下沉量最大值为 51mm，两帮移近量为 66.5mm。

6 号测站顶板下沉量最大值为 9mm，两帮移近量为 46.6mm。

-440m 石门运输大巷新扩修段观测结果显示：顶板最大下沉量为 51mm，两帮最大移近量为 66.5mm；顶板最大下沉速率为 6mm/天，两帮最大移近速率为 6.5mm/天。

巷道的顶板下沉量要明显小于巷道的两帮移近量。顶板下沉量相对较小，但是在该段巷道中锚索破断严重。该巷道施工时，锚杆和锚索都是迎头施工，对锚索施加的预应力为 100kN。在破断锚索周围，锚索的受力达到 200kN 左右。由此可以看出，迎头施工锚索使得锚索荷载过大。

通过监测数据可以看出，主要变化量发生在测站设置之后 15 天内。峰值速率的变化量主要集中在前 5 天。也就是说，围岩的主要变形发生在掘进后 5 天之内。这 5 天也是围岩内部变形能大量释放的时间。

3) 最佳耦合支护时间

如前所述，实现锚索与锚杆在刚度上耦合的关键在于安装锚索滞后于锚杆的时间。正在施工的-440m 石门运输大巷扩修段顶板为煤层段，属于软弱煤层。在巷道的掘进过程中，不允许空顶作业，锚杆不可能滞后施工，所以锚杆必须紧跟迎头安装。在观测过程中发现，如果紧跟工作面迎头安装锚索，5 天后就会出现锚索破断现象，对巷道稳定性造成很大影响。

由以上的监测数据分析可知，巷道在掘进后 1～3 天内变形量最大，变形速率主要集中在前 5 天，这一过程就是围岩自身内部积聚的应变能的释放时期。所以在滞后锚杆 2～3 天后安装锚索为最佳耦合支护时间。此时既保证了围岩内部应力的大部分释放，又不允许围岩内部产生较大的破坏，同时保护了围岩的自身承载能力。按照巷道每天扩修 0.8m 的速度，安装锚索要滞后锚杆大约 3m 的距离。

2. 锚注最佳耦合支护时间

1）观测方法

为了进一步验证锚索施工最佳耦合支护时间的正确性和确定锚注最佳耦合支护时间，按照上述初步确定的锚索滞后锚杆 3 天施工的方案，采取分段支护、分段观测的方法，继续在返修巷道内设置观测点，通过观测分步施工锚杆、锚索后的巷道表面位移，以验证初步确定的锚索最佳耦合支护时间的正确性；通过对顶板深部位移的观测，判定顶板内部岩层变形破碎情况，以确定锚注最佳耦合支护时间。

2）观测点设置

本次观测共设置 2 个巷道表面位移监测站和 2 个顶板离层观测站。为准确确定锚索、锚注耦合支护时间，在巷道施工过程中，先在迎头施工锚网喷支护，3 天后施工锚索。采取分段支护、分段观测的方法，进行了围岩变形监测，整理观测数据并绘制巷道围岩变形曲线，如图 3-88 和图 3-89 所示。

3）锚注耦合支护时间

从图 3-88 和图 3-89 可知，分步施工锚杆、锚索后 1 号测站围岩变形曲线的第一个拐点出现在 3～4 天，第二个拐点出现在 6～7 天。2 号测站围岩变形曲线的第一个拐点出现在 2～3 天，第二个拐点出现在 7～8 天。两个观测站围岩变形曲线都反映出，前 3 天没有施加锚索时围岩的变形量较大，接近 10mm，第 4 天施加锚索后围岩变形迅速得到有效控制，变形速度显著下降，说明锚索提供了较大的支护阻力。最终在 7～9 天后巷道围岩变形进入稳定期。而从锚杆、锚索同时施工的图 3-79、图 3-82、图 3-86 中可以看出，巷道围岩变形的稳定期都在 15 天以后，这说明滞后 3 天施工锚索，将锚杆的初期让压和锚索的及时补强进行了最佳耦合，因此，确定在锚杆支护 3 天后进行锚索支护是锚索最佳耦合支护时间。通过图 3-88、图 3-89 初步判定锚注最佳耦合支护时间应在围岩变形曲线发生变化的第 2 个拐点之前，即迎头施工后的 8～10 天，具体时间还应根据巷道围岩深部位移的变化情况，做出最后的判定。

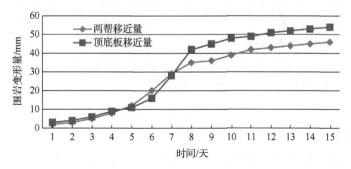

图 3-88　1 号测站锚索滞后锚杆 3 天后施工巷道变形曲线

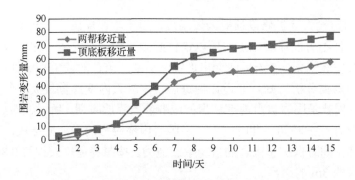

图 3-89　2 号测站锚索滞后锚杆 3 天后施工巷道变形曲线

4) 最佳耦合支护时间

为了准确确定注浆时机，适时对巷道进行锚注加固，在喷锚网梁+钢绞线锚索分步施工的同时，通过对顶板深部位移的观测，判定顶板内部岩层变形破碎情况，以确定锚注最佳耦合支护时间。在分段支护、分段观测中，在返修巷道的两帮各布置一套多点位移计(6 基点)，分别在围岩 1m、2m、3m、4m、5m 和 6m 深处各固定一个基点，对不同深度围岩变形进行监测，深部位移测试结果如图 3-90 所示。

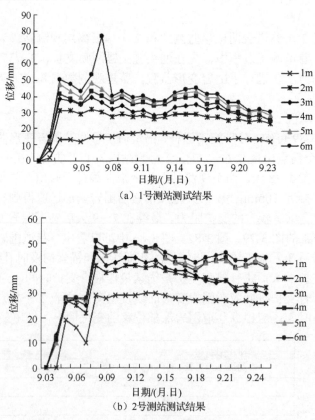

(a) 1号测站测试结果

(b) 2号测站测试结果

图 3-90　多点位移计测试结果

通过前面巷道表面位移变形观测分析可知，在巷道开挖后的 3 天内是围岩变形较为剧烈的时期，这个时期恰恰是锚杆松弛的时间，如果锚杆安装以后，不对其进行锚索补强，则会加剧围岩的破坏和变形的增加，不利于巷道的稳定。

(1)通过以上 2 个围岩深部基点的位移变化曲线可以看出，锚网喷施工后 3 天内，巷道顶部的围岩变形主要集中在 1m 范围内，围岩的碎胀变形量都在 15mm 左右，1m 范围内的围岩变形量最大达到 30mm，4～6m 范围内的围岩基本没有移动。

(2)在围岩深部变形过程中，呈现出几个主要变形阶段。第一阶段是巷道在初次锚网喷施工后约 3 天时间内，巷道的变形以 1m 范围内围岩的碎胀为主。第二阶段是 3 天以后，此时施工了锚索补强，深部围岩变形速率得到一定控制，但锚索施工 3 天以后 2m 内的围岩部分也开始破碎，引起总变形量的增加，但和第一阶段相比，变化量明显减小；4～8 天围岩深部位移达到了峰值，此时 2～4m 范围内的围岩也出现了一定的变形，如图 3-90(b)所示。如果在此之前不加强支护，从发展趋势看，深部变形还会持续增加，围岩变形将进一步向深部发展，必须加强支护，提高破碎围岩的强度，所以在锚索施工后 7 天以前进行注浆加固，此时在锚杆控制范围 2m 以内的围岩已松动变形，裂隙网已经形成，此时是锚注加固浅部破碎围岩的最好时机。因此，确定锚注最佳耦合支护时间应在锚索施工后 7 天前进行。在对以上观测结果分析后，对平煤股份六矿-440m 石门运输大巷返修施工段锚杆、锚索施工时间及时进行了调整，通过分布施工锚杆、锚索，加大了锚索的预紧力(由原来的 80kN 增加到 100kN)。在采用锚索支护滞后锚杆支护的施工方法后，支护效果有了明显改善。锚网索耦合支护初次得到了充分的体现。

3. 注浆滞后时间指示仪的发明

国内外地下工程支护经验表明，锚注支护是加固破碎裂隙岩体最有效的方式之一。锚注耦合支护时间的选择往往决定着注浆加固的成败。实践证明，由于巷道围岩的条件复杂性以及同一条巷道不同地段的围岩变化，常常难以合理确定每个注浆孔周围形成必要裂隙所需的滞后时间，给确定锚注最佳耦合支护时间带来不确定性。继而采用巷道表面位移观测和深部位移观测的方法也需要较长时间观测和记录，才能判断锚注最佳耦合支护时间，其应用范围有很大的局限性。因此，在研究中发现，可以通过巷道表面位移与锚杆长度的对应关系来判断锚注最佳耦合支护时间。为此，本节提出利用锚杆兼作注浆滞后时间指示仪的方法，根据锚杆与巷道表面的位移关系，通过计算和量测，对锚注最佳耦合支护时间做出判定。

1)锚杆兼作注浆滞后时间指示仪工作原理

用注浆锚杆兼作注浆滞后时间指示仪见图 3-91。巷道掘进后将注浆锚杆 3 用树脂药卷 5 安装固定在注浆锚杆孔 2 内，锚杆尾部外露长度约为 0.2m。通过现场观测计算确定锚注支护时巷道轮廓合理位移量 U，并在注浆锚杆尾部作好红色位移量标记 1，如图 3-91(a)所示。当巷道围岩裂隙扩展，巷道轮廓内移，锚杆尾部缩进至标记 1 时，表明该注浆锚杆周围裂隙恰好发育至锚注最佳耦合支护时间，此时可以开始锚注施工，如图 3-91(b)所示。

2)现场应用

根据平煤股份六矿-440m 石门运输大巷正在施工的返修段巷道表面位移和深部位移的观测结果分析可知，注浆滞后时间指示仪的位移量应为 30～45mm。这样就可以在巷道施工过程中，通过预埋的注浆滞后时间指示仪对锚注最佳耦合支护时间进行实时观测。根据循环进尺，每掘进 0.8m 在迎头顶板和两帮布置 1 根注浆滞后时间指示仪。锚杆必须能深入稳定岩层中，并且端头必须固定在稳定岩层中。显然，确定达到最佳注浆条件时巷道轮廓的合理位移量 U，是该方法的一个关键。此方法简单明确，便于施工操作，避免了对巷道长期观测和计算的复杂性，对于指导锚注施工的最佳耦合支护时间具有创新性。

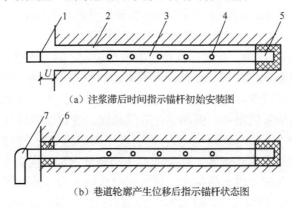

（a）注浆滞后时间指示锚杆初始安装图

（b）巷道轮廓产生位移后指示锚杆状态图

图 3-91　注浆滞后时间指示锚杆

1-注浆时巷道轮廓合理位移量标记；2-注浆锚杆孔；3-注浆锚杆；
4-锚杆出浆孔；5-树脂药卷；6-封口段；7-注浆软管

4. 锚杆(索)预紧力

锚杆和锚索为一种主动支护方式，体现其主动支护作用的主要是其预紧力，特别是当巷道处于高应力状态，且巷道围岩比较破碎，物理力学性质较差时，锚杆(索)的预紧力对锚固效果起着十分重要的作用，对于特大断面巷道，在强烈采动影响等复杂条件下，预紧力对提高巷道围岩的稳定性更加重要。目前，锚杆支护中普遍存在着锚杆(索)预紧力小，预紧力扩散效果差，支护系统刚度低，锚杆主动支护作用不能充分发挥，不能有效控制围岩离层与破坏的问题。

锚杆(索)在安装后施以预紧力，使不同岩层间摩擦作用力增大，同时将锚固范围内的围岩挤紧，形成梁或拱的承载结构，达到提高巷道围岩稳定性的目的，而没有预紧力或预紧力低的锚杆，只有在围岩变形后才开始起加固作用。在锚杆(索)安装后，立即施加足够的预紧力，使围岩由二向应力转为三向应力状态，甚至可以使围岩中的拉应力区转变为压应力区；对于岩体受剪面，预应力产生的摩擦力大大提高了加固体的抗剪性能，避免过早出现张开裂隙，减少了围岩的弱化过程，提高了围岩的稳定性。

在 20 世纪 70 年代末，美国首次将涨壳式锚头与树脂锚固剂联合使用，并采用减摩塑料垫圈实现了锚杆的高预应力。目前，美国矿山巷道的锚杆预紧力一般为 100kN，可达到锚杆杆体屈服荷载的 50%～75%。高预应力锚杆显著提高了顶板的稳定性，大大减少了冒顶事故，美国矿山之所以取得如此好的支护效果，源于 3 个方面的原因：①从机理上认识到锚杆预应力的重要作用；②锚杆加工精度高，螺纹预紧力矩与预紧力的转换系数高；③采用性能优越的锚杆施工机具，在锚杆安装过程中能够实现高预应力。

受美国巷道锚杆支护设计理念的影响，我国学者对锚杆预应力的作用也有一定的研究。郑雨天、朱浮声的研究结果表明，当锚杆预应力达 60～70kN 时，就可有效控制巷道顶板下沉。陈庆敏等提出基于水平地应力的刚性梁结构，认为当锚杆预应力达一定程度时，可使锚杆长度范围内的顶板离层消除。张农等也对锚杆预应力的作用进行了研究。自 1999 年我国煤矿推广应用小孔径预应力树脂锚固锚索以来，取得了良好的支护效果，不仅因为锚索锚固深度大，更主要是因为锚索可以施加较大的预应力，抑制了围岩的离层、滑动等有害变形。

近年来，我国煤矿也逐渐认识到了锚杆预应力的重要性，不仅在理论上进行了一定的研究，得出预应力大小对支护效果的影响程度(康红普，2007)，而且部分矿区如晋城、潞安、新汶、淮南等，采用高预应力锚杆支护技术，有效地控制了围岩变形，取得了良好的支护效果。但是，我国煤矿很多矿区对锚杆预应力的认识还不够，往往通过增加锚杆密度提高支护效果，导致锚杆支护密度过大，支护系统的作用不能充分发挥，而且影响巷道施工速度。此外，国内现有锚杆螺纹加工精度低、施工机具扭矩小，不能实现高预应力也是一个重要原因。由此导致了锚杆预应力普遍偏低，一般预紧力矩为100～150N·m，预紧力为15～20kN，有的甚至为 0，严重影响了锚杆支护效果。因此，有必要从理论上进一步深入研究高预应力支护体系的作用机理，为支护设计提供可靠依据。同时应开发研制高预应力施工机具与高加工精度的锚杆材料，使锚杆支护真正实现主动、及时支护，实现从低刚度、高强度到高刚度、高预应力支护的跨越。

锚杆预应力是由在锚杆安装过程中的预紧力矩实现的。在锚杆安装过程中，对锚杆螺母施加的力矩转换为对锚杆杆体施加的轴向拉力，即锚杆预紧力。锚杆预应力等于锚杆预紧力与杆体横截面积的比值。将锚杆预应力 σ_0 与杆体屈服强度 σ_s 的比值称为锚杆主动支护系数 k_a，即 $k_a = \sigma_0 / \sigma_s$，根据主动支护系数 k_a 对预应力锚杆支护系统进行初步划分，其结果见表 3-31。可见，锚杆的支护主动性是由锚杆的预紧力实现的。

表 3-31　锚杆主动支护与预应力分类(康红普，2007)

项目	主动支护系数 k_a				
	0～0.15	0.15～0.30	0.30～0.50	0.50～0.75	>0.75
支护主动性	被动支护	低主动支护	中主动支护	高主动支护	极高主动支护
预应力状态	极低预应力	低预应力	中等预应力	高预应力	超高预应力

根据国外的经验以及国内部分矿区的试验数据可知，在我国一般可选择锚杆预紧力为杆体屈服荷载的30%～50%。表 3-32 为不同锚杆预紧力的取值范围。

锚杆尾部螺母承受的预紧力矩与锚杆预紧力的关系为

$$P_0 = \frac{M}{KD} \tag{3-44}$$

式中，P_0 为锚杆预紧力，kN；M 为施加的扭矩，N·m；D 为锚杆直径，m；K 为与锚杆螺纹的形式、接触面、材料、导程、杆径等有关的系数。几种常用锚杆的 K 值见表 3-33。

表 3-32　不同材质与规格锚杆的预紧力(康红普，2008)

牌号	屈服强度/MPa	预紧力/kN				
		Φ16mm	Φ18mm	Φ20mm	Φ22mm	Φ25mm
Q235	240	14.5～24.1	18.3～30.5	22.6～37.7	27.4～45.6	35.3～58.9
HRB335	335	20.2～40.2	25.6～42.6	31.6～52.6	38.2～63.7	49.3～82.2
HRB400	400	24.1～40.2	30.5～50.9	37.7～62.8	45.6～76.0	58.9～98.2
HRB500	500	30.2～50.3	38.2～63.6	47.1～78.5	57.0～95.0	73.6-122.7
HRB600	600	36.2～60.3	45.8～76.3	56.5～94.2	68.4～14.0	88.4～147.3

表 3-33　几种常用锚杆的 K 值

锚杆类型	锚杆直径/mm			
	16	18	20	22
高强度螺纹钢锚杆(杆尾滚丝)	0.35	0.36	0.38	0.39
圆钢锚杆(杆尾滚丝)	0.37	0.39	0.40	0.41

锚杆预紧力与预紧力矩呈线性关系。通过理论计算和现场试验分别得出的扭矩与预紧力的对应关系,发现两者之间存在一定的差距,这主要是由螺纹的加工精度所引起的,见表 3-34。通过分析研究,初步得出提高预拉力的措施有如下几种。

表 3-34　预紧力矩与预紧力的对应关系

锚杆直径/mm	预紧力矩/(N·m)	实测预紧力/kN		理论预紧力/kN
		高强度螺纹钢锚杆	圆钢锚杆	
16	50	8.9	8.4	16.4
	100	17.9	16.9	32.9
	200	35.7	33.8	65.8
18	50	7.7	7.1	14.6
	100	15.4	14.2	29.2
	200	30.9	28.5	58.4
	300	46.3	42.7	87.7
20	50	6.6	6.3	13.2
	100	13.2	12.5	26.3
	200	26.3	25.0	52.6
	300	39.5	37.5	78.9
22	50	5.8	5.5	11.9
	100	11.7	11.1	23.8
	200	23.3	22.2	47.6
	300	35.0	33.3	71.4

(1)提高安装机具的预紧力矩 M。

根据锚杆杆体材料和锚固剂的力学性能、锚固剂与钻孔的黏结特性,在允许的情况下,可采用大扭矩扳手、大扭矩锚杆钻机或高扭矩的冲击式风扳机进行锚杆预紧。

(2)采取减摩措施。

施加预拉力到一定值后,螺母与托盘之间的摩擦阻力已经非常大,使锚杆钻机的扭矩大部分消耗在摩擦力上,无法使扭矩转化为杆体上的预拉力,要满足设计的预拉力的要求,必须在螺母与托盘之间加上润滑装置,减少摩擦阻力。经试验,在尾部螺纹段涂抹润滑油脂或者在螺母与托盘之间加上一个金属垫圈和一个尼龙垫圈,可以极大地减少摩擦阻力,达到润滑的目的。

(3)合理选择锚杆直径。

锚杆预紧力与锚杆直径成反比,因此为了提高预紧力,在满足支护强度的前提下,优先使用小直径锚杆。

通过上述分析可以看出，增加锚杆预紧力可以提高巷道围岩稳定性，但受目前锚杆螺纹加工精度低、施工机具和可回收锚杆承载力低等条件限制。根据平煤股份六矿的现状，施工中只能暂时要求：顶板和两帮锚杆的预紧力矩不低于 200N·m，预紧力 50kN；锚索的张拉力不低于 100kN。但是，在今后的施工中，要尽量创造条件，提高锚杆（索）预紧力。

5. 底臌控制技术

在巷道实际施工中，由于受钻孔机具等的影响，底板孔眼的钻凿工作比较困难，现场大多数巷道的底板（包括软岩巷道底板）都未进行支护或加固处理。在巷道周边集中应力及水分和空气侵蚀等的共同作用下，巷道底板成为整个巷道支护系统的薄弱环节，往往成为围岩变形破坏的突破点。当底臌发生后，往往采用卧底的方法清除原有的膨胀岩屑，但在地应力与软岩的流变作用下，这种底臌将持续地进行下去，卧底后下面的岩层又很快地相继激胀出来，使卧底工作不得不一次又一次地重复进行，巷道的累计底臌量甚至超过巷道原来的设计高度。所以，采用被动卧底的方法根本无法从本质上解决软岩巷道的底臌问题。实地考察发现平煤股份六矿-440m 石门运输大巷各特征段底臌严重，返修后过一年又发生底臌，使巷道底板形成宏观滑移面，从而造成帮、顶下沉，发生局部顶板离层现象。以下针对平煤股份六矿-440m 石门运输大巷底臌情况及不同的底臌情况提出几种控制底臌方案，供矿方根据现场实际进行选择。

1）底板（底角）注浆锚杆控底技术

（1）底角锚杆控底力学机理。

底角锚杆是指从巷道底板基角部位成某一角打入具有一定抗弯刚度的杆体来控制底板变形的支护结构。巷道开挖后，围岩承受着四周的压力。上部围岩支护刚度增加的同时，也要对巷道底部围岩进行处理，协调整个巷道四周的围岩变形，达到耦合支护的目的。底臌是由于岩层开挖后，原岩应力状态发生变化导致应力重新分布，造成巷道顶底板和两帮岩体向巷道临空面移动的工程现象。底臌是巷道矿压显现的重要特征之一。大量的井下观测表明，深部巷道的底臌通常具有流变性，底板岩体随时间持续地向巷道内鼓出。将底板围岩简化为弹塑性介质模型，得出的挤压流动性底臌的滑移线场如图 3-92 所示。

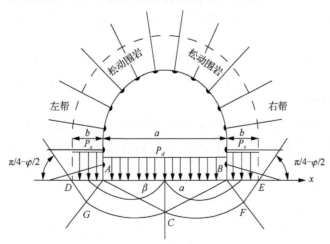

图 3-92　底角锚杆控底力学模型

根据滑移线的速度场性质可得出：$\triangle BEF$、$\triangle ADG$ 沿 $(\pi/4-\varphi/2)$ 的方向整体移动，移动方向垂直 AG、BF。扇形区 AGC、BFC 分别绕 A、B 两点在径向法线方向上做整体移动。如果在 AG、BF 方向布置锚杆，围岩的移动方向则垂直于锚杆轴向。围岩移动必须克服锚杆的绕流阻力。如果绕流阻力足以平衡 P_s-P，则底板处于极限平衡状态，不会发生底臌。即使在 A、B 两点布置的锚杆失效，锚杆绕 A、B 点转动，围岩向巷道空间的移动量也远小于底板中部的移动量。所以，在 AG、BF 方向布置底角锚杆，可以有效控制挤压流动性底臌。

(2) 底板锚杆作用机理。

底板锚杆对底臌的控制作用有以下两种情况：一是当底板一定范围内存在稳定岩层时，锚杆将软弱岩层与其下部稳定岩层连接起来，抑制由软弱岩层扩容、膨胀引起的裂隙张开及新裂隙的产生；二是当底板一定范围内无稳定岩层时，锚杆把几个岩层连接在一起成为一个组合梁，起承受弯矩的作用，同时减少巷道的破碎程度。底板锚杆控制底臌的成败主要取决于岩层的性质，当底板为中硬层状岩层时，在平行于层理方向的压应力作用下产生挠曲褶皱，通过安装底板锚杆来防治底臌可取得良好的效果。当底板主要由于岩层松软碎裂而产生挤压流动底臌时，底板锚杆只能在安装初期降低底臌速度，不能有效地防治底臌。

(3) 底板(底角)注浆锚杆作用机理。

底板注浆通过提高底板岩层强度来实现控制底臌的目的，一般适用于加固比较破碎的底板岩层。这种方法控制底臌的效果与底板岩层性质、破碎程度、注浆材料、注浆压力、注浆深度及注浆时间等因素有关。底板注浆宜在底臌已发展到最终深度的底板岩层时进行。此时，巷道通常已进行过卧底，底臌的发展主要来自两帮水平移近而产生的挤压作用(水平挤压力)，注浆加固后的底板岩层不再受因深部岩层鼓起而引起的拉应力，因而底臌控制效果较好。底板注浆锚杆作用主要表现在以下几个方面。

① 利用注浆锚杆注浆充填围岩裂隙，将松散破碎的围岩胶结成整体，从而提高了岩体自身强度，有效地改善岩体的物理力学性质。

② 通过注浆，锚杆和围岩紧密地结合在一起，可以实现底脚锚杆的全长锚固，从而提高了锚杆的锚固力和可靠性，保证了支护结构的稳定，且注浆锚杆的本身为全长锚固锚杆，它们共同将多层组合拱连成一个整体，共同承载，提高了支护结构的整体性。

③ 减弱巷道底角应力集中程度，在底角形成自承能力较高的承载拱，以控制底角围岩塑性区的发展。

④ 通过注浆提高巷道底角围岩的自承能力，减小两帮的塑性变形和下沉。

⑤ 通过增打底角锚杆，可以有效地切断来自巷道两侧的塑性滑移线，削弱来自巷道两侧的挤压应力，有效控制底臌变形。

根据上述分析，通过"三锚"耦合支护控制顶板，可以大大减小传递到底板的压力，明显改善底板的受力状态和边界条件。若此时传递到底板的压力仍大于底板的极限承载能力，就需要进一步采取底板(底角)锚杆控制。为了便于分析对比，首先选择本设计方案中的注浆锚杆断面进行研究分析。

(4) 底板(底角)注浆锚杆控底方案设计。

底板(底角)注浆锚杆控底方案如下：首先清除底板隆起的岩体并清底 300mm，然后在底板安装 2 根规格为 $\Phi25mm\times3000mm$ 注浆锚杆，垂直于底板安装，施工布局为眼深 3.0m，间距 1500mm，均匀布置，排距 1600mm。底板靠帮的两根组合锚杆规格为 $\Phi32mm\times7000mm$，向两边外扎 30° 安装。两帮底角锚杆与水平夹角为 45°，注浆锚杆预紧力 80kN，锚固力不低于 180kN。该方案支护布局如图 3-93 所示。

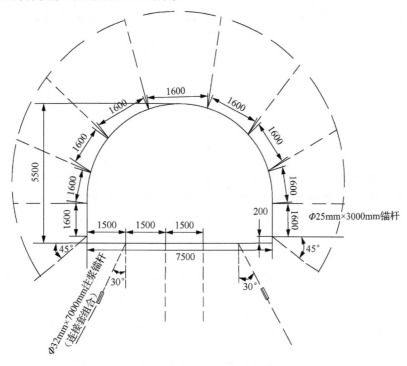

图 3-93 底板(底角)注浆锚杆断面布置图(单位: mm)

(5)底板(底角)锚杆支护强度计算。

单根底板锚杆的支护强度按式(3-45)计算:

$$P = \frac{F}{S} \tag{3-45}$$

式中，P 为单根底板锚杆的支护强度，MPa；F 为锚杆的最大工作阻力，kN；S 为每根锚杆的控底面积，m^2。

锚杆的预紧力为 80kN，当巷道围岩体发生挤压变形时，锚杆托盘相对于锚固端有相对移动趋势，即锚杆有被拉伸的趋势，锚杆工作阻力会随之增大。在这里，取底板锚杆的最大工作阻力为 $F=150kN$，由于锚杆的间距为 1500mm，排距为 1600mm，即每根锚杆的控底面积为 1.6m×1.5m=2.4m²，则有

$$P = \frac{F}{S} = \frac{150 \times 10^3}{2.4} = 0.063(\text{MPa})$$

因此，底板单根锚杆的支护强度为 0.063MPa，不考虑注浆因素，则底板锚杆的支护强度为: 6×0.063=0.38(MPa)。该支护强度是一般棚架支护体很难达到的。

鉴于以上分析，本次平煤股份六矿-440m 石门运输大巷扩修方案中在锚注断面采用了底板(底角)注浆锚杆控底方案，并在其他支护断面综合考虑了控底问题。"三锚"耦合支护方案设计中建立了底角锚杆、底角锚索、底板(底角)注浆锚杆和注浆锚索多级耦合控底方案，即底角 45° 螺纹钢锚杆断面、底角 45° 注浆锚杆和底板组合加长注浆锚杆、底角 30° 钢绞线锚索和底角 30° 注浆锚索。最终形成了四级组合控制底臌方案。

2）底板爆破法控底技术

底板爆破应严格控制打眼角度与装药量，以松动围岩但矸石并不抛起为原则，禁止放大炮。爆破钻孔扇形布置，爆破深度为 2500mm，松动爆破范围如图 3-94 所示。

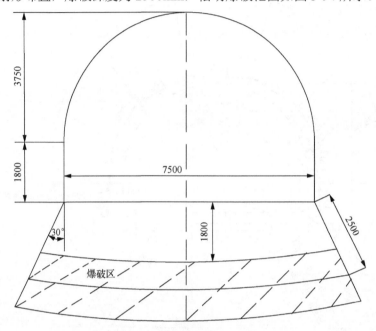

图 3-94　底板全断面卸压爆破法（单位：mm）

3）底反拱注浆锚杆（索）控底技术

底反拱控底技术在深部高应力软岩巷道中应用极为广泛，支护材料和支护结构千差万别，最为常见的是钢筋混凝土底反拱控底技术和注浆锚杆（索）底反拱联合控底技术。由于钢筋混凝土底反拱控底技术施工复杂，开挖底拱槽和浇灌混凝土工程量大而周期长，常常影响正常生产而不被生产一线所接受，本节着重介绍注浆锚杆（索）底反拱联合控底技术。

注浆锚杆（索）底反拱联合控底技术是将锚杆（索）支护的两个核心理论，即悬吊理论和组合拱理论相结合，形成反向悬吊组合拱并应用到巷道底臌治理中。

悬吊理论认为：锚杆支护的作用是将巷道顶板较软弱岩层悬吊在上部稳定岩层上，增强软弱岩层的稳定性。巷道浅部围岩松软破碎，顶板出现松动破裂区，锚杆的悬吊作用是将这部分易冒落岩体锚固在深部未松动的岩层上。

组合拱理论认为：在拱形巷道围岩的破裂区中安装预应力锚杆，从杆体两端起形成圆锥形分布的压应力区，如果锚杆间距足够小，各个锚杆形成的压应力圆锥体相互交错，在岩体中形成一个均匀的压缩带，即压缩拱。压缩拱内岩石径向、切向均受压，处于三向应力状态，围岩强度得到提高，支承能力相应增大。

针对平煤股份六矿-440m 石门运输大巷围岩松软破碎造成底臌机理的复杂性，在支护控制中采取维持和提高围岩残余强度的原则，提高底板围岩的整体性和整体承载能力是控制底臌的有效途径。因此，将两种锚杆支护理论相结合，对于破坏严重和松散破碎岩层巷道底板，通过注浆方式加强浅部底板的强度，同时采用注浆锚杆在巷道浅部注浆形成向下的拱形承载结构。对于底板破坏深度较深的地段或久治无效的地段，在采用注浆锚杆的基础上，利用一定长度的锚索将锚杆支护形成的组合拱结构反向(向下)悬吊在深部稳定或未松动的岩层上，形成抵抗岩层向上鼓起的反悬拱承载结构，控制底板向上变形，以实现对巷道底臌的治理。

(1)注浆锚杆底反拱控底技术。

锚注加固底板，形成反拱结构。最好采用自钻式注浆锚杆加固底板。反拱半径为6500mm，反拱最大深度为1000mm。底反拱注浆锚杆加固参数如下：选择规格为$\Phi25mm\times3000mm$注浆锚杆或自钻式注浆锚杆，每排7套，间距1300mm(弦长)，排距800mm，如图3-95所示。

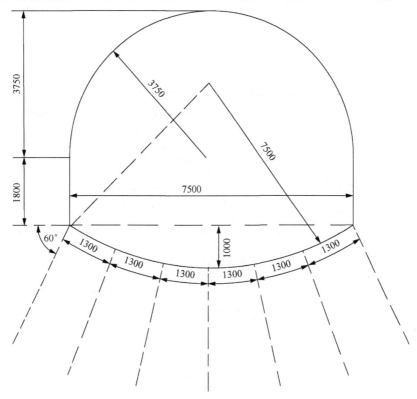

图 3-95　注浆锚杆底反拱控底示意图(单位：mm)

(2)注浆锚杆(索)底反拱联合控底技术。

注浆锚杆(索)联合加固底板，形成反拱结构。最好采用注浆锚杆和加长组合注浆锚杆或注浆锚索加固底板。反拱半径为7500mm，反拱最大深度为1000mm。底板锚杆、锚索参数如下：选择规格为$\Phi25mm\times3000mm$注浆锚杆4套和7m长的注浆锚索或加长组合注浆锚杆3套组成联合注浆底反拱。加长组合注浆锚杆，由2根规格为$\Phi32mm\times3500mm$注浆锚杆中间加连接套构成，锚杆、锚索间距为1300mm(弦长)，排距为800mm。具体布置如图3-96所示。

4)切缝卸压控底技术

切缝卸压控底技术包括底板切缝和侧帮切缝两种形式。

(1)切缝卸压的机理。

切缝卸压法的最大优势在于切缝将最大应力向围岩深部转移，这种应力转移充分利用了深部围岩的承载能力，不仅有效控制了巷道浅部围岩的变形，而且使得围岩的承载范围增加。

切缝方向、切线深度、宽度、形状及切缝与开巷的间隔时间等是决定切缝卸压能力的关键性因素。底板切缝及侧帮切缝是切缝卸压法防治软岩巷道底臌最常见的两种方式。

(2)底板切缝。

底板切缝有两种表现形式，如图 3-97 所示，主要表现在切缝的位置不同。一种是在底板中部切，另一种是在巷道基角切。

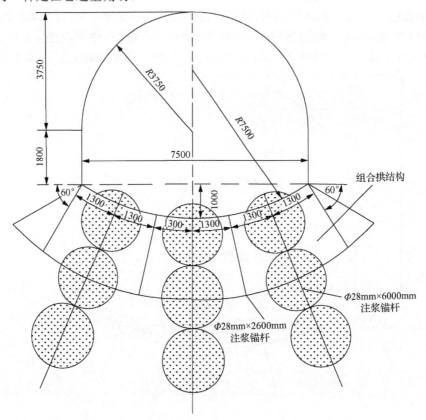

图 3-96　注浆锚杆(索)底反拱联合控底示意图(单位：mm)

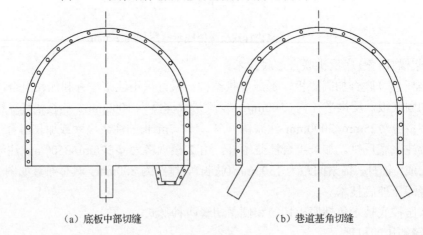

（a）底板中部切缝　　　　　　　　（b）巷道基角切缝

图 3-97　底板切缝形式

底板切缝能够使软岩巷道边上的水平应力向岩层内部移动，并能使底板岩层水平应力解除，底板中可能发生弯曲的范围也向底板深部移动。

底板切缝主要有如下 5 个特点。

① 底板切缝对两帮位移的控制不是非常有效。这是因为底板切缝后，底板向切缝空间移动，使两帮移近量增加。当缝又长又宽时，这种现象更加严重。

② 切缝深度是影响卸压效果最重要的因素之一。切缝深度小于巷道底板宽度的 1/2，切缝治理底臌的效果不好；反之，效果就比较明显。

③ 切缝要有一定的宽度，这是因为随着两帮围岩的慢慢移近，切缝会逐渐闭拢，之后底板就会重新鼓起。为防止此类现象，控制软岩底板切缝的最大宽度为 500～600mm 最好。

④ 切缝应充填适量的材料。这是为了减小软岩巷道的围岩变形，并阻止底板水渗到深部岩层中。切缝中充填过适量材料后，宽度可酌情减小。

⑤ 切缝与开巷的时间安排最好是同时进行，就是把切缝作为开巷道的一部分，这样卸压作用会表现得更明显、有效。

(3)侧帮切缝。

侧帮切缝的原理是通过弱化侧帮，使巷道两帮垂直应力峰值向其深部围岩转移，从而降低底板应力。但在侧帮切缝时，必须注意切缝闭合程度的设置。这是为了防止引发顶板下沉，否则顶板下沉量的增加将会抵消切缝得到的效果。

(4)切缝的使用条件。

底板切缝最重要的应用限制条件是底板岩层的强度。当岩层强度比较高时，切缝费用会比较大，因此底板切缝一般应用于含有软弱岩层的情况下，这种条件下切缝的费用相对较低。故它经常适用于永久性软岩巷道的底臌治理。在深度大、围岩差的其他软岩巷道中，也经常考虑此种方法。

5)钻孔卸压法控底技术

在巷道围岩周边打孔也可起到卸压的作用。钻孔以后，应力在钻孔周围重新分布，进而产生松动区、塑性区。当钻孔间距较小时，孔间的岩层就容易在其两侧围岩挤压下破坏，形成一个充填切缝式的卸压带。

钻孔之后，软岩巷道附近的高应力将向围岩深部转移。在开孔区域内形成了一个卸压区，在开孔区域外形成了一个高压区，这样将使更大范围内的岩层承载。

钻孔卸压法治理动压巷道底臌的影响因素主要为钻孔的布置方式及其参数(钻孔位置、方向、长度、间距、直径等)。常常随着孔深、孔径的减小及孔间距的变大，卸压效果变得不明显。钻孔根据布置位置的不同分为底板钻孔和侧帮钻孔。

(1)底板钻孔。

底板钻孔可在软岩巷道底板中部，也可在巷道基角处倾斜向两帮下方。底板钻孔最重要的是选择钻孔间距。当钻孔布置在底板中部时，钻孔间距不宜大于钻孔直径的 75%，而钻孔长度应大于巷道宽度的 50%。这样小的钻孔间距就使得底板钻孔在技术上有较高要求。

(2)侧帮钻孔。

侧帮钻孔的位置可以选择在软岩巷道两帮，也可仅在一帮钻孔。钻孔参数公式为

$$L_h = (0.5 \sim 0.75) L_0 \tag{3-46}$$

式中，L_h 为打孔长度，m；L_0 为巷道净宽度，m。

$$D_h = 0.2 L_h \tag{3-47}$$

式中，D_h 为打孔间距，m。

实践表明，钻孔的卸压效果除与钻孔的布置方式及参数相关外，还在很大程度上与钻孔时离迎头掘进头的距离有关系。当然，掘进后立即钻孔的卸压效果会好得多。

侧帮钻孔卸压法运用于煤层巷道和侧帮岩层软弱巷道，这是因为在软弱岩性下钻孔比较容易实施。但如今缺少打深度孔径比较大，而间距相对比较小的钻孔的高效率钻眼设备，因此这种方法还具有局限性。

以上介绍了几种常用的防治巷道底臌的技术，采用上述某种方法在一定条件下能很好地治理底臌。但是在特殊条件下，如果单独使用一种方法治理底臌很难取得满意的效果，必须采用联合支护法，也就是将上述几种底臌治理措施结合起来共同使用。联合支护法通常是采用两种方法，如底板爆破卸压与注浆、切缝与打底角锚杆、封闭式支架与爆破等。

如果单独采用各种措施不能有效地防治软岩巷道底臌，可选择联合支护法，它具有比单一措施更强的控制底臌的能力及更广的适用范围。

3.3.9　特殊地段支护方案及参数设计

考虑到平煤股份六矿-440m 石门运输大巷围岩赋存条件变化复杂，差异较大，所以在遇到顶板完整性较差的裂隙顶板、破碎顶板、构造带等特殊条件时除采用"三锚"耦合支护技术方案外，还应进一步采取加强措施，以保证巷道的长期稳定性。初步考虑对围岩特别破碎地段需要结合超前预注浆技术。

破碎顶板是指顶板岩层胶结程度低，开挖后自稳能力差，空顶自稳时间很短或随掘随冒，采用随机单根超前斜锚杆护顶；对于顶板自稳时间极短，不能满足顶板锚杆施工的严重破碎段，宜采用超前预注浆的方式固顶。

在迎头巷道拱部轮廓线上，按间距 1800mm 布置 4 个钻孔，钻孔直径为Φ42mm，孔深 2600mm，采用Φ25×2600mm 中空注浆锚杆超前注浆坚固。采用空心速凝水泥卷封孔，封孔深度为1.5m；角度前倾呈 40°，钻孔布置见图 3-98。注浆液选用早强、高强超细水泥浆。

初步设计巷道周边加固范围为 2000～2500mm，轴向护顶深度根据实际注浆效果和循环步距确定。当采用单循环作业时，超前护顶注浆为循环进度的 1.2～1.5 倍；当预注浆效果好时，可采用双循环作业方式，超前护顶注浆为循环进度的 2.2～3.0 倍。

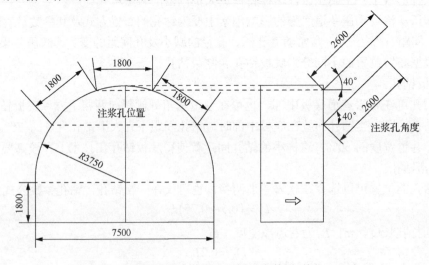

图 3-98　超前顶板预注浆钻孔布置及参数图(单位：mm)

根据巷道扩刷后迎头顶板的岩体破碎程度和空顶自稳时间确定是否需要采取超前顶板预注浆。并在试注浆过程中分析评估注浆效果，为施工工序设计和注浆步距的确定提供依据。

对于围岩破碎区，通常巷道扩刷循环深度架棚时不超过两棚，即 1200～1400mm，锚杆支护时只能选择单排循环，巷道扩刷循环深度不得超过一排锚杆间距，即 800mm。帮顶部锚喷支护参数同普通支护段，为方便及时安设支架，可以在初期施工时适当减少锚杆数量，在支架安装完成后补齐。

3.4　新型聚丙烯纤维混凝土喷层试验研究

对于高应力软岩巷道来说，由于地压显现十分明显，围岩变形量大，巷道破坏严重，在膨胀性软岩工程中，因普通的锚喷支护喷层多为普通硅酸盐混凝土或水泥砂浆，凝结硬化后为脆性材料，柔性很差，能承受压力，但抗拉和抗剪强度极低。当围岩变形量为 40～50mm，或巷道围岩位移量达到巷道最大径向尺寸的 2%～3%时，喷层就产生开裂，丧失了与锚杆共同工作的能力，使围岩暴露，从而加剧了围岩的变形和破坏。为此，目前许多从事巷道锚喷支护的人员都致力于柔性喷层的试验研究。

20 世纪 70 年代以来，出现了纤维增强水泥基复合材料，钢纤维、玻璃纤维、合成纤维等纤维材料广泛应用于混凝土中，改善了混凝土的性能。聚丙烯纤维具有掺加工艺简单、价格低廉、性能优异等特点，近年来广泛应用于地铁、隧道等地下工程混凝土中。而将聚丙烯纤维混凝土应用于煤矿巷道支护中极为少见，本书针对平煤股份六矿-440m 石门运输大巷围岩破碎情况，拟将聚丙烯纤维混凝土应用到喷层支护中，以提高巷道支护的护表能力。

本书通过在实验室进行聚丙烯纤维混凝土性能室内试验，探讨喷射聚丙烯纤维混凝土与喷射普通混凝土(又称素混凝土)各性能之间的差异。获得最佳的配比组合，并将实验室试验结果首次应用于煤矿井下巷道支护中，通过工程实践与现场监测，验证了聚丙烯纤维混凝土良好的力学性能。

3.4.1　喷射混凝土的原材料

1) 水泥

水泥品种和标号的选择主要应满足工程使用要求，当加入速凝剂时，还应考虑水泥与速凝剂的相容性。

喷射混凝土应优先选用标号不低于 P.O42.5 的硅酸盐水泥或普通硅酸盐水泥，因为这两种水泥的 C_3S(硅酸三钙 $3CaO \cdot SiO_2$) 和 C_3A(铝酸三钙 $3CaO \cdot Al_2O_3$) 含量较高，同速凝剂的相容性好，能速凝、快硬，后期强度也较高。

试验选用平顶山姚电水泥有限公司生产的"可利尔"牌 P.O42.5 级普通硅酸盐水泥。

2) 骨料

(1) 砂子。

喷射混凝土用砂宜中粗砂，细度模数应大于 2.5。砂子过细，会使混凝土的干缩增大；砂子过粗，则会增加回弹。砂子中粒径小于 0.075mm 的颗粒不应超过 20%，否则由于骨料周围粘有灰尘，会妨碍骨料与水泥的良好黏结。砂的细度模数为 2.8。试验用砂的级配见表 3-35。

表 3-35　砂级配试验结果

筛孔径/mm	4.75	2.36	1.18	0.6	0.3	0.15	<0.15
分计筛选百分率 a_i/%	17.3	19.8	14.3	14.1	17.5	12.2	4.8
累计筛选百分率 A_i/%	17.3	37.1	51.4	65.5	83	95.2	100

(2) 石子。

卵石或碎石均可，但以卵石为好。卵石对设备和管路磨蚀小，也不像碎石那样因针片状含量多而引起管路堵塞。为了减少回弹，骨料的粒径不宜大于 15mm，骨料级配对喷射混凝土拌和料的可泵性、通过管道的流动性、在喷嘴处的水化、对受喷面的黏附以及最终产品的表观密度和经济性都有重要作用。为取得最大的表观密度，应避免使用间断级配的骨料。经过筛选后应将所有超过尺寸的大块除掉，因为这些大块常常会引起管路堵塞。当喷射混凝土需掺入速凝剂时，不得将含有活性二氧化硅的石材作粗骨料，以免发生碱骨料反应而使喷射混凝土开裂破坏。石子的含泥量不得大于 10%。

(3) 水。

喷射混凝土用水要求与普通混凝土相同，不得使用污水、pH 小于 4 的酸性水、含硫酸盐(按 SO_4^{2-} 计)超过水重 1% 的水及海水。

(4) 速凝剂。

使用速凝剂的主要目的是使喷射混凝土速凝，提高早期强度；减少回弹损失；防止喷射混凝土因重力作用所引起的脱落；提高它在潮湿或含水岩层中使用的适应能力；可适当加大混凝土一次喷射厚度和缩短喷射层的间隔时间。喷射混凝土同普通混凝土用的速凝剂在成分上有很大不同。普通混凝土常用的氯化钙不能满足喷射混凝土要求的速凝效果，喷射混凝土用的速凝剂一般含有下列可溶盐：碳酸盐、铝酸钠和氢氧化钠。速凝剂一般为粉状。某种速凝剂对某一品种水泥来说可以采纳时，应符合下列条件：

① 初凝在 3min 以内；

② 终凝在 12min 以内；

③ 8h 后的强度不小于 0.3MPa；

④ 极限强度(28 天强度)不应低于不加速凝剂试件强度的 70%。

根据目前国内材料供应和现场使用情况，通过试验确定速凝剂型号为红星一型，其掺量为水泥重量的 2%~4%(喷拱部时可为 3%~4%，喷边墙时可为 2%~3%)。

(5) 纤维。

为了使喷射混凝土中的聚丙烯纤维易于分散均匀，避免纤维结团，纤维采用武汉市中鼎经济发展有限责任公司开发生产的改性聚丙烯单丝纤维，纤维长度为 12mm。其物理及力学性能见表 3-36。

表 3-36　束状单丝聚丙烯纤维物理及力学性能

指标	指标值	指标	指标值
纤维直径/μm	18~65	密度/(g/cm³)	0.91
断裂强度/MPa	≥450	熔点/℃	160±5
初始模量/MPa	≥3.5×10³ 或≥5.0×10³	安全性	无毒
断裂延伸率/%	≤30 或≤50	吸水率/%	≤2
抗酸碱性(极限拉力保持率)/%	≥95	规格/mm	3、5、6、9、12、15、19、25

3.4.2　配合比

配合比是指 $1m^3$ 喷射混凝土中水泥、砂子、石子和水的重量比例。配合比的选择应满足混凝土强度和其他物理力学性能的要求，同时还应满足施工工艺(减少回弹，不发生离析、分层，和易性好)的要求，而且水泥用量最小。与普通现浇混凝土相比，喷射混凝土的石子用量要少得多，粒径也较小，砂子的用量要增加，一般含砂率为 50% 左右。水的含量是影响喷射混凝土强度和其他物理力学性能的重要因素。若水灰比过小，不仅料束分散，回弹量增多，粉尘大，而且喷层上会出现干斑、砂窝等现象，这影响了喷射混凝土的密实度。当水灰比过大时，喷层混凝土流坠、滑移，甚至大片坍落，严重影响喷层的力学性能。

为了确定聚丙烯纤维混凝土合适的配合比，通过初步配合比设计得到混凝土实验室配合比为水泥：砂子：石子：水 $=1：1.5：1.5：0.45$，保持上述原材料配合比不变，只改变聚丙烯纤维的掺量(掺量分别为：$0.6kg/m^3$、$0.9kg/m^3$、$1.2kg/m^3$、$1.5kg/m^3$)。通过试验研究聚丙烯纤维的掺量不同对混凝土性能的影响。

3.4.3　试验仪器及设备

图 3-99 为 RMT-150C 微机控制电液伺服岩石力学试验机，这种试验机具有操作简便、控制精度高、测量准确、可以长时间工作等特点，还具有可靠性强、保护功能全等优点。其主要用于岩石单轴压缩和剪切试验及钢筋构件的拉伸试验；在试验中可以检测出岩石的抗压强度、剪切强度，以及钢筋的拉拔力等。

图 3-99　RMT-150C 岩石力学试验机

3.4.4　试验过程

1. 试件制作

喷射混凝土不依赖振动来捣实混凝土，而是在高速喷射时，由水泥与骨料的反复连续撞击而使混凝土压密。所以喷射混凝土与模筑混凝土的力学性能有所不同，为了使室内试验能说明现场喷射混凝土的实际情况，试件采用现场喷射入模再取样。

试件制作过程如下：预先制作好木模，喷入混凝土，养护至规定条件，再钻芯取样。

首先分别制作两种混凝土试块木模（尺寸为 200mm×200mm×400mm），拆模后所得试块如图 3-100 所示。

(a)普通混凝土　　　　　　　　　　　　　　　(b)纤维混凝土

图 3-100　普通混凝土和纤维混凝土试块

试验所用的试件用钻芯取样法获得。抗压试件尺寸为 $\varPhi$50mm×100mm，抗拉试件尺寸为 $\varPhi$50mm×25mm，抗剪试件尺寸为 $\varPhi$50mm×50mm，各种试件如图 3-101 所示。

图 3-101　加工后的各种标准试件

2. 试验内容

试验过程如图 3-102～图 3-105 所示。

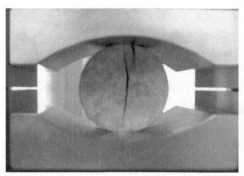

图 3-102　劈裂拉伸试验示意、装备图

图 3-103　劈裂试件破坏情况

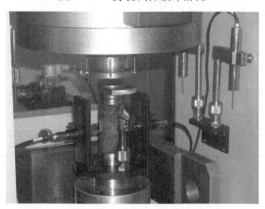

图 3-104　单轴抗压试验装备图

图 3-105　单轴抗压试件破坏情况

3.4.5　试验结果分析

1) 拌和物性能

普通混凝土浆液加入聚丙烯纤维后，混凝土的凝结时间明显缩短，当纤维掺量为 0.6～1.5kg/m³ 时，纤维混凝土的初凝时间提前了 1h，终凝时间提前了 2h，说明参入聚丙烯纤维的普通混凝土具有早凝、早强特性，有利于巷道的早期加固；且随着纤维掺量的增加，混凝土的坍落度逐渐减小，平均坍落度下降了 0.6cm 左右，说明加入聚丙烯纤维后，混凝土的和易性显著提高，易于喷射施工操作。试验结果如表 3-37 所示。

表 3-37　聚丙烯纤维混凝土拌和物性能

试件编号	纤维掺量/(kg/m³)	凝结时间/(h：min)		坍落度/cm
		初凝	终凝	5min
1	0	6：21	9：08	7.8
2	0.6	5：34	6：50	7.2
3	0.9	5：26	6：40	7.0
4	1.2	5：25	6：36	6.7
5	1.5	5：20	6：52	6.1

2) 力学性能试验

不同聚丙烯纤维掺量对混凝土力学性能的影响试验结果见表 3-38。

表 3-38　聚丙烯纤维混凝土力学性能试验结果

试件编号	纤维掺量/(kg/m³)	抗压强度/MPa		抗拉强度/MPa		抗剪强度/MPa
		7 天	28 天	7 天	28 天	28 天
1	0	29.2	36.4	2.67	4.13	4.58
2	0.6	24.3	36.8	2.56	4.35	4.67
3	0.9	24.8	37.3	2.45	4.94	4.92
4	1.2	23.6	36.5	2.31	5.72	5.28
5	1.5	22.9	35.9	2.23	5.45	5.65

从表 3-38 中可以看出，试验结果表明，当掺和聚丙烯纤维的混凝土保持原配合比不变时，聚丙烯纤维混凝土的早期强度偏低，其 28 天抗压强度有所提高，但增幅不大，且纤维掺量超过 0.9kg/m³ 后，抗压强度呈下降趋势；早期抗剪强度与抗压强度表现出一致特征，呈下降趋势，但 28 天抗拉强度增长明显增大；28 天抗剪强度随着添加量的增加，一直呈增长趋势。通过以上分析，同普通混凝土喷层相比，纤维混凝土的后期强度，无论是单轴抗拉、抗剪强度都有显著的提高，但是对于抗压强度来说，当纤维掺入量超过 0.9kg/m³ 后，抗压强度呈下降趋势。因此工程应用时，为了不降低喷射混凝土的抗压强度，想要大幅度提高混凝土喷层的抗拉、抗剪强度，改善混凝土喷层的支护性能，必须保证聚丙烯纤维的添加量。综合考虑纤维混凝土的力学强度，纤维掺入量 0.9kg/m³ 是最佳配比。

将第 3 组纤维掺入量为 0.9kg/m³ 试验数据与第 1 组普通混凝土的试验数据(包括单轴抗压、抗拉、抗剪和三点弯曲试验结果)进行对比分析。

(1) 聚丙烯纤维混凝土抗压强度。

纤维混凝土与素混凝土应力-应变曲线如图 3-106 所示。

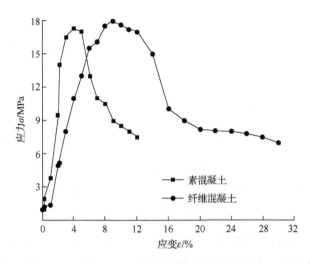

图 3-106 纤维混凝土与素混凝土应力-应变曲线

从图 3-106 可以看出，聚丙烯纤维混凝土的弹性模量略小于素混凝土，并且抗压强度提高幅度不大。这是由聚丙烯维纤维的特性所决定的。当聚丙烯纤维呈二维分布或三维随机分布时，一部分横向纤维的黏结作用使复合体的抗压强度有所提高，聚丙烯纤维的弹性模量较小，当复合体承受应力作用时，基本上由基体来承担；或者说纤维的掺入使复合体的有效承压面积减小，因此，其抗压强度提高不多。它还具有另外一个明显的优点，即基体开裂后由于纤维的黏结作用，复合体有明显的残余变形阶段，且韧性明显提高。也就是说，纤维混凝土喷层受压开裂时，仍具有一定的承载能力，且具有明显的柔性，允许围岩有较大的变形。

(2) 聚丙烯纤维混凝土抗拉强度。

试验结果表明，聚丙烯纤维混凝土比同样配比的素混凝土的抗拉强度提高 48.56%。掺入聚丙烯纤维后抗拉强度的提高是纤维与基体黏结作用的结果，当复合体中的混凝土材料达到极限抗拉强度后，纤维与水泥胶浆硬化体的界面黏结力阻止裂缝的进一步扩展，因聚丙烯纤维的抗拉强度很高，将拉应力传至未开裂的混凝土硬化体上，直至邻近硬化体的应力达到极限抗拉强度时又产生新的微裂缝，如此进行下去，产生"多缝断裂"，同时将过高的拉应力集中向远处转移，使结构内的拉应力逐渐趋于均匀分布，并最终主要由纤维承担，因此纤维混凝土的抗拉强度大大提高。

(3) 聚丙烯纤维混凝土抗剪强度。

用钻孔取样，试件尺寸为 $\Phi50\text{mm}\times50\text{mm}$，在试验机上进行直接剪切试验，采用 45°、53°、61°、69° 四个倾斜角度进行试验。素混凝土和聚丙烯纤维混凝土 $\sigma\text{-}\tau$ 曲线分别如图 3-107 和图 3-108 所示。

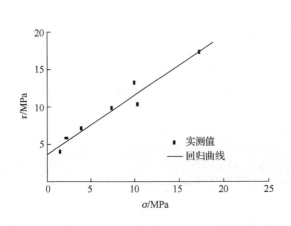 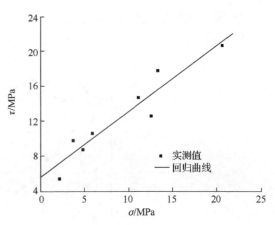

图 3-107　素混凝土 σ-τ 曲线　　　　　图 3-108　聚丙烯纤维混凝土 σ-τ 曲线

从图 3-107、图 3-108 中可以看出：素混凝土的 C=3.636MPa，$\tan\varphi$=0.799；聚丙烯纤维混凝土的 C= 5.526MPa，$\tan\varphi$=0.830，表明喷射聚丙烯纤维混凝土的抗剪强度比喷射素混凝土的抗剪强度提高了 51.98%。这是由于聚丙烯纤维具有良好的韧性，当其与混凝土机体结合后，使混凝土的特性发生了根本的变化，韧性增强，从根本上改变了混凝土的材料性质，由脆性材料变成了柔性材料。

(4) 聚丙烯纤维混凝土抗弯强度。

实际巷道锚喷支护工程中，喷射混凝土层会承受弯矩作用。对 4cm×4cm×16cm 长条形纤维混凝土试件进行三点弯曲试验的结果表明，聚丙烯纤维混凝土的抗弯强度要比同样配比素混凝土的抗弯强度提高 26%。图 3-109 为三点弯曲试验测定的荷载-挠度曲线。

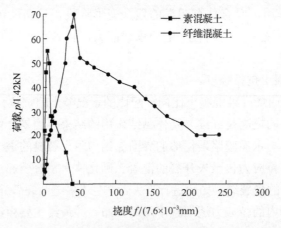

图 3-109　荷载-挠度曲线

从图 3-109 中可以看出：素混凝土在达到极限抗弯强度后，试件立即折断，呈脆性破坏；聚丙烯纤维混凝土在达到开裂挠度(约为素混凝土的 6 倍)后，承载力才开始下降，其韧性显著提高。这说明聚丙烯纤维的掺入使得混凝土的特性发生了根本的变化。

3)抗渗试验

混凝土在凝结硬化过程中，因自身收缩易产生裂纹；温度变化时也会开裂，这导致其强度和其他性能的降低。聚丙烯纤维加入混凝土中可提高混凝土材料的抗拉、抗压和抗剪强度，防止和阻止混凝土凝固过程中裂缝的形成和发展，能延长混凝土的使用寿命。

（1）早期开裂性能。

掺入聚丙烯纤维可改善混凝土早期干裂性能。在混凝土配制条件相同的情况下，未掺入聚丙烯纤维的混凝土在日光照射下 2～4h 已发现有轻度裂纹产生，而按比例掺入聚丙烯纤维的混凝土经 24h 尚未发现裂纹，说明聚丙烯纤维的加入明显改善了混凝土的早期干裂性能。

（2）尺寸稳定性和抗渗能力。

掺入纤维可提高混凝土的抗渗能力。抗渗试验用标准试件，直径与高均为 150mm 的圆柱体，与普通混凝土性能对比见表 3-39。

表 3-39　纤维掺入量对尺寸稳定性和抗渗能力的影响

项目	混凝土中纤维掺入量/(kg/m³)		
	0	0.25	0.9
收缩率/%	3.2×10^{-4}	2.6×10^{-4}	2.8×10^{-4}
抗渗压力/MPa	1.0	1.2	1.2
混凝土试件高度/mm	150（全透）	120	110

表 3-39 中的数据说明，加入聚丙烯纤维的混凝土收缩率优于普通混凝土，且抗渗压力及性能均好于普通混凝土，这将有利于提高混凝土的抗裂能力和耐久性能。

3.4.6　实验室试验结论

（1）喷射混凝土中掺入聚丙烯纤维，提高了混凝土的阻裂效应和补强效应，降低了混凝土的脆性，提高了混凝土材料的连续性和完整性，有利于混凝土材料后期抗拉强度的增长。

（2）喷射纤维混凝土是在喷射混凝土中掺入高性能合成纤维，它除具有抗压、抗拉、抗剪、抗弯、黏结强度高的优点外，还具有以下特点。

① 增大一次喷射的厚度，能形成更厚的喷射混凝土层。

② 具有更高的黏稠性，能大幅度降低混凝土回弹，降低成本。

③ 能阻止混凝土因收缩而产生龟裂现象，提高抗渗性能、抗冻融性能。

④ 合成纤维作为混凝土的微加强筋系统，可增大其抗冲击能力，明显提高抗弯强度，使其疲劳强度可提高 3 倍以上。

⑤ 纤维以三维方式均匀自动分布在混凝土中，不需要改变原混凝土配合比，纤维能抗酸碱腐蚀，没有锈蚀问题，能改善混凝土的水密性，对主筋形成保护，可延长混凝土的寿命。

⑥ 束状单丝聚丙烯纤维遇水容易分散，直接投入搅拌机中正常搅拌，即可使纤维均匀分布于拌和料中。

3.4.7　喷射聚丙烯纤维混凝土井下现场试验

1. 回弹损失率测试

回弹是由于喷射料流与坚硬表面、钢筋碰撞或骨料颗粒间相互撞击而从受喷面上弹落下来的混合物。回弹损失率同原材料配合比、施工方法、喷射部位以及喷层厚度有关。

为了研究聚丙烯纤维对喷射混凝土回弹损失率的影响，现场对喷射普通混凝土与喷射聚丙烯纤维混凝土采用干喷法和同一个风、水压参数，由同一个熟练喷射手在平煤股份六矿

-440m 石门运输大巷正在返修地段的拱部进行现场喷射混凝土试验。测试方法为每喷 3m³ 混凝土，收集回弹量。喷射混凝土的回弹损失率检测结果见表 3-40。

表 3-40 喷射混凝土回弹损失率检测结果

工况	喷射部位	混凝土质量/kg	回弹质量/kg	回弹损失率/%	平均损失率/%
普通混凝土	巷道拱部	7251.6	1603.3	22.11	21.79
	巷道拱部	7293.7	1565.2	21.46	
纤维混凝土	巷道拱部	7214.1	892.5	12.37	11.90
	巷道拱部	7215.6	824.5	11.43	

井下现场试验结果表明，掺入 0.9kg/m³ 聚丙烯纤维后，提高了喷射混凝土的黏聚性，能有效降低混凝土的回弹损失率，比普通混凝土喷层的弹道损失率降低了 45.39%，弹道损失率降低近 1/2，降低了混凝土的用量，节约了成本。同时加入纤维后，还能增加混凝土喷层的一次喷射厚度，降低了工人劳动强度。

2. 聚丙烯纤维混凝土喷层支护效果观测分析

为了研究聚丙烯纤维混凝土喷层的实际力学性能和巷道围岩的稳定情况，对井下正在返修施工的平煤股份六矿-440m 石门运输大巷选取 40m 作为试验范围，进行了现场监控测试。监测主要内容包括围岩应力、混凝土喷层应力及巷道周边收敛。

1) 现场试验点布置及量测内容

根据平煤股份六矿-440m 石门运输大巷实际围岩情况和现场施工情况安排，现场试验点选择正在施工的平煤股份六矿-440m 石门运输大巷：第一段为普通混凝土喷层，喷厚 100mm；第二段为纤维混凝土喷层，喷厚 100mm，纤维掺量为 0.9kg/m³；第三段也为纤维混凝土喷层，喷厚 100mm，纤维掺量为 0.9kg/m³。现场试验选择了三个监控量测断面，断面位置均位于各段中部，对各区段的施工全过程分别进行了围岩压力、混凝土喷层应力、巷道周边收敛 3 项内容的监控量测。

2) 试验量测方法

围岩压力测量：用双膜压力盒与钢弦频率测定仪进行配套量测。

混凝土喷层应力测量：用应变计配合数字式电桥进行量测。

巷道周边收敛测量：量测仪器采用 GY-85 型收敛计。

测点设置：巷道开挖到量测元件埋设里程时，先在拱顶、拱腰、拱脚和墙腰对称地埋上压力盒，在拱脚和墙腰对称地埋上测水平收敛的测杆，在拱顶埋上 ϕ6mm 的三角形钢筋钩用于拱顶下沉量测。在钢筋网铺设好后，用钢筋支架在拱顶、拱腰、拱脚和墙腰对称地埋上应变计，支架的高度使应变计正好处于纤维混凝土喷层中间。然后在量测元件断面左右 2m 范围内喷射聚丙烯纤维混凝土，把应变计埋到里面。把压力盒和应变计的线接长，引到墙角露头，露头用塑料布包起来，防止损坏。

测量方法：为了保证测量的准确性，所有量测元件在埋设好后，立即测出一个初值作为基准值，越早越好。围岩压力和应变计的量测频率为前 15 天，1 次/天；后 15 天，1 次/2 天；以后每周一次，直到围岩压力和混凝土应力基本保持不变。

3) 观测结果分析

(1) 围岩压力。

围岩压力采用 J×Y-4 型双膜压力盒与钢弦频率测定仪进行配套量测，在拱顶、拱腰和墙腰对称点埋设压力盒。素混凝土和聚丙烯纤维混凝土段测量结果见表 3-41、表 3-42；围岩应力变化曲线分别见图 3-110、图 3-111。

表 3-41　普通喷层断面围岩压力量测数据　　　　　　　（单位：MPa）

时间/天	测点位置				
	左墙腰	左拱腰	拱顶	右拱腰	右墙腰
1	0.9311	0.1969	0.2029	0.1031	0.0423
2	1.1241	0.5626	0.2707	0.2889	0.5296
3	1.2649	0.6831	0.3055	0.3482	O.5832
4	1.6493	0.8586	0.3619	0.4909	0.5832
5	1.7599	1.1090	0.3791	0.5794	0.6192
6	2.0356	1.2336	0.4439	0.6889	0.4412
7	2.4519	1.6019	0.2443	0.7845	0.4897
9	2.6881	2.1850	0.6214	1.2539	0.5518
11	2.0738	2.3629	0.8499	1.3345	0.6605
13	2.9576	2.6219	0.8527	1.3904	0.7726
15	2.9824	2.8463	0.5294	1.1839	0.8578
17	2.9201	2.6480	0.5349	1.0651	0.7718
19	3.1205	2.8131	0.5564	1.2519	0.8105
24	3.1689	2 7402	0.6541	1.1450	0.7316
28	3.1964	2.7733	0.5510	1.1831	0.5283
32	3.2806	2.8914	0.5411	1.2903	0.4288
45	3.3251	2.9502	0.0446	1.2234	0.3133
75	3.5348	3.0667	0.3979	1.3521	0.3094

表 3-42　纤维喷层断面围岩压力量测数据　　　　　　　（单位：MPa）

时间/天	测点位置				
	左墙腰	左拱腰	拱顶	右拱腰	右墙腰
1	0.2527	0.0569	0.4300	0.1054	0.1949
2	0.2049	0.0126	0.4492	0.1095	0.2117
3	0.1991	0.0728	0.4551	0.1355	0.2987
4	0.1999	0.1062	0.4785	0.1606	0.3229
5	0.2258	0.2736	0.5287	0.1397	0.3271
6	0.2902	0.4107	0.5580	0.1556	0.3748
7	0.3430	0.4618	0.5906	0.1606	0.3831
9	0.4500	0.6725	0.6375	0.1765	0.4150
11	0.5438	0.6876	0.6851	0.1874	0.4350
13	0.6375	0.6969	0.7195	0.2108	0.4359
15	0.7102	0.7780	0.8014	0.2016	0.4492
17	0.7713	0.9277	0.8842	0.1907	0.4709

续表

时间/天	测点位置				
	左墙腰	左拱腰	拱顶	右拱腰	右墙腰
19	0.8165	1.0984	0.8516	0.1857	0.4535
21	0.8600	1.2197	0.8642	0.1849	0.4450
24	0.9428	1.2105	0.8801	0.1782	0.4643
28	0.9227	1.1444	0.8985	0.1974	0.4500
32	0.9177	1.0968	0.8742	0.2275	0.4250
45	0.9052	0.9712	0.8675	0.1397	0.1497
75	0.8751	1.9090	0.9052	0.8466	0.1606

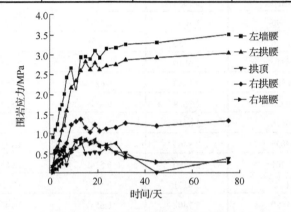

图 3-110　素混凝土围岩应力变化曲线

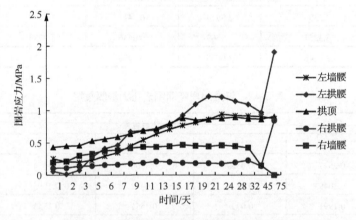

图 3-111　聚丙烯纤维混凝土围岩应力变化曲线

　　由表 3-41、表 3-42 和图 3-110、图 3-111 可以看出，素混凝土喷层支护段围岩压力实测值高于聚丙烯纤维混凝土喷层支护段围岩压力，且分布不均匀，有应力集中现象。聚丙烯纤维混凝土喷层支护段各测点围岩压力值较小，分布较均匀，实现了围岩压力重新分布，施加在混凝土喷层上的压力减小。随着支护时间的推移，开始阶段，围岩压力随时间的增加有加大的趋势，从 30 天到 75 天，围岩压力基本趋于稳定状态，围岩达到了支护稳定阶段。

　　(2) 混凝土喷层应力。

　　混凝土喷层应力采用 EBJ-C 型钢弦式混凝土埋入式应变计进行量测。在拱顶、拱腰和墙腰对称点埋设应变计，应变计处于混凝土喷层中间。素混凝土和聚丙烯纤维混凝土喷层应力测试结果见表 3-43、表 3-44；应力变化曲线分别如图 3-112、图 3-113 所示。

表 3-43　普通喷层断面混凝土应力量测数据　　　　　　（单位：MPa）

时间/天	测点位置				
	左墙腰	左拱腰	拱顶	右拱腰	右墙腰
1	0	0	0	0	0
2	-0.1500	-0.3643	-0.2429	-0.9431	-0.3071
3	-0.2286	-0.8715	-0.3786	-1.0354	-0.4786
4	-0.3857	-1.3787	-0.5786	-1.5942	-0.6572
5	-0.4572	-1.7144	-0.75	-2.312	-0.7572
6	-0.5215	-1.5788	-0.8858	-2.9643	-0.7001
8	-0.6358	-1.4358	-1.0929	-3.5542	-0.7572
10	-0.7286	-1.8359	-1.2573	-3.9436	-1.0501
12	-0.8429	-2.6503	-1.3859	-4.7219	-1.3216
14	-1.0215	-2.8289	-1.4073	-4	-1.4573
16	-1.0287	-3.1503	-1.4287	-4.9076	-1.4715.
21	-1.2073	-3.6718	-1.5788	-4.9719	-1.6144
24	-13216	-3.7646	-1.7716	-4.9219	-1.643
28	-1.4644	-4.1075	-1.8502	-5.0219	-1.6573
32	-1.593	-4.2361	-1.893	-4.9433	-1.6716
37	-1.7073	-4.4147	-1.9073	-4.8576	-1.6859

表 3-44　纤维喷层断面混凝土应力量测数据　　　　　　（单位：MPa）

时间/天	测点位置				
	左墙腰	左拱腰	拱顶	右拱腰	右墙腰
1	0	0	0	0	0
2	-0.137	-0.8916	-0.1827	-0.8997	-0.1721
3	-0.3278	-1.0622	-0.2848	-1.1601	-0.4117
4	-0.5185	-1.2399	-0.4352	-1.4525	-0.6513
5	-0.6448	-1.3394	-0.5642	-1.6517	-0.8099
6	-0.5938	-1.2826	-0.6663	-1.7738	-0.7458
7	-0.54	-1.3394	-0.8222	-1.8959	-0.6783
10	-0.6905	-1.6309	-0.9458	-1.9763	-0.8673
12	-0.9968	-1.901	-1.0425	-2.1241	-1.252
14	-1.064	-2.036	-1.0586	-2.1659	-1.3364
16	-1.1849	-2.0502	-1.0747	-2.2076	-1.4882
21	-1.381	-2.1924	-1.1876	-2.2366	-1.7346
24	-1.416	-2.2208	-1.3327	-2.2141	-1.7784
27	-1.5449	-2.2351	-1.391 8	-2.259	-1.9404
32	-1.5933	-2.2493	-1.424	-2.2237	-2.0011
38	-1.6604	-2.20635	-1.4347	-2.1851	-2.0855

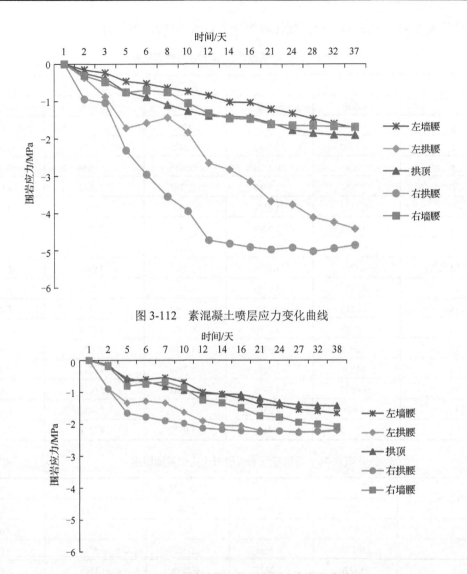

图 3-112　素混凝土喷层应力变化曲线

图 3-113　聚丙烯纤维混凝土喷层应力变化曲线

由表 3-43、表 3-44 与图 3-112、图 3-113 可以看出，混凝土喷层受到的应力随时间呈增长趋势，并且，两种喷层的受力状况都表现为左右拱腰受力较大，这与数值模拟结果相似，但到 30 天以后，喷层受力趋于平衡状态，这与围岩应力趋于平衡状态相关。混凝土喷层应力分布情况与围岩压力分布情况类似，即聚丙烯纤维混凝土喷层应力小于普通混凝土喷层应力，且分布较均匀。

(3) 巷道周边收敛。

巷道周边收敛量测的是巷道表面两点间的距离变化。量测仪器采用 GY-85 型收敛计。

由于施工的影响，所安装测试原件只有 2 点完好，现在只用这 2 点的测值作为比较，试验巷道周边收敛率曲线对比如图 3-114 所示。由图可见，纤维混凝土喷层断面的收敛率实测值较大。充分反映了软岩巷道大变形及聚丙烯纤维混凝土喷层让压支护的特点。

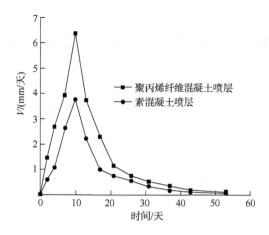

图 3-114　巷道周边收敛曲线图

3. 井下试验结论

1) 混凝土回弹损失率

喷射混凝土中加入聚丙烯纤维后，提高了混凝土的黏聚性，使得混凝土回弹损失率降低了 45.39%，减少了混凝土用量，节约了成本。

2) 围岩压力

普通混凝土喷层支护段围岩压力实测值高于聚丙烯纤维混凝土喷层支护段围岩压力，且分布不均匀。聚丙烯纤维混凝土喷层支护段各测点围岩压力值较小，分布均匀，实现了围岩压力重新分布，施加在混凝土喷层上的压力减小。

3) 混凝土喷层应力

混凝土喷层中应力分布情况与围岩压力分布情况类似，即聚丙烯纤维混凝土喷层应力小于普通混凝土喷层应力，且分布较均匀。

4) 支护状态

平煤股份六矿-440m 石门运输大巷埋深大，地压高，围岩破碎，节理较发育，且地下水涌出量较大，围岩以砂质泥岩为主，在地压和地下水共同作用下，变形较大，普通混凝土初期喷层大多数发生开裂、掉块现象。试验段聚丙烯纤维混凝土喷层具有抗裂、抗渗和纤维抗酸碱腐蚀特性，能改善混凝土的水密性，对主筋形成保护，可延长混凝土的寿命。具有"柔性结构"的特征，与锚杆配合使用，可形成适用于软岩巷道的"柔性支护"。因其具有较强的地下工程适应变形能力，所以聚丙烯纤维混凝土喷层试验段只有少数几处出现了开裂现象，没有出现掉块现象。另外，一次喷射厚度增加，复喷量减少，混凝土表面平整、美观。两种混凝土喷层井下应用效果，见图 3-115、图 3-116。

图 3-115　聚丙烯纤维混凝土喷层效果图

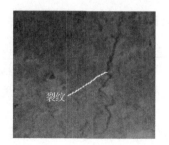

图 3-116　普通混凝土喷层效果图

3.5 "三锚"耦合支护初步设计方案稳定性数值模拟分析

3.5.1 支护方案

初次支护采取"锚网喷＋锚索＋锚注(组合锚索)"三锚耦合支护。从现代支护理论来讲，该支护形式属于主动支护，支护与围岩是一个统一体，在统一体中围岩是一个承载主体，支护只视为加固和稳定围岩的手段。具体支护结构如图 3-117 所示。

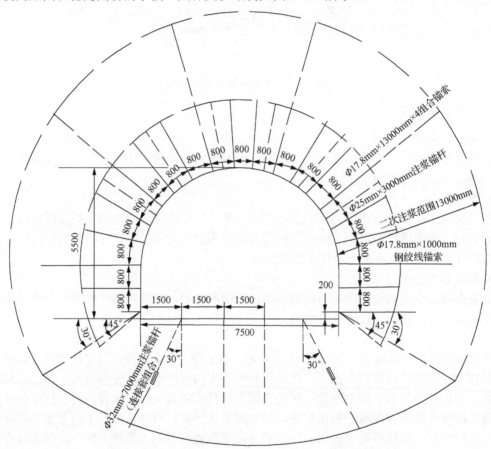

图 3-117 "三锚"耦合支护多级组合断面布置图

3.5.2 锚网索联合支护数值模拟方案设计

1. 数值模型的建立原则

建立数学力学模型是计算机数值模拟的首要任务，模型建立正确与否是能否获得符合实际计算结果的前提。由于岩体及其结构的复杂性，模型的设计要完全考虑各种影响因素是不可能的。为进行数值分析而进行合理的抽象、概括是完全必要的。模型的设计必须遵循如下原则。

(1)模型的设计必须突出影响覆岩破坏的主要因素，并尽可能多地考虑其他因素。

(2)模型乃是由实体简化而不失真的模体，模型的设计必须能很好地反映材料的物理力学特性，如材料的不均匀性、不连续性、各向异性、弱面影响及非线性、低抗拉特性等。

(3)地下工程实际上是半无限域问题，但数值模拟只能是有限的范围。因此，模型的设计必须考虑其边界效应，选择适当的边界条件。

(4)任何地下工程都是一个时空问题，采矿引起的覆岩移动也是如此。因此，模型的设计必须能体现工作面的推进过程，能体现出覆岩冒裂的时间过程。

(5)模型的设计应该考虑到数值计算的方便，在模型范围及受力分析方面，既要满足弹塑性理论对应力分析的基本要求，又要顾及现有计算机的容量。

2. 数值模型采用的屈服法则

本书模型中均采用 Mohr-Coulomb 屈服准则来判断岩体的破坏，并且均不考虑塑性流动（不考虑剪胀）。Mohr-Coulomb 屈服准则的判别表达式为

$$\begin{cases} f^s = \sigma_1 - \sigma_3 N_\varphi + 2C\sqrt{N_\varphi} \\ f^t = \sigma_3 - \sigma_t \end{cases} \tag{3-48}$$

式中，

$$N_\varphi = \frac{1+\sin\varphi}{1-\sin\varphi}, \quad \sigma_{t\max} = \frac{C}{\tan\varphi}$$

式中，σ_1 为最大主应力；σ_3 为最小主应力；C 为材料的黏结力；φ 为内摩擦角；σ_t 为抗拉强度。

当 $f^s=0$ 时，材料将发生剪切破坏；当 $f^t=0$ 时，材料产生拉伸破坏。

3. 支护材料力学参数的选取

选取平煤股份六矿-440m 石门运输大巷不稳定的上煤下岩段进行研究，巷道最大埋深为 680m，原岩应力场视为岩体自重，取 $q = \gamma H = 25 \times 680 = 17 (\text{MPa})$。

在应用 FALC^{3D} 软件时，一个关键的步骤是将所模拟物体的力学参数选择恰当。只有力学参数选择准确，模拟结果才与实际相符，否则模拟不但没有意义，还有可能发生本可避免的灾难。目前，地下工程及岩土工程中的一些问题尚不能很好地进行定量分析（数值模拟）的重要原因之一是岩体的物理力学参数难以正确地确定，岩体物理力学参数一直是阻碍岩体力学深入研究的难题，至今尚未很好地解决。

本数值模拟参照现有的研究成果，即采用裂隙统计、RQD 值、损伤力学理论及位移反分析等多种方法，综合确定岩体物理力学参数。该方法以实验室测试的岩块物理力学指标为基础，根据现场观测到的裂隙率、RQD 值和波速测试资料，确定出初步的岩体物理力学参数；在此基础上进行位移反分析，用三点抛物线寻优法，确定出合理的岩体物理力学参数。

Mohr-Coulomb 塑性模型所涉及的岩体物理力学参数包括体积模量 B、剪切模量 S、黏结力 C、内摩擦角 φ、容重 γ，其中 B 和 S 是由岩体的弹性模量和泊松比确定的。按照上述原理，确定最终有效的岩体物理力学参数，并以此作为本次数值模拟的输入参数。

因平煤股份六矿-440m 石门运输大巷为穿多组煤岩层的巷道，巷道每掘进一步就可能遇到围岩的变化，根据 3.2.5 节松动圈测定结果，上煤下岩段巷道破坏比较严重，为了简化运算，巷道围岩的物理力学参数以巷道处于最不利位置即上煤下岩特征段的力学参数为依据。

由于目前的模拟软件很难模拟注浆后围岩力学性能的改善程度，因此，此次模拟通过改善围岩力学参数来实现注浆加固目的。根据注浆加固机理，提高破碎岩体的力学参数（黏结力、

内摩擦角），达到提高围岩整体强度的效果，我们通过改变注浆加固圈的围岩参数来模拟锚注加固的效果。注浆加固圈厚度约为3m，假设注浆加固后，加固范围内围岩的力学参数抗拉强度、黏结力、内摩擦角等都有不同程度的提高。具体参数选择见表 3-45 和表 3-46。

表 3-45 注浆后岩体物理力学参数取值表

岩性名称	容重 /(kg/m³)	体积模量 /MPa	剪切模量 /MPa	抗拉强度 /MPa	黏结力 C/MPa	内摩擦角 φ/(°)
煤(注浆后)	1820	1667	769	0.73	1.2	26.5
砂质泥岩(注浆后)	2600	5919	5814	1.14	7.5	40
纤维混凝土喷层	1500	1105	829	0.5	2.4	34

表 3-46 锚杆、锚索及树脂锚固剂力学参数

支护材料	锚杆直径/mm	锚杆长度/mm	预紧力/kN	杆体弹性模量/GPa	杆体抗拉强度/MPa	黏结力 /MPa	内摩擦角 /(°)
锚杆(KMG 335)	22	2.6	80	210	490	3	35
钢绞线锚索	17.8	10	100	200	1860	2.8	34
注浆锚索	Φ22.6×8	8	100	200	1860	2.8	34
注浆锚杆(40Cr)	25	3	80	210	430	3	35

4. 模拟方案

由于本次建立的数值模型较为简单，所以直接利用 FIAC^{3D} 数值模拟软件，以平煤股份六矿-440m 石门运输大巷为原形，选择工程地质条件较差以及巷道破坏较严重的上煤下岩特征段进行数值模拟。首先，根据"三锚"耦合支护初步设计施工过程，按照耦合支护时间分步加载仿真模拟，考察巷道围岩位移、支护体受力情况和应力分布变化情况；其次，考察巷道围岩注浆后应力分布和锚杆、锚索受力情况，从而判定"三锚"耦合支护初步设计方案的稳定性。

5. 几何模型

巷道扩刷掘进采用正台阶法，建立数值模型过程中没有考虑扩刷台阶，而是全断面一次开挖，这样就在设计上提高了设计的安全性，巷道断面是根据现有半圆拱形断面进行掘进的，掘进断面宽 7.5m，直墙高 1.8m，拱高 3.75m。考虑到巷道围岩松软破碎，并且巷道断面较大，开挖时对周围岩体影响范围较大，为了模拟和实际相符，模型的尺寸需要大些。但是，受计算机资源的限制，模型不可能建立得特别大。由于巷道变形沿轴向很小，所以应力产生的变形大部分转化为垂直于轴线方向。经过反复调试，最终模型尺寸确定为模型的两侧边界距巷道帮的距离为 36m，顶边界距巷道拱顶的距离为 36m，底边界距巷道底板的距离为 32m，沿巷道轴的方向即 Y 方向总的长度为 30m。在模型的上部采用地应力自重荷载 17MPa 来代替上部岩层的重量。模型划分为 30700 个单元、34672 个节点，巷道三维有限元网格划分如图 3-118 所示。

图 3-118　巷道三维有限元网格划分

6. 边界条件

在模型前、后和左、右边界，采用零位移边界条件，具体处理如下。

(1) 前、后和左、右边界取 $u=0$，$v\neq0$（u 为 X 方向位移，v 为 Y 方向位移），即单约束边界。

(2) 下部边界取 $u=v=0$，为全约束边界。边界条件如图 3-119 所示。

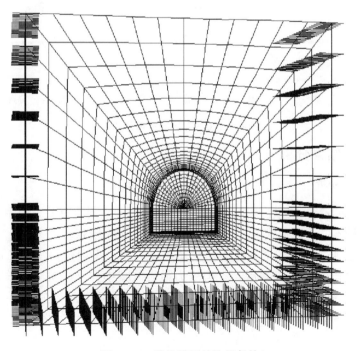

图 3-119　数值模拟的边界条件

7. 模拟过程

本数值模拟主要研究平煤股份六矿-440m 石门运输大巷初步设计中支护形式与支护参数选择的合理性。对于巷道的开挖过程不作分析,所以在模拟过程上也作了相应的简化。对锚网喷支护、锚网喷+锚索支护、锚网喷+锚索+锚注(组合锚网)三种支护形式分别进行模拟。最后根据模拟结果,考察"三锚"耦合支护巷道的稳定性。①锚网喷支护形式模拟:首先是模拟原始地层条件,巷道开挖后紧跟着就支护,再计算循环至稳定态,模拟过程结束。②锚网喷+锚索支护形式模拟:首先是模拟原始地层条件,巷道开挖后立即进行锚网喷支护,开挖 3 天(3m)后施加锚索支护,再计算循环至稳定态,模拟过程结束。③锚网喷+锚索+锚注(组合锚索)"三锚"耦合支护形式模拟:首先是模拟原始地层条件,巷道开挖后立即进行锚网喷支护,巷道开挖 3 天(3m)后施加锚索支护,巷道开挖 10 天(10m)后施加锚注,巷道开挖 20 天(20m)后施加组合锚索,再计算循环至稳定态,模拟过程结束。具体过程如下。

模型Ⅰ:开挖→初次喷射混凝土→复喷加锚网梁→复喷。

模型Ⅱ:开挖→初次喷射混凝土→加锚网梁→滞后 3m 加锚索→复喷。

模型Ⅲ:开挖→初次喷射混凝土→加锚网梁→滞后 3m 加锚索、复喷→滞后 10m 加锚注→滞后 20m 加组合锚索。

三种不同形式的支护结构布置如图 3-120 所示。

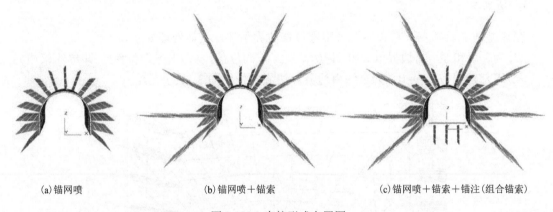

(a)锚网喷　　　　　　　　(b)锚网喷+锚索　　　　　(c)锚网喷+锚索+锚注(组合锚索)

图 3-120　支护形式布置图

3.5.3　数值模拟结果分析

1. 支护体受力分析

根据上述构建的三种不同支护形式的三维计算模型,应用有限差分程序 FLAC^{3D} 分别进行计算,得到三种不同支护形式的受力示意图,如图 3-121 所示。

由图 3-121 三种不同支护形式受力示意图可以看出,采用锚网喷支护形式的最大受力是 7.684t,在此基础上增加锚索后,支护受力最大值减小到 7.628t,支护受力情况有所改善,但不甚明显;锚网喷+锚索+锚注(组合锚索)支护受力最大值变为 5.184t,降幅很大,说明采用第三种形式即本书采用的"三锚"耦合支护方案支护效果比其他两种明显要好得多。

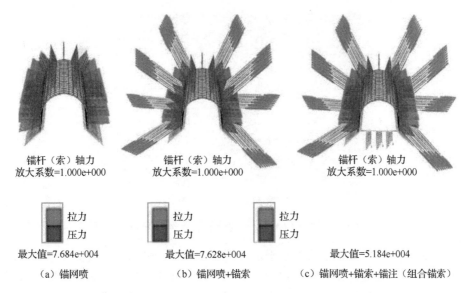

图 3-121　三种不同支护形式受力示意图（单位：N）

2. 位移分析

三种不同支护形式的水平位移见图 3-122。

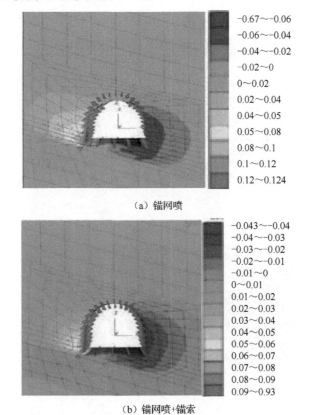

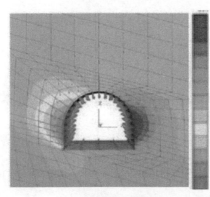

（c）锚网喷+锚索+锚注（组合锚索）

图 3-122　三种不同支护形式的水平位移图(单位：m)

从图 3-122 三种不同支护形式的水平位移图可以看出：采用锚网喷支护形式的最大水平方向位移是 191mm；在此基础上增加锚索，即第二种形式锚网喷＋锚索后，最大水平方向位移是 136mm，支护受力情况有所改善，但不太明显；采用第三种形式，即锚网喷＋锚索＋锚注(组合锚索)之后，最大水平方向位移是 62mm，水平位移降幅很大，说明采用第三种形式即本书采用的"三锚"耦合支护方案支护效果比其他两种明显要好得多。

从图 3-123 三种不同支护形式的垂直位移图可以看出：采用锚网喷支护形式的最大垂直方向位移是 100mm，在此基础上增加锚索(即第二种形式锚网喷＋锚索)后，最大垂直方向位

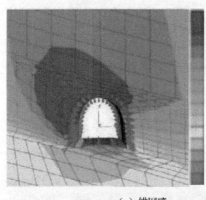

（a）锚网喷

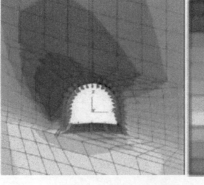

（b）锚网喷+锚索

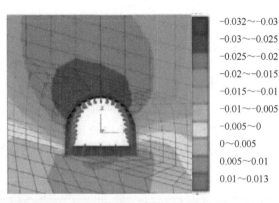

（c）锚网喷+锚索+锚注（组合锚索）

图 3-123　三种不同支护形式的垂直位移图(单位：m)

移为 66.2mm，支护受力情况有所改善，但不太明显；在此基础上增加锚注(组合锚索)，即采用第三种形式锚网喷＋锚索＋锚注(组合锚索)之后，最大垂直方向位移是 45mm，降幅很大，说明采用第三种形式即本书采用的"三锚"耦合支护方案支护效果比其他两种支护形式明显提高。

3. 塑性区范围分析

从图 3-124 可以看出，施加锚注(组合锚索)前，巷道两帮的最大塑性区深度为 3.0m，顶板为 4.2m，底板为 3.0m，两帮和顶板浅部以剪切破坏为主，巷道顶板的塑性区范围大于两帮和底板，由于顶板、两帮和顶板塑性屈服范围大，因此巷道底角的塑性范围相对较小，其中底角的塑性区深度为 2.4m，显然，实施锚注(组合锚索)前的塑性区范围均大于 2.6m，超过了原有的锚杆长度，表现为巷道围岩变形量大；施加锚注(组合锚索)后，巷道两帮的最大塑性区深度为 1.2m，顶板最大塑性范围为 1.8m，从锚杆和锚索的锚固深度上看，锚杆和锚索均锚固在稳定岩层内。从巷道围岩塑性范围看，采用锚注加固方案能有效减小围岩塑性范围，当巷道围岩变形最终稳定后，塑性区范围最大值为 1.5m，在锚杆锚固范围之内。

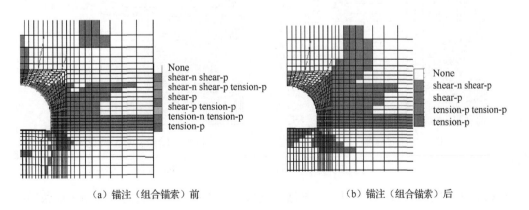

（a）锚注（组合锚索）前　　　　　　　　　（b）锚注（组合锚索）后

图 3-124　巷道围岩塑性区范围

4. 应力分析

1)垂直应力分析

从图 3-125 中可以看出，锚注(组合锚索)前，在两帮塑性区范围内形成卸压区而应力降低，在塑性区外 3.0～4.0m 形成应力集中区，其中应力最大值为 21.7MPa，在巷道底板的拉应力大于顶板，其拉应力值为 0.21MPa；锚注(组合锚索)后，从垂直方向应力云图中可以看出，在两帮塑性区范围内形成卸压区而应力降低，与锚注前相比较，巷道围岩两帮应力集中区距离巷帮减小，巷帮锚杆锚固在应力集中区内，有效地控制了塑性区围岩的变形，在塑性区外 1.0～2.2m 形成应力集中区，其中应力最大值为 22.5MPa，在巷道底板的拉应力大于顶板，其拉应力值为 1.34MPa。

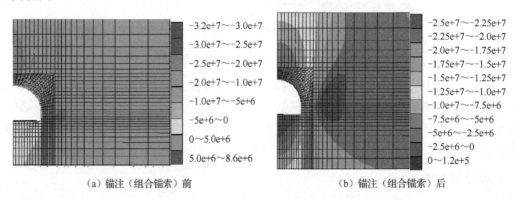

（a）锚注（组合锚索）前　　　　　　　（b）锚注（组合锚索）后

图 3-125　垂直方向应力云图(单位：Pa)

2)水平应力分析

从图 3-126 中可以看出，锚注(组合锚索)前，围岩塑性区外形成应力集中区，其应力最大值为 28.0MPa，在巷道两帮为拉应力，其值为 0.15MPa。锚注(组合锚索)后，从水平方向应力云图中可以看出，围岩塑性区外形成应力集中区，其应力最大值为 14.0MPa，在巷道两帮为拉应力，其值为 1.25MPa。锚杆和锚索均锚固在围岩压应力区。

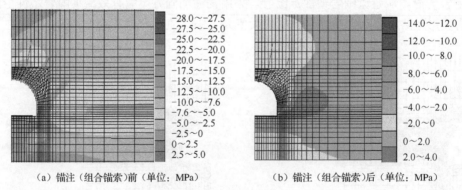

（a）锚注（组合锚索）前（单位：MPa）　　　（b）锚注（组合锚索）后（单位：MPa）

图 3-126　水平方向应力云图(单位：MPa)

从以上巷道围岩应力分析结果看，锚注(组合锚索)支护巷道围岩的应力相对注浆前要低，这说明在巷道采用加固措施前巷道围岩屈服深度已趋于相对稳定，注浆加固了巷道松动圈范围内的破碎岩体，防止破碎岩体的冒落，提高了围岩强度，发挥了围岩的自承载能力，有效控制了围岩的变形破坏。

模拟结果表明注浆加固后的结果非常明显，很大程度上改变了围岩强度和整体性，注浆对围岩的支护效果起到了关键作用。

5. 注浆后锚杆和锚索受力状态分析

按照支护设计的支护参数，将注浆锚杆和注浆锚索添加到数值模拟模型中，如图 3-127 所示，可以看出巷道的正上方以及顶板两肩位置的锚杆和锚索处于受压状态，锚杆和锚索所受的压力最大值达到了 8t 左右；在巷道的两帮，锚索以及部分锚杆处于受拉状态，拉力最大值达到了 2t 左右。从锚杆和锚索的受力情况可以看出，锚杆、锚索的受力情况比较理想，绝大多数都发挥了其支护作用，也达到了锚注支护将围岩固结成为一个整体、共同承载的目的。在大巷两肩的位置锚杆全长都在受力增大的范围内，这也与该位置存在应力集中、与围岩运动量较大的情况相吻合。

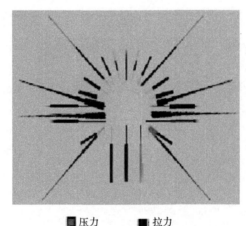

■压力　　■拉力

图 3-127　注浆后锚杆和锚索受力图

6. 注浆加固底板效果分析

平煤股份六矿-440m 石门运输大巷上煤下岩特征段采用"三锚"耦合支护技术，顶板和两帮在高强度的支护下，在巷道底板形成向上的压力拱是造成底臌严重的主要原因。因此对底板注浆形成反底拱是治理底臌的有效方式。建立了底板注浆加固处理数值模型进行数值模拟，得出以下结果。

从图 3-128、图 3-129 可以看出，注浆后底板的受力更为均匀，底板受力重心向上移动，锚注结构与巷道两帮的高强度支护耦合成为一个共同的承载体系，这样更有利于巷道的稳定。

因此，利用注浆锚索、锚杆对底板和底角进行注浆加固，锚固（注浆锚杆）、深部锚固（注浆锚索）应力向深部转移至关重要。从底板、底角注浆锚索、锚杆的受力情况可以看出，注浆锚杆、锚索都处于受拉应力的状态下，注浆锚索、锚杆起到了阻止底板围岩向上拱起的作用，受力均匀，支护效果明显，在控制底臌方面发挥了良好的作用。

以上数值模拟分析结果表明，对平煤股份六矿-440m 石门运输大巷深部高应力破碎复杂围岩巷道进行"三锚"耦合支护设计方案是合理的。说明"三锚"耦合支护的耦合作用效果明显，浅深孔（锚注、组合锚索）分步注浆补强，非常有利于巷道的长期稳定，对于服务年限较长的永久巷道来说，"三锚"耦合支护技术设计方案是科学、合理、可行的。

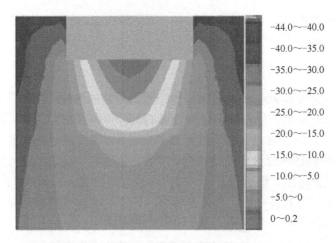

图 3-128　底板注浆加固后垂直方向受力云图(单位：MPa)

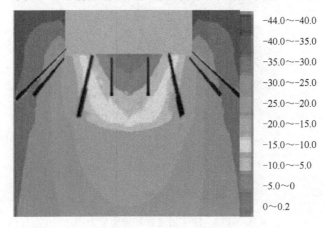

图 3-129　底板注浆加工后底板锚杆、锚索受力图(单位：MPa)

3.6　工业性试验

3.6.1　试验地点

2010 年 9 月平煤股份六矿-440m 石门运输大巷从北山风井起始段开始进行扩修试验，计划试验段为 120m，该段从丁$_{5-6}$煤层顶板砂质泥岩穿过丁$_{5-6}$煤层底板，全段经过了全岩巷道、上岩下煤巷道、上煤下岩巷道三个特征段。"三锚"耦合支护初步设计方案确定后，决定井下扩修迎头按照设计方案实施，大巷具体位置见图 3-19，试验段穿越地层情况见图 3-130。

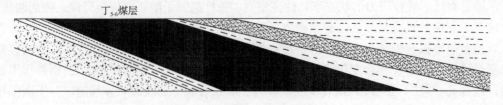

图 3-130　试验段穿越地层情况

3.6.2　初步设计优化后方案

1. 巷道断面形式

根据矿井初步设计要求，平煤股份六矿-440m 石门运输大巷服务年限为 60 年。该巷道 1990 年正式投入使用，截至 2010 年还将要为生产服务 30 年。原巷道断面设计尺寸为净宽 4.2m，净高 3.2m，巷道断面 11.5m²；随着矿井生产能力的加大，该巷道运输、通风能力越来越不能满足生产要求，为了提升平煤股份六矿-440m 石门运输大巷的生产能力，经课题组和矿方共同研究，决定刷大巷道断面。根据扩修方案初步设计，在试验段保持原半圆拱断面，断面扩大到净断面 33.3m²。巷道掘进断面为高 5.55m，宽 7.5m，直墙高 1.8m。"三锚"耦合支护巷道断面布置图，见图 3-70。

2. 巷道支护参数

巷道断面支护方式为：锚网喷+锚索+锚注。巷道断面主要支护结构分四种形式：锚网喷支护断面、钢绞线锚索补强支护断面、中空注浆锚杆锚注支护断面、组合锚索二次注浆补强支护断面。具体布置见图 3-72～图 3-75。

第一阶段：螺纹钢锚杆基本支护(锚网喷支护)

(1) 锚杆布置：全断面布置 Φ22mm×2600mm 的左旋无纵筋(KMG335)高强度螺纹钢锚杆 20 根。拱部 16 根，帮部各 2 根，两底角各布置 1 根。间排距为 800mm。全断面除底角锚杆外锚杆均与巷道轮廓线垂直，底角锚杆下扎 45°。所有锚杆均采用规格 CK2335 型和 K2335 型树脂锚固剂各 1 卷进行锚固。预紧力为 80kN，锚杆支护断面见图 3-72。

(2) 锚杆托梁：采用钢筋托梁，由直径为 14mm 钢筋加工而成，材质为 Q235 圆钢。顶锚杆采用 3 节钢筋托梁，每节宽 75mm，长度为 3800mm；帮部托梁宽 75mm，长度为 1800mm。托梁中间每隔 80mm 焊接加强筋。

(3) 金属网：选用 Φ6mm 钢筋焊接成网孔为 50mm×50mm 菱形金属网，网片规格为顶网 3 片：长×宽=4200mm×1000mm；帮网：长×宽=1800mm×1000mm，金属网搭接长度为 200mm。

(4) 托盘：锚杆托盘为金属托盘，规格为 150mm×150mm×10mm 的拱形高强度托盘，材质为 Q345。托盘上加设木垫板，规格为 150mm×150mm×20mm 松木。

(5) 喷层：选用聚丙烯纤维混凝土喷层，配合比为水泥∶砂子∶石子∶水=1∶1.5∶1.5∶0.45，聚丙烯纤维添加量为 0.9kg/m³。

第二阶段：钢绞线锚索耦合支护

(1) 全断面选用 Φ17.8mm×7 预应力钢绞线锚索 8 根，单根强度为 1860MPa，截面积为 191.00mm²，延伸率≥3.5%，最低破断负荷大于 353kN。长度为 10000m，拱部锚索 4 根，间距为 2.4m，排距为 3.2m，与锚杆隔 4 排布置；两帮设置水平锚索各 1 根；两底角设置底角锚索各 1 根，下扎角 30°。每根锚索选用 1 卷 CK2350 型和 2 卷 K2350 型树脂锚固剂进行锚固。除底角锚索外，全断面锚索均与巷道轮廓线垂直。预应力为 100kN。

(2) 托盘：锚索托盘采用厚 14mm 钢板割制而成，其尺寸为长×宽×厚=300mm×300mm×14mm，在托板中心钻打 Φ20mm 的锚索孔，见图 3-65(a)。为增大托板的作用效果，在托板下面放置一节 14#长 300mm 的槽钢短梁，槽钢短梁中间钻一个 Φ20mm 的孔，见图 3-65(b)。在托盘和槽钢短梁中间并加装 300mm×300mm×20mm 木垫板。

钢绞线锚索断面具体布置见图 3-73。

第三阶段：中空注浆锚杆支护

(1) 全断面锚注加固：选用高强度等强左旋螺纹钢中空注浆锚杆。注浆锚杆规格为 $\Phi25\text{mm}\times3000\text{mm}$，外径为 25mm，壁厚为 5.5mm，长度为 3000mm。材质为 40Cr 合金钢，采用热轧工艺，滚压成全螺纹状。极限抗拉强度大于 180kN，延伸率大于 10%，杆体每隔 400mm 钻有 $\Phi6\text{mm}$ 的射浆孔。全断面布置中空注浆锚杆 12 根。拱部 6 根，间排距为 1600mm×1600mm。两帮部水平各布置 1 根；两底角水平下扎 45° 各布置 1 根；底板垂直向下布置 2 根，规格为 $\Phi25\text{mm}\times3000\text{mm}$；另外，底板两侧分别布置 1 根组合加长注浆锚杆，规格为 $\Phi32\text{mm}\times3500\text{mm}$，中间加连接套连接。底板锚杆间距为 1500mm，排距为 1600mm。全断面除底帮部底角锚杆和底板组合加长锚杆外，其他锚杆均与巷道轮廓线垂直。所有锚杆均采用规格 CK2335 型树脂锚固剂 1 卷进行锚固。注浆完成 2 天后施加预紧力。预紧力为 50kN。

(2) 锚杆托梁：采用钢筋托梁，由直径为 14mm 钢筋加工而成，材质为 Q235 圆钢。顶锚杆采用 3 节钢筋托梁，每节宽 75mm，长度为 3800mm；帮部托梁宽 75mm，长度为 1800mm。托梁中间每隔 80mm 焊接加强筋。

(3) 托盘：锚杆托盘为金属托盘，规格为 150mm×150mm×10mm 的拱形高强度托盘，材质为 Q345。托盘上加设木垫板，规格为 150mm×150mm×20mm 松木。

中空注浆锚杆断面具体布置见图 3-74。

第四阶段：组合锚索耦合支护

(1) 全断面采用 6 根注浆组合锚索，每组由 4 根 $\Phi17.8\text{mm}\times13000\text{mm}$ 的钢绞线组合而成，间排距为 2400mm×3200mm，顶部 4 根/排，与锚杆隔 4 排布置，两底角设置底角组合锚索各 1 根，下扎角 30°。整束组合锚索由 4 根钢绞线、四孔锚具、托盘、导气管、塑料套管、支撑架和索头组合而成。注浆组合锚索允许外露不超过 500mm。注浆以水泥单液浆为主，水泥采用 P.O42.5 级新鲜硅酸盐水泥，注浆终孔压力以 6～8MPa 为宜。10 天后对组合注浆锚索逐根进行张拉，张拉前安装锚盘时要先找平孔口，安装锚具，然后穿上千斤顶进行张拉，张拉要逐股分组循环进行，单根锚索张拉强度不得小于 100kN。

(2) 托盘：注浆组合锚索盘采用长度为 600mm 的 20b 槽钢与 12mm 厚钢板焊接加工而成。

组合锚索支护断面具体布置见图 3-75。

3. 注浆材料及参数

目前国内注浆工程设计和施工主要依据经验类比法、参阅文献以及现场钻孔窥视仪原位测试的分析结果，同时要综合考虑现场施工和操作方便，以及平煤股份六矿-440m 石门运输大巷的实际情况：大巷经过多次返修，围岩已发生了高应力碎胀变形，围岩裂隙较为发育，可注性强。本书在注浆方案中提出，注浆形式上采取深、浅孔两次注浆：浅孔注浆选用 P.O42.5 普通硅酸盐水泥；深孔组合锚索注浆选用具有早强、高强性能的新型超细水泥。注浆材料及参数具体选择如下。

1) 注浆材料

注浆浆液的性能是影响注浆加固效果的决定性因素，因此，注浆选材是支护技术试验能否达到目的的关键。平煤股份六矿-440m 石门运输大巷试验段巷道围岩破碎，对于浅部锚杆注浆，因为围岩比较破碎，水泥的渗透性不作为选择依据，决定选用普通硅酸盐水泥；对于锚索深部注浆，因为巷道围岩深部开挖影响小，裂隙不发育，决定选用新一代无机刚性超细水泥，这种新型注浆固化材料平均粒径在 10μm 以下，浆液流动性好，可渗进很小的裂缝与孔隙中，制作的浆液具有特别高的渗透能力，并且在大水灰比下可以 100%结石且不析水，具有微膨胀性，加入外加剂后凝结时间可调，具有早强高强特性，注浆后短期内非常有利于预应力张拉和改善围岩力学性能。因此，本次试验浅部注浆选用平顶山姚电水泥有限公司生产的"可利尔"牌 P.O42.5 级普通硅酸盐水泥。深部组合锚索注浆水泥采用 P.O42.5 级新鲜硅酸盐水泥。

2）水灰比

综合考虑井下施工条件、浆液固结强度及材料消耗费用等因素，依据试验结果中不同水灰比的凝结时间和抗压强度、抗折强度、可泵期等进行选择。试验结果如表 3-47 所示。

从表 3-47 可以看出，水灰比越小，超细水泥材料的抗压强度越高，反之，则越小。从工程稳定性、注浆和搅拌设备的可操作性、浆液的可泵送性、胶结煤岩体的强度等方面综合考虑，确定浆液的水灰比为 1：1 的第 3 组配方中两种水泥浆液进行井下注浆试验。

表 3-47　超细水泥浆液与普通硅酸盐水泥浆液凝结体强度试验结果

序号	品种	水灰比(W/C)	减水剂/%	三乙醇胺/%	氯化钠/%	水玻璃/%	可泵期(h: min)	初凝(h: min)	终凝(h: min)	抗压强度/MPa			劈拉强度/MPa		
										3天	7天	28天	3天	7天	28天
1	超细水泥	0.6	1.5	0.1	1	4	1: 10	1: 02	2: 28	17.2	22.5	67	6.3	8.8	10.9
	普通水泥						1: 50	2: 30	4: 28	12.0	16.3	28	4.6	6.4	7.8
2	超细水泥	0.8	1.5	0.2	2	3	1: 25	2: 20	3: 55	16.5	21.1	54	5.8	8.5	9.5
	普通水泥						2: 15	2: 47	4: 33	10.5	15.4	25	4.0	5.8	7.6
3	超细水泥	1.0	1.5	0.2	2	3	1: 35	2: 40	4: 05	15.4	19.8	43	5.6	7.8	8.8
	普通水泥						2: 30	3: 05	4: 50	9.6	14.6	22	3.3	5.5	7.3
4	超细水泥	1.5	1.5	0.2	2	3	1: 55	3: 10	4: 40	12.5	18.0	38	5.1	7.1	8.3
	普通水泥						2: 50	3: 55	5: 20	8.5	13.8	18	3.0	5.9	6.0
5	超细水泥	2.0	1.5	0.1	2	3	2: 08	3: 40	5: 05	10.1	17.2	32	4.6	6.1	7.3
	普通水泥						3: 08	4: 30	5: 50	7.7	12.9	16	2.9	5.3	5.7
6	超细水泥	0.6	1.5				2: 45	4: 45	6: 15	15.8	21.0	65	5.9	7.2	9.3
	普通水泥						3: 30	5: 45	7: 25	11.9	15.8	29	4.3	5.9	7.6
7	超细水泥	0.8	1.5				3: 28	4: 45	6: 45	14.4	20.3	53	5.6	8.3	9.9
	普通水泥						4: 28	5: 45	7: 45	9.5	14.9	28	4.1	5.4	7.4

注：①水灰比指水与水泥的质量比；②三乙醇胺、水玻璃、氯化钠的加量百分比指与水泥重量的百分比。

3）注浆压力

注浆压力是浆液扩散、充填、压实的动力，浆液在岩层裂隙中扩散、充填的过程就是克服流动阻力的过程。注浆压力大，浆液扩散远，耗浆量大，会造成浪费，而且压力过大将引起劈裂注浆、很可能在注浆过程中导致围岩表面片帮、冒顶等破坏。注浆压力小，浆液扩散近，耗浆量小，有封堵不严的可能，难以达到注浆加固的目的。因此，正确选择注浆压力及合理运用注浆压力是注浆成败的关键。根据平煤股份六矿-440m 石门运输大巷试验段巷道围岩破碎情况，浅部注浆采用充填注浆方式，注浆压力不宜过大，注浆压力控制在 1～2MPa，注浆压力太大，可能形成劈裂注浆，会引起巷道围岩的二次破坏。深部组合锚索采用加压注浆，注浆压力控制在 4～6MPa。具体视现场试验段情况而定。

4) 注浆量

由于巷道围岩裂隙发育不同，围岩孔隙率差异、岩层吸浆量差别较大，所以本着既要有效地加固岩层，又要节约注浆材料和注浆时间的原则，从保证巷道围岩裂隙被充填密实的角度出发，注入的浆液尽量保证裂隙充填满，原则上注到不吃浆为止。每个注浆孔的注浆量可用式(3-49)估算：

$$Q = AL\pi R^2 \beta \gamma \tag{3-49}$$

式中，Q 为每个孔的浆液注入量，m^3；A 为浆液消耗系数(1.2~1.5)；L 为钻孔长度方向加固区厚度，m；R 为浆液有效扩散半径，m；β 为围岩的裂隙率(1%~5%)；γ 为浆液的充填系数(0.6~1.0)。

浅孔单孔注浆量为

$$Q = AL\pi R^2 \beta \gamma = 1.2 \times 2.5 \times 3.14 \times 1^2 \times 3\% \times 0.9 = 0.254\left(m^3\right)$$

深孔单孔注浆量为

$$Q = AL\pi R^2 \beta \gamma = 1.2 \times 7 \times 3.14 \times 1^2 \times 1\% \times 0.9 = 0.237\left(m^3\right)$$

按水灰比 1：1 计算，水泥的比重为 3.2，则水泥浆液的比重为 2.05。将以上数字代入计算得到：浅孔单孔注浆量为 521kg，深孔单孔注浆量为 486kg。井下试验中可以尽量多注浆液，注到岩壁不大量跑浆为止。

5) 注浆时间

为了防止浆液沿弱面扩散较远，造成跑漏浆现象，注浆时在控制注浆压力和注浆量的同时，必须要控制注浆时间，使注浆时间不宜过长。一般锚杆单孔注浆时间控制在 20min，锚索单孔注浆时间控制在 30min。

6) 浆液扩散半径

浆液扩散半径是确定注浆孔布置及孔深的重要依据。影响扩散半径的因素很多，主要取决于注浆压力、围岩力学性质、裂隙密度及张开度、浆液的流动力学参数及初凝时间等。浆液的扩散半径可以根据注浆施工现场试验结果来确定。通过在平煤股份六矿-440m 石门运输大巷滞后掘进迎头 15m 处的巷道两帮"一"字形平行施工两组不同间距的注浆锚杆、锚索来进行注浆试验，观察相邻钻孔的跑浆情况，发现平煤股份六矿-440m 石门运输大巷两帮破碎围岩浆液渗透性好,试验中通过观察漏浆情况发现：中空注浆锚杆注浆时扩散半径为 1~1.5m；注浆锚索浆液扩散半径为 1.5~2.5m。

4. 最佳耦合支护时间

1) 锚索施工时间

根据 3.3.8 节巷道表面位移和深部离层观测结果可知，巷道扩刷后应力活动高峰期在前 5 天。结合现场施工条件，初步确定锚索施工时间应在应力活动高峰的后期，即锚杆施工后的第 4 天必须施工锚索，此时正好与设计锚索的排距 3.2m 相吻合，即巷道扩刷按每天 0.8~1m 掘进，此时正好掘出 1 排锚索的间距。

2) 注浆时机的选择

注浆属于隐蔽性工程，地质条件及应力状况具有复杂多变的特性，浅孔注浆施工滞后掘进作业面的最佳时间的选择直接影响本次支护技术的成败。根据研究结果及井下多次观测和试验可知，巷道扩刷后应力活动高峰期在前 5 天。施工中钻孔窥视结果显示，巷道掘出 5 天后，顶板围岩内 0～1.5m 产生裂隙，帮部围岩内 0～2.0m 产生裂隙，浅孔锚杆注浆的最佳施工时间应当选择在巷道应力高峰发生后围岩浅部产生较多裂隙并且顶板没有发生离层时进行，最后选择浅部锚杆注浆最佳时机为滞后锚索安装 10 天后(按扩修巷道正规循环日进尺 0.8m，即滞后锚索安装 4.8m)；组合锚索深孔注浆补强滞后注浆锚杆浅孔注浆 20 天(按扩修巷道正规循环日进尺 0.8m，即滞后锚注 8m)。因此，设计掘进、初级锚网喷支护和锚索、一次浅孔锚注、二次组合锚索补强施工的时间空间关系如图 3-131 所示，施工顺序为①—②—③—④。

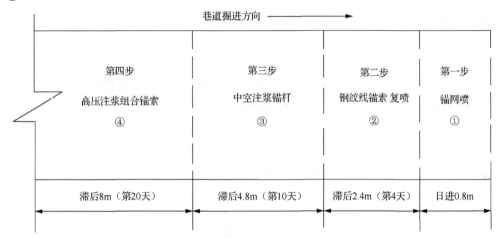

图 3-131　巷道施工接替关系图

3.6.3　"三锚"耦合过程设计

高应力软岩巷道的稳定性控制主要体现在巷道开挖以后的非线性大变形力学的过程设计。"三锚"耦合支护的关键就体现在外界支护系加载与围岩大变形的耦合关系上。不同的巷道施工顺序，会产生不同的力学效果和围岩变形方式。因此，其设计不能简单地用参数设计来进行，还要强调施工过程和支护时机的优化设计。

1. "三锚"耦合支护施工顺序

按照耦合支护技术设计要求，"三锚"耦合支护过程如下：按设计直墙半圆拱毛断面尺寸扩刷巷道成形→临时支护→初喷 50mm 厚顶板及两帮混凝土封闭围岩→打顶板锚杆孔→安装顶板锚杆→挂上钢筋网及上紧托盘→出碴→打两帮锚杆孔→安装帮锚杆→挂两帮钢筋网并上托盘→复喷顶板及两帮 60mm 厚混凝土(有扒装机时，移机后进行)→锚网喷支护结束。滞后 3 天(<3m)安装锚索：打顶板锚杆孔→安装顶板锚索→上托盘及张拉锁紧→打两帮锚索→上托盘及张拉锁紧→安装锚索结束。滞后锚索安装 6 天(<6m)锚注：打注浆锚杆孔→安装注浆锚杆→注底角注浆锚杆→注帮部注浆锚杆→注顶部注浆锚杆→浅部锚注支护结束。滞后锚注 10 天(<8m)：打组合锚索孔→安装组合锚索→注底角组合锚索→注帮部组合锚索→注顶部组合锚索→二次深部组合锚索注浆结束。巷道每施工 16m 完成一个"三锚"耦合支护循环过程。

2. "三锚"耦合支护施工步骤

第一阶段：锚网喷基本支护

(1)巷道扩刷成型。按设计直墙半圆拱毛断面尺寸扩刷巷道成型，采用风镐掘进，严禁放震动炮，必要时多打眼少装药，采取松动爆破，按照先扩刷顶板后两帮，最后清底的顺序进行短段掘进。巷道周边成型基本平整、圆顺，符合设计轮廓要求。严格限制超挖量，超挖部分挂网前用混凝土喷平，不允许欠挖。

(2) 临时支护。建议架设将前探梁作为临时支护，现场也可根据已有的技术水平选择一种安全可靠的临时支护方法，以保证后续支护安全作业。采用吊挂前探梁作为临时支护，前探梁用两根 Φ88.5mm 钢管制作，长度为 4m，间距不大于 1.2m，用金属锚杆和吊环固定，吊环形式为倒半圆拱形，宽面朝上，防止前探梁滚动，每根前探梁中间部位设 1 个吊环。吊环用配套的锚杆螺母固定，前探梁最大控顶距离为 1.6m，前探梁上方用 2 块规格为长×宽×厚=1500mm×200mm×150mm 小板梁和小木板接顶。前探梁与棚梁及顶板必须背紧、背牢。严禁空顶作业。

(3) 初喷。巷道全断面初喷混凝土，厚 50mm，及时封闭围岩。喷射的混凝土严格按照聚丙烯纤维喷射混凝土试验结果进行添加配比和施工。

(4) 锚网梁安装。按照顶—帮—底角顺序施工。按设计间排距紧跟迎头挂网、打锚杆，网片搭接长度为 100mm。先连接顶网，然后连接帮网。先打顶锚杆后帮部锚杆，后打两底角锚杆。最后安装顶梁、帮梁、托盘，施加 80kN 预紧力。

第二阶段：钢绞线锚索耦合支护

(1) 滞后迎头 2.4m，按照设计锚索排距标定锚索孔眼位。

(2) 按照标定眼位采用锚索钻机打锚索眼。按顶—帮—底角顺序施工。

(3) 安装锚索托盘。利用锚索钻机进行锚索快速安装，利用锚索张拉机具和锚索切断器进行张拉锁紧和截割，预紧力为 100kN。

(4) 复喷。复喷喷层设计厚度为 60mm，严格按照聚丙烯纤维喷射混凝土试验结果进行添加配比和施工。

第三阶段：中空注浆锚杆耦合支护

(1) 滞后锚索施工 5.6m，即一次锚索补强后巷道围岩进入初期稳定期前，按照设计要求间排距杆标定锚杆眼位。

(2) 按照标定眼位采用锚杆钻机打锚杆眼。按顶—帮—底角顺序施工。

(3) 封孔注浆。按照底角—帮—顶顺序进行注浆。

(4) 安装梯子梁和托盘，2 天后施加预紧力，初次预紧力为 40kN，待水泥浆达到强度后再次施加预紧力。

第四阶段：组合锚索耦合支护

(1) 滞后锚注施工 8m，即巷道围岩变形基本进入稳定期后，按照设计的间排距要求，标定组合锚索眼位。

(2) 按照标定眼位，按顶—帮—底角顺序施工，采用钻机打组合锚索眼。

(3) 封孔注浆。按照底角—帮—顶顺序进行注浆。

(4) 安装组合锚索托盘，利用锚索张拉机具进行张拉锁紧，单根锚索预紧力为 100kN。

3.6.4 "三锚"耦合支护施工工艺

1. 施工设备选择

配备江阴工矿机械有限责任公司生产的 MQT-120/2.3 型顶锚杆钻机 2 台，气动支腿式

MQTB-65/1.6 型帮锚杆钻机 2 台，DZQ-100 型底板锚索钻机 1 台，MQS-50/1.9 型手持式帮锚杆钻机 2 台，Φ42mm 金刚石钻头 20 只，LDZ-200 型锚杆拉力计 1 台；配备镇江煤安矿用设备有限责任公司生产的 2ZBQ-10/12 型气动注浆机 1 台，QJB-250 型高速气动搅拌机 1 台；郑州瑞申机器制造有限公司生产的 SB10 型手摇注浆泵 1 台(封孔备用)，矿用锚索张拉机具 1 套，锚索切断器 1 台，矿用锚杆预应力风动扳手 2 把等。

2. 锚杆施工工艺

1) 顶锚杆施工工艺

搭建 2.5m 高木制钻机平台，标定孔位→用 1.5～1.8m 钻杆开孔→换 2.5～2.8m 钻杆加深孔到设计深度→安装树脂锚固剂(上部用一支快速树脂锚固剂且红头朝上，下部用一支中速树脂锚固剂)→安装锚杆并把树脂锚固剂送到孔底→安装锚杆→用锚杆搅拌器把锚杆与钻机连成一体→搅拌树脂锚固剂 20～30s→等待 60s→上托梁、球形垫、摩擦圈、托盘、螺母及销钉→用安装器预紧螺母→用风动扳手拧紧螺母。

2) 帮锚杆施工工艺

标定孔位→用 1.5m 钻杆开孔→用 2.8m 钻杆加深至设计深度→安装一支 Z2360 型树脂锚固剂→安装锚杆并将树脂锚固剂送到孔底→用锚杆搅拌器将锚杆与钻机连成一体→搅拌 15～20s(或 20～30s)→等待 30～60s(或 5min)→上托梁、球形垫、摩擦圈、托盘、螺母→用安装器把螺母与手持帮锚杆钻机连成一体→预紧螺母→用风动扳手拧紧螺母。

3. 预应力锚索施工工艺

1) 顶预应力锚索施工工艺

搭建 2.5m 高木制钻机平台，标定孔位→用 1.5～1.8m 钻杆开孔→接钻杆加深到设计深度 10m→清洗锚索孔→安装树脂锚固剂→用钢绞线将树脂锚固剂送至孔底→用锚索搅拌器把钢绞线与钻机连成一体→搅拌树脂锚固剂 20～30s(稍等 30～60s 卸下搅拌器)→等待 2h→上托板、索具→预紧力至少为 100kN→回油缸卸下千斤顶→索具自动锁紧锚索。

2) 帮预应力锚索施工工艺

标定孔位→用 1.5m 或 2.8m 煤钻杆配合风煤钻开孔→接钻杆加深至设计深度 10m→用风煤钻反复抽拉导出孔内煤岩粉→安装树脂锚固剂→用钢绞线将树脂锚固剂送到孔底→用锚索搅拌器把钢绞线与风煤钻连成一体→搅拌树脂锚固剂 20～30s(稍等 30～60s 卸下搅拌器)→等待 2h→上托板、索具→第一次预紧力至少为 63kN→12h 后第二次预紧力至少为 80kN→回油缸卸下千斤顶→索具自动锁紧锚索。

4. 注浆锚杆、组合锚索施工工艺

1) 中空注浆锚杆施工工艺

标定孔位→钻顶孔→钻帮孔→钻底角孔→清洗锚杆孔→安装树脂锚固剂→用锚杆将树脂锚固剂送至孔底→用搅拌器把锚杆与钻机连成一体→搅拌树脂锚固剂 20～30s→用棉纱或双快水泥药卷封孔→上托梁、球形垫、摩擦圈、托盘、螺母→用安装器预紧螺母→配料→连接注浆快速接头→注浆。

2) 组合锚索施工工艺

标定孔位→钻顶孔→钻底角孔→清洗钻孔→安装组合锚索→用棉纱或双快水泥药卷封

孔→配料→连接注浆快速接头→注浆。

3)封孔工艺

封孔质量是维持注浆压力和控制注浆质量的关键。锚注封孔材料既承担了封堵功能，又具有对锚杆体的锚固功能，对于注浆封孔来说，利用中空双快水泥药卷配合捣筒最为便利，但在试验过程中目前很难找到中空双快水泥药卷的生产厂家。因此，在平煤股份六矿-440m石门运输大巷的施工试验过程中采用了两种封孔方式。

(1)布袋封孔法。

采用布袋封孔，要求封孔牢固，注浆锚杆的封孔深度不能低于 500mm，注浆锚索的封孔深度不能低于 1000mm，布袋封孔如图 3-132 所示。

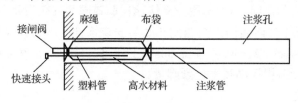

图 3-132　布袋封孔示意图

封孔步骤如下。

① 布袋绑扎。将注浆锚杆、锚索尾部封孔段套上布袋，里端用麻绳扎紧，将套上快速接头的小塑料管插入布袋，并用麻绳打上活结，然后将注浆管插入注浆孔中。

② 封孔注浆。采用郑州瑞申机器制造有限公司生产的 SB10 型手摇注浆泵注浆封孔。首先将注浆泵出浆胶管与小塑料管连接，然后摇泵注浆，当浆液充满布袋时将小塑料管快速抽出，并停机，快速将麻绳打上活结拉紧。在封顶孔时，抽出塑料管后浆液会因自重向下流出，对封孔质量有较大影响，即不抽出塑料管，将塑料管反握并用细铁丝绑扎在注浆锚杆体上。待孔口封堵浆液凝固 12h 后即可开始注浆。

(2)注浆封孔法。

对于巷道围岩较破碎的地段特别是当煤层中注浆时，孔口打钻时成孔很不规整，采用布袋封孔时，无法封堵严密，漏浆跑浆严重，不能保证注浆效果。因此，试验中改为注浆封孔。注浆锚杆的封孔深度不能低于 1000mm，注浆锚索的封孔深度不能低于 1500mm。对于下向孔封孔，要求注浆锚杆、锚索出厂时在尾端 1000～1200mm 处设置封孔挡板或将自带的止浆塞绑扎棉纱后推至封孔深度，可直接向孔内注浆，也可直接手工灌浆到孔口位置进行封孔；对于顶孔和上向孔采取注浆封孔法封孔。要求注浆锚杆锚索出厂时，均在每根注浆锚杆体尾部 1100mm 处和注浆锚索尾部 1500mm 处打有对称的 Φ6mm 的圆孔，作为注浆封孔的限位孔，具体封孔步骤如下。

① 堵塞孔口。当锚杆、锚索悬挂固定好后，对于顶板和帮部的上向孔封孔，首先在锚杆体上绑扎小塑料管，然后向孔内塞入适量的炮泥，为了防止上向孔封孔浆液因自重脱落，下部安装锚杆托盘固定，托盘上钻有能插入小塑料管的圆孔。对于两帮下向孔封孔，在锚杆、锚索插入钻孔前，将注浆锚杆自带的橡胶塞推到锚杆尾部限位孔后，在两限位孔内插入销钉以防止锚杆插入孔内时橡胶塞与孔壁摩擦后退，造成封堵深度减小。

② 封孔注浆。采用郑州瑞申机器制造有限公司生产的 SB10 型手摇注浆泵封孔注浆。首先将注浆泵出浆胶管与小塑料管通过自制的快速接头相连接，然后摇泵注浆。对于顶板和帮

部的上向锚杆孔,当浆液充满封孔段后,由于注浆锚杆限位孔的存在,封孔浆液因自重将会自动从锚杆、组合锚索注浆孔内流出,此时立即停机,迅速将注浆快速接头拔出,将小塑料管反握并用细铁丝绑扎在注浆锚杆、锚索体上。为防止封堵浆液泄漏而影响封孔效果,小塑料管不拔出。待封孔浆液凝固 24h 后即可开始注浆。

5. 聚丙烯纤维混凝土喷层施工工艺

1) 喷射纤维混凝土配合比设计

根据实验室试验结果,若加入体积掺量 0.1%(约 0.9kg/m³)的单丝聚丙烯纤维,混凝土的抗拉能力提高约 50%。本次试验巷道选用聚丙烯纤维混凝土喷层,配合比为水泥:砂子:石子:水=1:1.5:1.5:0.45,聚丙烯纤维添加量为 0.9kg/m³。选用平顶山姚电水泥有限公司生产的"可利尔"牌 P.O42.5 级普通硅酸盐水泥。选用武汉市中鼎经济发展有限责任公司开发生产的改性单丝聚丙烯纤维,纤维长度为 12mm。选用红星一型速凝剂,其掺量为水泥重量的 2%~4%(喷拱部时可用 3%~4%,喷边墙时可用 2%~3%)。

2) 喷射纤维混凝土施工工艺

喷层施工顺序为:自下而上,先凹后凸,旋状喷射,环环相连,圈圈相压。喷射聚丙烯纤维混凝土施工工艺流程见图 3-133。

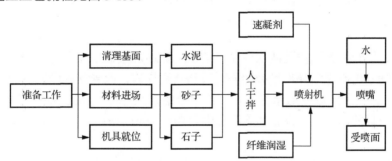

图 3-133　喷射聚丙烯纤维混凝土施工工艺流程(干喷)

3) 具体要求

(1) 准备工作:喷射前,先用高压水(风)清洗受喷面,待喷射机到位调试后,再先注水后通风疏通管路。

(2) 拌和料:纤维严格按掺量加入,必须采用强制式搅拌机,无论采用何种方法掺加纤维,搅拌时间长短以纤维能够均匀分布为宜,一般为 3~5min。

(3) 上料:开机后要连续上料,保持料斗饱满,料斗口设一活动 15mm 孔径筛网,以滤除超径骨料进入机内。

(4) 操作顺序:先注水,后送风,再进料,根据受喷面喷出混凝土情况,控制注水量。

(5) 喷射顺序:应分段、分片、分块进行。每片均自下部开始沿水平方向呈旋环状移动喷射,并往返一次喷射,然后向上移动,依次循环进行喷射纤维混凝土作业。喷射前,要对受喷面凹洼处先喷找平。

(6) 最佳喷射距离与角度:喷头出料口至喷面距离视供风压力大小随时调整,干喷机以 0.6~1.0m 为宜,湿喷机以 1.2~1.5m 为宜,喷射料束以垂直受喷面为佳。

(7) 喷射料束运动轨迹:螺旋环状水平移动,一圈压一圈,圈径约 300mm,行间搭接 300~

500mm。

(8)喷射料旋转速度及一次喷厚：以 2～3s 转动一圈为宜，一次喷射厚度根据不坠落时的临界状态或所需厚度确定。一般纤维混凝土一次喷厚不小于 50mm，在外加剂的作用下，待其初凝后可回头再次喷射直至达到要求厚度。

(9)高压风、水控制：水灰比由熟练喷射手控制，以喷出的混凝土湿润光泽、黏塑性好、无干斑流淌现象为标准，否则就需要调整风、水压力。一般喷射机水压控制在 0.2～0.25MPa，风压控制在 0.12～0.15MPa。

(10)断水、停电或断料处理措施：喷头应迅速撤离受喷面，严禁用高压风、水冲击未终凝的混凝土。

(11)养护：由于喷射层一般较薄，加上外表面系数大，因此，喷射纤维混凝土 2h 后浇水养护，养护时间不小于 14 天，要经常保持潮湿状态。

4)改进措施

施工现场应尽量采用湿喷法喷射纤维混凝土。先用搅拌机将纤维混凝土搅拌好，再用湿喷机喷射混凝土。这不仅能大大减少工作面的粉尘量，改善工作环境，而且能加大纤维混凝土的黏聚性，增加混凝土的喷厚，也能使纤维混凝土材质更为均匀，提高其力学性能，更能体现出聚丙烯纤维混凝土喷层在巷道支护中的优越性。

6. 注浆工艺

采取锚杆、组合锚索深浅孔两次注浆。首次用普通硅酸盐水泥浆充填围岩浅部开放性裂隙，然后用超细水泥浆充填深部微裂隙同时胶结软弱煤岩，改善破碎围岩黏结效果。一次锚杆注浆(0～3m)采用普通硅酸盐水泥浆，二次组合锚索注浆(0～16m)采用超细水泥。二次组合锚索注浆的目的如下：一方面加固深部围岩(0～16m)，另一方面可以检测一次注浆的效果，及时补浆。

每根注浆锚杆、组合锚索注浆采用分步注浆法：第一步向围岩内压注水灰比为 1∶1 的水泥稀浆液，第二步在注浆结束前 2～3min 压注水灰比为 0.8∶1 的水泥封孔浓浆。

1)注浆流程

根据现场条件，注浆工艺流程如下：施工注浆锚杆、组合锚索-连接注浆管-注底角锚杆-注帮部锚杆-注顶部锚杆、锚索-检查、记录-回撤、清理现场。注浆时应采用自下而上、自左向右的作业方式，每断面内自下而上先注底角，再注两帮，最后注顶部，并采用隔孔注浆的作业方式，其目的是保证注浆施工质量。隔孔注浆的方式可起到补注和充填加固的作用，易于保证注浆的施工质量。因巷道断面大，注浆时，采用两只枪管不间断交替作业。注浆施工工艺流程如图 3-134 所示。

2)浆液制作

浆液配制应按实验室试验结果进行，超细水泥应采用高速搅拌机进行搅拌。搅拌时并安排专人看管高速搅拌机，水泥在入桶之前应过筛，严禁使用结块或失效水泥。根据高速搅拌机储罐的大小，严格按照水灰比 1∶1 加入水和超细水泥，并掺入 1.5%(占水泥重量的百分比)的高效减水剂、0.2%(占水泥重量的百分比)的三乙醇胺、2%(占水泥重量的百分比)的氯化钠、3%(占水泥重量的百分比)的水玻璃进行配比和高速搅拌。由于超细水泥粒径小、活性高，制浆时必须进行高速搅拌，才能使其颗粒充分分散，从而使浆液静置时颗粒的沉降速度减慢，析水率降低，浆液稳定性提高。因此搅拌机转速不低于 1200r/min，注浆前，搅拌时间不少于 10min，并连续搅拌。

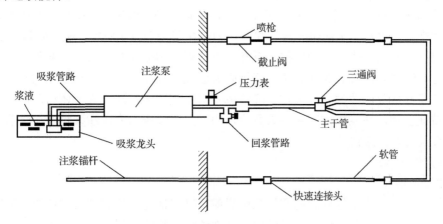

图 3-134　注浆施工工艺流程图

3）试泵

在打注浆孔的同时，用清水试注浆泵及注浆管路、搅拌桶，确保注浆系统运行良好。

4）注浆

浆液搅拌均匀，待试泵无异常后，将注浆管快速接头与注浆锚杆、锚索后尾相连接，打开阀门开始注浆，如图 3-135 所示。

图 3-135　注浆

5）注浆劳动组织与施工管理

注浆技术是本次研究项目工业性试验成败的关键技术，因此，必须加强注浆过程中劳动组织和施工管理。

(1)注浆劳动组织。

锚注支护的劳动组织一般分相对独立的 2 部分，即打注浆锚杆劳动组织和注浆作业劳动组织。注浆作业一般需 5 人。其中，开机 1 人，负责控制注浆压力及操作注浆机的开停，注浆机的日常维修，以及记录注浆孔号、注浆压力、注浆量等原始资料。孔口管理 1 人，负责装卸注浆锚杆与注浆机出浆管的连接与拆卸，以及观察和处理巷道渗浆与漏浆。运料拌料 3 人，负责运料注浆及清洗笼头和回浆管路闸阀的管理。锚注支护因其隐蔽工程的特殊性，现场管理好坏是其成败的关键。注浆作业应组成专门正规队伍，注浆人员要经过培训，考核合格后方能持证上岗，注浆机械应由专人负责，由专人监读压力表，注浆时要加强信号联系，保证注、停及时，反应快速。

(2)注浆施工管理。

① 注浆前要求。

要先用风钻压风吹净锚杆腔内和钻孔中煤粉，以保证注浆后浆液与锚杆的胶结质量；同时，用注浆泵向注浆锚杆孔内压(注)清水，冲洗注浆锚杆孔和煤层裂隙，以利注浆。检查注浆泵、注浆管路、注浆锚杆孔是否畅通，有无堵塞现象。

② 注浆过程控制。

a. 注浆开始，注浆人员必须认真观察、记录泵压、泵量情况，以便根据注浆要求随时调整泵量、泵压和浆液配比。

b. 注浆时应加强信号联系，保证及时停、注，并控制好注浆压力。一般情况下，注浆泵出口压力不得大于 6MPa，超过时应查明原因并设法处理，以免浆液冲出伤人。

c. 受应力集中作用，巷道围岩破碎严重地段，裂隙发育，在注浆开始后岩壁可能会出现跑浆现象。为防止跑浆，应及时调整注浆工艺，采取间歇性低压注浆方式，开始注浆时注浆压力控制在 0.5~1MPa，若岩壁跑浆严重，可以停止注浆 5min，使浆液凝固并形成浅部注浆体止浆盘后再继续注浆，注浆过程中，注浆压力控制由小到大逐步加大。注浆量原则上以注到不进浆为止，当少部分浆液从裂隙中渗透出来时，不停止注浆，相邻近钻孔漏浆时，可暂停 3~5min 再注，尽可能向破碎围岩中多注入浆液，确保注浆效果。注浆过程中适当调节浆液胶凝时间和注浆压力，通过浆液由深部向浅部返浆扩散改善加固效果。

d. 正常注浆压力严格控制在 2MPa 以下。如果注浆时压力突然上升，应立即停止注浆泵运转，卸压后对管路和混合器进行检查并及时处理，若发现进浆量不正常，应检查吸浆龙头是否堵塞和泵体高低压阀的密封性能。

e. 注浆结束标准判断：在注浆过程中，判断一次钻孔注浆完成是非常重要的，如果提前结束注浆浆液不能充分扩散，推后结束注浆则会造成浆液的浪费。

注浆结束标准一般以两个指标表示，一是最大注浆量；另一个是达到预定设计压力时的持续时间。从理论上讲最大注浆量越大越好，最理想的状况是压至完全不吸浆，但在实际施工中，特别是在高压注浆的情况下，这是难以做到的，一般结束标准如下：注浆压力达到设计终压或注浆量达到设计值(一般单液注浆量为 20~60L/min，双液注浆量为 50~100L/min)。稳定注浆压力 20min 左右即可结束。此外，还应辅助参考以下条件来判断注浆是否结束。

(a)在破碎围岩加固时，浆液在距离注浆点很远处多处漏出时，说明浆液已经充分扩散，可停止注浆。

(b)可根据前一个孔的注浆量和注浆时间来判断下一个孔是否结束注浆。

③ 注浆结束要求。

a. 注浆结束或中途停注时,应先停泵再关闭孔口闸阀,打开泵体上的卸压阀,让管内浆液流入桶内,待管路及泵内压力降低后,再打开孔口活接头。当出现堵管或停泵时间较长时,应及时吸清水冲洗注浆泵和注浆管路,防止浆液在泵内或管路内凝固堵塞。每班结束注浆或暂停时间超过 15min(如封孔结束)。其间需要冲洗注浆泵和管路,直到管路末端流出清水。

b. 注浆系统各种显示仪表设有专人维护。对水泥量、水量、泵量、泵压、浆液量等做好原始记录,以便按要求提供和存档。

④ 注浆监测及质量检查。

注浆施工隐蔽性强,应加强注浆过程中的监测监控工作及注浆后的质量检查工作。注浆初期应详细记录注浆压力、注浆量、渗透范围等注浆参数的变化情况,掌握其规律,以优化注浆参数,指导后续的注浆施工。注浆后选择典型位置复注浆,检测注浆质量,同时进行常规矿压观测,分析判断支护效果。

⑤ 施加预应力。

全断面注浆锚杆施工完毕,待注浆封孔水泥浆液养护好后(一般为 48h)再装托梁、托盘、螺母,并采用风扳机或扭矩倍增器对锚杆、组合锚索螺母施加预应力,达到设计预紧力。锚杆的初始预紧力均为 40kN,预紧力矩为 100N·m;锚索的初始预紧力为 60kN,预紧力矩为150N·m。待注浆封孔水泥浆液凝固 7 天后,再对锚杆、锚索进行一次预紧。正在施工的扩修巷道迎头情况见图 3-136。

图 3-136　正在施工的扩修巷道迎头

3.6.5　"三锚"耦合支护效果观测

1. 测点设置与观测方法

1) 测点设置

为监测巷道围岩的变形情况,研究巷道扩修开挖后的矿压显现规律,先后在-440m 石门运输大巷北山风井起始点向里 107.9m 扩修段设立了 6 个测站,六个测站涵盖了 3 个特征段,1 全岩段、2 上岩下煤段、3 上煤下岩段。其中 1、2 号测站位于返修段全岩特征段 34.8m 范围内,测点间隔为 15m;3、4 号测站位于上岩下煤特征段 49m 内,测点间隔 20m;5、6 号测站位于返修段上煤下岩特征段 24.1m 内,测点间隔 10m。各特征段测站的布置如图 3-137

所示。各观测站采用跟踪设置方法，第一个观测站设置后，每施工到下一个观测站位置后，及时设置下一个观测站，确保所有观测项目在时间上的完整性和连续性。为了掌握支护试验段的锚杆(索)承载工况、围岩变形特征以及巷道支护状况，同时为支护设计进行修改、调整提供依据。本次对扩修巷道进行系统性的观测。在上述 6 个巷道表面位移观测站设置完成后，每个测站内同时在观测断面前后 2m 范围内的顶板上安设顶板离层指示仪，并在要观测离层的断面内设置顶板和两帮锚杆(索)测力计，观测锚杆(索)的工作状态，判断其参数是否合理，判断锚杆是否发生屈服、破断等。

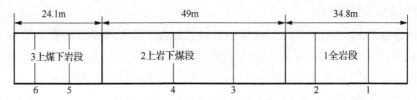

图 3-137　各特征段测站的布置

2) 观测方法

巷道表面围岩收敛量即顶底板移近量(CD)、两帮移近量(AB)和底臌量(OD)(测点位置如图 3-138 所示)。基点布置要牢靠，采用测尺等工具测量。

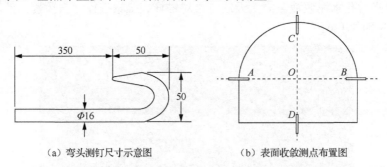

（a）弯头测钉尺寸示意图　　　　（b）表面收敛测点布置图

图 3-138　巷道表面位移观测点布置图(单位：mm)

2. 主要观测内容

为了检验"三锚"耦合支护系统的效果，本书对-440m 石门运输大巷矿压观测的主要内容包括围岩表面位移监测、围岩深部位移(包括离层指示仪、钻孔窥视)、锚杆(索)受力状态监测三个方面。

(1)围岩表面位移监测。围岩表面位移包括巷道顶底板移近量和两帮移近量等。根据巷道围岩表面位移值可以判断锚杆支护的效果和围岩的稳定状况。

(2)围岩深部位移监测。围岩深部位移主要是指围岩深部多点间的位移量。围岩深部位移反映了不同深度岩体的变形情况，可以了解巷道围岩各部分不同深度的位移、岩层弱化和松动范围(离层情况、塑性区、破碎区的分布等)；判断锚杆与围岩之间是否发生脱离，为修改锚杆支护设计提供依据。

(3)锚杆(索)受力状态监测。主要是为掌握锚杆(索)安装应力的大小，判断施工质量，进一步根据锚杆(索)的工作状态判断其参数是否合理，锚杆是否发生屈服、破断等。

3. 观测仪器

1) 锚杆(索)测力计

锚杆(索)测力计是用来监测锚杆(索)工作时轴向力大小的仪器,应用时,首先把压力盒套在锚杆托盘和外锚头的螺母之间,然后紧固螺母,对锚杆施加预应力,记录下压力表指示的初始值,此后定时记录锚杆压力与时间的变化关系。本次测定采用山东科大洛赛尔传感技术有限公司生产的锚杆(索)测力计,如图 3-139 所示,采用这种类型的锚杆(索)测力计时,压力可以由压力表直接读出。使用时首先将托板压力表套在锚杆托盘和外锚头的螺母之间(压力表的刻度盘朝外),然后紧固螺母,对锚杆施加预应力,记录下压力表指示的初始值,以后每两天观测一次,一周后改为 5 天观测一次,直到压力表读数基本稳定。

图 3-139　锚杆(索)测力计

2) 多点位移计

多点位移计是用来监测巷道在开挖以后整个服务期间深部围岩变形随时间变化的一种仪器。国内外围岩深部多点位移计的种类很多,具有不同的结构参数、组成和适用条件。本次试验采用山东科大洛赛尔传感技术有限公司生产的 DWJ-6 型多点位移计,如图 3-140 所示。

根据本次试验要求,采用的多点位移计最大测量深度为 5.5m,每个钻孔布置 6 个测点,分别为 5.5m、4.2m、2m、1.6m、1.2m、0.8m。

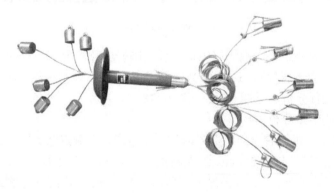

图 3-140　DWJ-6 型多点位移计

3) 断面收敛计

巷道表面相对位移的测量仪器种类很多,选用时应根据巷道尺寸及待测位移量要求的精度等决定。对于大跨度巷道,除了采用钢卷尺、游标卡尺式测杆,还可以用收敛计、测枪等。

本次试验主要采用收敛计测量。本收敛计由山东科大洛赛尔传感技术有限公司生产，具有操作简便、测量精度高、体积小、重量轻、密封性好等特点。测量范围为 0.5～20m，分辨率为 0.01mm，测量精度为 0.06mm，显示值稳定度为 24h 内不大于 0.01mm，见图 3-141。

图 3-141   巷道断面收敛计

4. 试验巷道表面位移观测与分析

现场观测情况见图 3-142。

图 3-142   现场观测情况

根据各特征段矿压观测结果、现场施工情况以及围岩位移情况(即 1、2 号观测站(全岩段)，3、4 号观测站(上岩下煤段)，5、6 号观测站(上煤下岩段))。对各特征段的观测数据进行整理，并分别作图进行分析，见图 3-143～图 3-148。

1) 全岩段位移观测结果分析

从图 3-143、图 3-144 可以看出，1、2 号测站为全岩段，两测点巷道围岩的顶底板最大移近量为 23mm、两帮最大移近量为 28mm、最大底臌量为 13mm；顶底板最大变形速率为 6mm/天、两帮最大变形速率为 6mm/天、底臌最大变形速率为 3mm/天。1、2 号测站巷道的变形高峰期集中在前 5 天，第 4 天施加锚索补强，巷道变形得到耦合控制，变形速率迅速下降，第 10 天实施浅孔锚注，巷道变形得到控制，稳定期提前，15 天左右已逐步趋于稳定。由于该段巷道为全岩巷道，顶底板岩性较好，底角多级组合锚杆对底臌的控制效果非常明显，底臌量较小，使得巷道围岩变形得到了有效的控制。

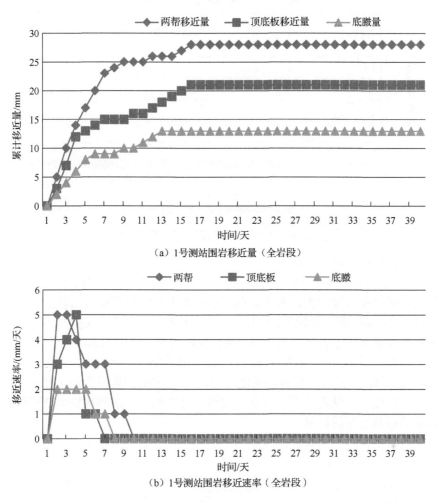

（a）1号测站围岩移近量（全岩段）

（b）1号测站围岩移近速率（全岩段）

图 3-143　1 号测站围岩移近量与移近速率

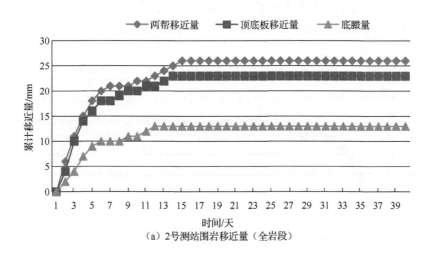

（a）2号测站围岩移近量（全岩段）

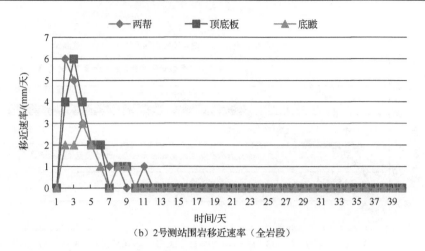

（b）2号测站围岩移近速率（全岩段）

图 3-144　2 号测站围岩移近量与移近速率

2）上岩下煤段位移观测结果分析

从图 3-145、图 3-146 可以看出，3、4 号测站处于上岩下煤段，由于底板和两帮煤层比较软弱，整体变形量比全岩段要大，其中，两测点巷道围岩的顶底板最大移近量为 42mm、两帮最大移近量为 49mm、最大底臌量为 21mm；巷道扩挖以后分级加载控制围岩变形明显，巷道围岩变形速率高峰期集中表现在前 5 天，顶底板最大变形速率为 8mm/天、两帮最大变形速率为 8mm/天、底臌最大变形速率为 4mm/天。第 4 天施加锚索补强后，围岩变形得到控制，第 10 天实施浅孔锚注，围岩变形得到迅速控制，15 天左右围岩变形趋于稳定。所有变形量都在设计控制范围之内，从巷道变形速率曲线图上可以看出，虽然底板为软弱煤层，岩性较弱，但是底臌已得到很好的控制。

3）上煤下岩段位移观测结果分析

从图 3-147、图 3-148 可以看出，5、6 号测站为上煤下岩段，巷道变形量比全岩段、上岩下煤段都要大。两测点巷道围岩的顶底板最大移近量为 42mm、两帮最大移近量为 51mm、最大底臌量为 21mm；巷道扩挖以后分级加载控制围岩变形明显，巷道变形高峰期表现出与其他特征段的一致性，即变形高峰期集中在前 5 天，顶底板最大变形速率为 6mm/天、两帮最大变形速率为 8mm/天、底臌最大变形速率为 3mm/天。从巷道围岩移近量与时间的关系曲线上可以看出，顶板和两帮都处在软煤层中，其变形量均大于底板，但是顶板和两帮在 15 天以后均逐步趋于稳定。

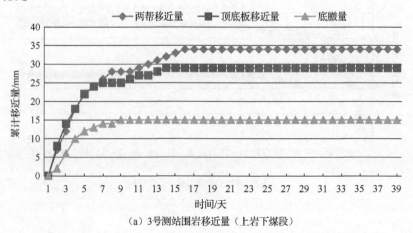

（a）3号测站围岩移近量（上岩下煤段）

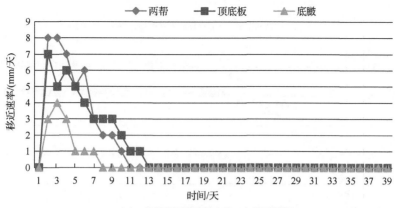

（b）3 号测站围岩移近速率（上岩下煤段）

图 3-145　3 号测站围岩移近量与移近速率

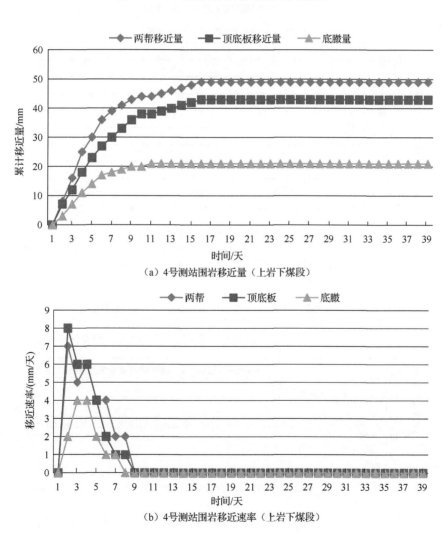

（a）4 号测站围岩移近量（上岩下煤段）

（b）4 号测站围岩移近速率（上岩下煤段）

图 3-146　4 号测站围岩移近量与移近速率

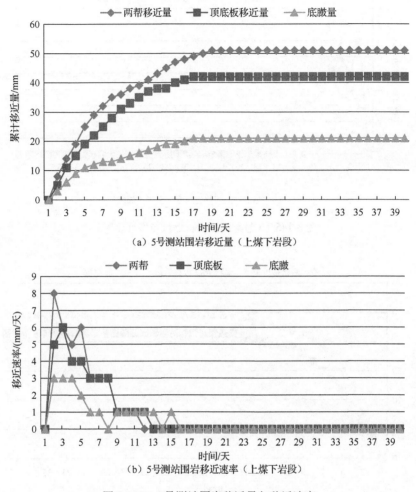

（a）5号测站围岩移近量（上煤下岩段）

（b）5号测站围岩移近速率（上煤下岩段）

图 3-147 5 号测站围岩移近量与移近速率

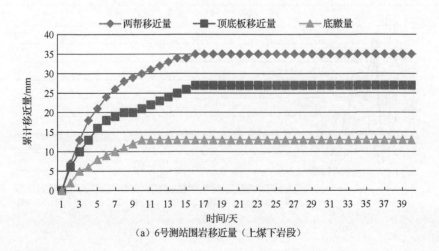

（a）6号测站围岩移近量（上煤下岩段）

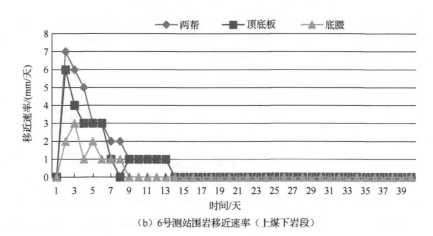

（b）6号测站围岩移近速率（上煤下岩段）

图 3-148　6 号测站围岩移近量与移近速率

4）位移观测结论

根据以上现场监控量测的实测资料可看出，各特征段两帮、顶底板和底臌收敛位移随时间的变化特征表现如下。

（1）从三个特征段的实测曲线中可看出，各特征段在支护结构施工过程中都有明显的分界点，可分为三个阶段：①增长和急剧增长阶段，出现在开挖后的 0～9 天，该阶段的平均位移量竟然达位移总量的 90%，说明锚网喷+锚索组成的"二锚"耦合支护发挥了很好的耦合作用，阻止了巷道围岩的初期过大变形；②缓慢增长阶段，在进行锚注加固后的 10～15 天，该阶段的平均位移量为位移总量的 8%，由此阶段巷道围岩变形的规律可以说明注浆提高了围岩的承载能力；③趋向稳定阶段，开挖后 16～40 天，围岩变形速率明显降低，该阶段的平均位移量为位移总量的 2%。

（2）从三个特征段的实测曲线中可看出，在耦合支护过程中底臌变化有明显的分界点，可分为两个阶段：①增长和急剧增长阶段，出现在开挖后的 0～7 天，该阶段的位移量竟达位移总量的 90%，这说明仅有底角锚杆、锚索支护不足以抵抗底板应力作用，使得变形急剧增长；②缓慢增长趋向稳定阶段，在进行锚注加固后的 10～15 天，该阶段的平均底臌量为总量的 10%，在此阶段由于对巷道底板进行了注浆加固，随着注浆固结体强度的提高，底板围岩变形速率明显下降，由此可说明注浆对于控制软岩巷道底臌具有重要作用；后期形成的多级组合底角锚杆、锚索、锚注对控制底臌产生了更好的效果。

（3）分阶段实施"三锚"耦合支护技术，适时对围岩变形进行有效控制，做到"先让后抗、强顶护帮、控底护角、分步加载、动态耦合"，实现了支护抗力与巷道围岩变形的耦合同步，有效地控制了高应力软岩巷道变形破坏，充分显示了"三锚"耦合支护技术的优势。

（4）采用先浅孔、后深孔注浆顺序，实现了锚注一体化，使巷道浅部的破碎围岩在锚网喷+锚索初级支护后很快胶结为一体，后期，注浆锚索对深部围岩的变形破坏进行了进一步加固，两次耦合注浆使巷道围岩在动态变形中进行了分期加固，有效地提高了巷道围岩自身承载能力，改善了破碎围岩内部的应力环境，有利于巷道的早期稳定。

（5）实施"三锚"耦合支护新技术时，高应力软岩巷道收敛变形时间比较短，从扩挖后变形加速阶段再到稳定阶段，各特征段巷道围岩均在 15 天左右趋于稳定，变形量均在设计要求范围之内，说明"三锚"耦合支护耦合作用效果明显，再加上后期注浆锚索二次补强，非常有利于巷道的长期稳定，对于服务年限较长的永久巷道来说，"三锚"耦合支护新技术设计方案是科学、合理、可行的。

通过以上观测结果可知，平煤股份六矿-440m 石门运输大巷各特征段在扩刷支护的前 5 天，围岩变形速率较大，15 天后趋于稳定。在 40 天的监测时间内，6 个测站顶底板移近量最大值和两帮移近量最大值，均在设计要求范围内。

5)现场测量结果与数值模拟对比分析

由 3.5 节数值模拟分析得"三锚"耦合支护后巷道两帮相对位移量最大值为 62mm，顶底相对最大位移量为 45mm，实际测量水平收敛最大值为 51mm，顶底收敛最大值为 42mm。与现场测量值进行对比可知，数值模拟结果偏大，由于在数值模拟时未考虑一些支护体力学参数，所以结果与实测值存在一定的差异，但巷道围岩在初期阶段的变形量较大，变形速度快，这与实际测量结果是一样的。数值模拟根据现场的地质资料和地应力测试结果作了许多简化，在此基础上得出的模拟结果不可能完全反映现场情况，但能从一定的侧面反映巷道的变形规律、围岩应力和塑性变化。实地测量体现了巷道施工和支护过程中的空间效应和时间效应，能够真实地反映现场状况。

5. 顶板多点位观测及分析

测站是通过多点位移计来监测顶板离层的。多点位移计点的布置深度分别是 5.0m、4.0m、3m、2.5m、2.0m、1.0m。最上面的一个点在锚索的锚固端，基本上在稳定围岩以内。每个测站的顶板位移分别用各点的基点到孔口的绝对位移来表示。将观测结果作图，试验巷道各测站断面的顶板多点位移计观测数据随时间的变化曲线见图 3-149～图 3-151。

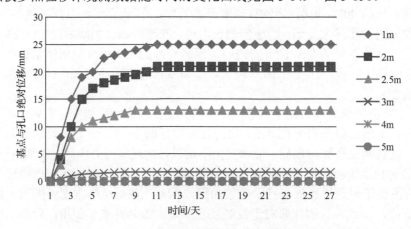

图 3-149　1 号测站顶板基点与孔口绝对位移(全岩段)

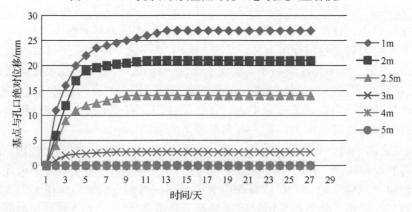

图 3-150　3 号测站顶板基点与孔口绝对位移(上岩下煤段)

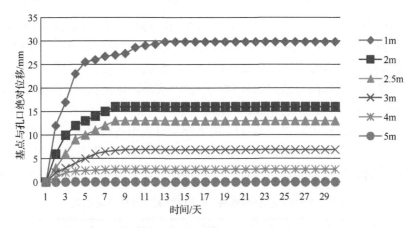

图 3-151　5 号测站顶板基点与孔口绝对位移(上煤下岩段)

从图 3-149～图 3-151 中可以看出，1 号测站顶板位移主要发生在锚杆安装后前 5 天，最大顶板位移为 25mm，主要顶板位移发生在 0～2.5m。3 号测站顶板位移主要发生在锚杆安装后前 6 天，最大顶板位移为 27mm，主要顶板位移发生在 0～2.5m。5 号测站顶板位移主要发生在锚杆安装后前 7 天，最大顶板位移为 29.8mm，主要顶板位移发生在 0～2.5m。

总结顶板深部位移发生的情况主要有以下几个特点。

(1)从实测曲线可看出，在顶板深部位移产生过程中具有明显的分界点，可分为三个阶段：①位移增长急速阶段，出现在 0～5 天，3 个观测点在该阶段的最大位移量分别为 20mm、23mm、26mm，前 5 天深部位移竟然达到位移总量的 80%、85%、87%，说明锚网喷+锚索耦合支护发挥了很好的耦合让压作用，阻止了巷道围岩的初期过大变形。②位移缓慢增长阶段，第 4 天施加锚索补强后，在 5～10 天，顶板深部位移得到控制，增长速率明显减小，该阶段的 3 个测站的深部位移量均为位移总量的 15%左右，由此可以看出，锚索补强很好地发挥了与前期锚杆支护的耦合作用。③趋向稳定阶段，第 10 天实施浅部锚注，顶板围岩深部位移迅速得到控制，该阶段的位移量为位移总量的 3%左右，该阶段巷道围岩顶板深部位移的规律可以说明注浆胶结了破碎围岩，改善了围岩结构，使深部已经产生的围岩应力迅速转移到浅部，此时锚杆、锚索的轴力处于下降状态，浅部围岩的承载能力得到一定程度的提高。

(2)各测点的位移主要发生在 0～2.5m，三个观测点的最大位移为 29.8mm。发生位移的区域主要是在锚杆支护结构所控制的范围内，这个位移数值在-440m 石门运输大巷"三锚"耦合支护设计控制之内，巷道顶部位移是完全可以承受的。当滞后锚杆第 4 天进行锚索补强后，深部位移速率明显下降，第 10 天浅部围岩注浆后，围岩深部位移迅速趋于稳定，3 个观测点的深部位移在巷道掘进后 10～15 天内均得到很好控制，深部位移没有继续发展，表现出支护系统中多级组合支护抗力的动态叠加耦合的一致性，"三锚"耦合支护控制巷道围岩变形效果非常明显。

6. 锚杆(索)受力监测与分析

锚杆(索)的受力状况反映了锚杆(索)的工作状况，也反映了该种条件下锚杆(索)的支护机理。锚杆(索)工作状况主要受锚杆(索)托锚力的影响，即锚杆托板对围岩的支护阻力。它是反映锚杆(索)锚固性能的综合指标，通过锚杆测力计来进行观测。

首先将托板压力表套在锚杆(索)托盘和外锚头的螺母之间(压力表的刻度盘朝外)，然后紧固螺母，对锚杆(索)施加预应力，记录下压力表指示的初始值，以后每两天观测一次，一周后改为 5 天观测一次，直到压力表读数基本稳定。托板压力表应安设在位移观测断面 1、3、5 处，每个断面安设 6 块压力表，即顶板锚杆(索)各 1 块，上帮和下帮锚杆(索)各 1 块。通过压力表的观测结果，可以随时监测锚杆(索)的受力状态，确定扩修期间锚杆(索)的稳定程度，进一步判断锚杆(索)体强度选择的合理性。

锚杆(索)托盘轴力测试历时 2 个多月，由于施工过程中各种因素的影响和破坏以及仪表质量问题，所测的数据并不十分完整。1 号测站(全岩段)观测结果见表 3-48；现对由实测 1 号观测站数据所绘制而成的锚杆(索)托盘轴力-时间曲线进行分析，如图 3-152 所示。

表 3-48　1 号观测站(全岩段)锚杆(索)测力计观测数据表　　　　(单位：kN)

日期/(月、日)	顶锚杆	左帮锚杆	右帮锚杆	顶锚索	左帮锚索	右帮锚索
7.3	40	40	40			
7.4	41	40	40			
7.5	45	41	40			
7.6	46	43	40	50	50	50
7.7	50	45	42	60	55	55
7.8	56	48	45	70	65	60
7.9	60	50	48	80	75	70
7.10	70	55	50	90	80	80
7.11	80	60	53	100	95	90
7.12	85	65	55	110	100	100
7.13	90	70	58	120	110	110
7.14	100	75	70	130	120	115
7.15	110	80	80	160	155	130
7.16	120	90	95	170	160	145
7.17	130	110	100	180	170	155
7.18	145	120	110	190	180	175
7.19	150	130	120	200	185	180
7.20	150	135	120	210	190	175
7.21	148	133	118	208	185	170
7.22	145	130	115	205	180	167
7.23	143	128	113	200	175	165
7.24	140	125	110	195	170	163
7.25	138	123	110	190	165	165
7.26	135	120	110	185	160	165
7.27	133	118	110	180	160	165
7.28	130	115	110	180	160	165
7.29	128	115	110	180	160	165
7.30	128	115	110	180	160	165
7.31	128	115	110	180	160	165

续表

日期/(月、日)	顶锚杆	左帮锚杆	右帮锚杆	顶锚索	左帮锚索	右帮锚索
8.1	128	115	110	180	160	165
8.2	128	115	110	180	160	165
8.3	128	115	110	180	160	165
8.4	128	115	110	180	160	165
8.5	128	115	110	180	160	165
8.6	128	115	110	180	160	165
8.7	128	115	110	180	160	165
8.8	128	115	110	180	160	165
8.9	128	115	110	180	160	165
8.10	128	115	110	180	160	165
8.11	128	115	110	180	160	165

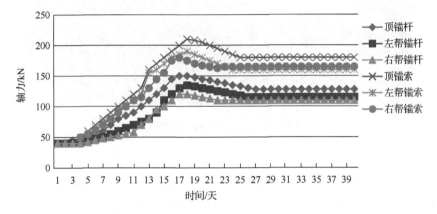

图 3-152　1 号测站锚杆(索)托盘轴力-时间曲线

　　通过监测发现，巷道顶部锚杆、锚索受力较大，全断面锚杆增阻稳定为 17 天范围内，17 天以后由于锚注的作用，锚杆(索)轴力呈下降趋势，23～25 天锚杆达到稳定期。锚索滞后锚杆 3 天施工，锚索受力在小于初始预应力 40kN 时应力曲线没有发生变化，当受力超过 40kN 后锚杆、锚索同步增阻，表现出很好的一致性，因此，锚索滞后锚杆施工起到了很好的耦合支护作用。从 1 号测站锚杆、锚索轴力-时间曲线可以看出：安装锚杆后的 1～5 天内轴力增长较慢，在 5 天过后锚杆轴力增长得比较快。在进行锚注加固的 10～15 天内，锚杆轴力不断增长，这是由于浆液还未完全凝固，注浆固结体的强度较低。随着注浆固结体强度的增加，锚杆受力也降低，注浆施工 6 天左右，围岩自身的承载能力在不断提高，在 17 天左右锚杆受力呈下降趋势，在 25 天左右锚杆、锚索达到稳定值，此时，顶锚杆受力最大值为 128kN，帮锚杆的最大值为 115kN，顶锚索的最大值为 180kN，帮锚索的最大值为 165kN。设计方案中，单根锚杆的锚固力为 180kN，锚索的锚固力为 240kN，与实测锚杆、锚索工作轴力比较，其设计安全系数分别为 1.4 和 1.3，因此，锚杆、锚索杆的设计是安全、合理的。以上观测结果充分说明滞后浅孔注浆改善了围岩内部结构，提高了围岩自身强度，为锚杆、锚索耦合支护创造了坚实的基础，保证了破碎围岩巷道的稳定性。

　　由以上现场及矿压监测分析可知，对平煤股份六矿-440m 石门运输大巷高应力软岩巷道采用"三锚"耦合支护新技术，大大提高了围岩的整体性和围岩强度，使单一的支护体支护抗力与围岩之间形成了一个多级组合动态叠加的耦合支护系统，从而有效控制了高应力软岩巷道的大变形、长蠕变问题。该大巷已按照"三锚"耦合支护设计方案扩修 520m，锚杆、锚索等支护体受力良好，未发现锚杆、锚索断裂现象，扩修后巷道稳定性良好，支护效果如图 3-153 所示。

图 3-153   "三锚"耦合支护效果

7. 监测监控

采用山东省尤洛卡自动化仪表有限公司生产的 KJD251 煤矿顶板离层报警计算机监测系统，对巷道围岩变形位移特征、顶板离层状况和锚杆的长期受力状况进行实时在线连续自动监测，采用配套软件对监测数据进行初步分析，并对顶板离层进行预报。系统中采用 KGE30 顶板离层监测传感器对巷道顶帮不同深度围岩的位移量和位移速度进行监测，采用 MLS-20S 锚杆测力传感器对锚杆的长期受力状况进行监测。

平煤股份六矿-440m 石门运输大巷每个测站之间的间距为 50m，KGE30 顶板离层监测传感器为双基点式。为监测不同深度围岩的位移量，在每个测站内，顶板布置 6～10 个基点，采用 3～5 个传感器(3～5 个孔)一组配合使用；每帮布置 4～8 个基点，采用 2～4 个传感器(2～4 个孔)一组配合使用。每个测站布置 3～5 个截面，沿巷道轴线方向，观测截面间距为 0.8m。

1 号测站布置 3 个观测截面，在测站内对锚杆、锚索长期受力状况同时进行监测。每隔 25m 设一个顶板离层监测截面，布置一个监测孔，安装一个顶板离层监测传感器。

3.6.6　经济效益和社会效益分析

1. 支护材料费用估算

锚杆、锚索支护材料及费用统计见表 3-49，注浆材料及费用统计见表 3-50，聚丙烯纤维混凝土喷层材料及费用见表 3-51。

表 3-49　锚杆、锚索支护材料及费用总计(步长, 3200mm)

序号	名称	型号	每步数/步	每米数/m	单价/(元/m)	总计/元
1	锚杆	Φ22-KMG335-2600	76	23.75	33.3	791
2	锚索	Φ17.8×7-10000	8	2.5	54.27	136
3	注浆锚杆	Φ25-40Cr-3000	30	9.4	23	216
4	组合锚索	Φ17.8×7-13000×4	6	1.9		
5	顶梯子梁	Φ14-Q235-3800×3	15	4.6	65	299
6	帮梯子梁	Φ14-Q235-1800×2	10	3.1	33	102
7	托盘	150×150×10-Q345	120	37.5	27	1013
8	顶金属网	12#-4200×1000-3	15	4.6	88	405
9	帮金属网	12#-1800×1000-2	10	3.1	44	136
10	锚具		8	2.5	25	62.5
11	锚固剂	CK2335	34	10.6	3	32
12	锚固剂	K2335	19	5.9	3	18
13	锚固剂	K2350	20	6.2	5	31
14	锚固剂	CK2350	28	8.7	5	43.5
	合计					3285

表 3-50　注浆材料及费用统计表(步长, 3200mm)

序号	名称	型号	每步数	每米数/m	单价/(元/m)	总计/元
1	普通水泥	P.O42.5	0.6t	0.19	480	91
2	添加剂	红星速凝剂	0.030t	0.009	890	8
3	封孔材料	橡胶止浆塞	36 套	11.25	3	34
4	超细水泥	DMFC-700	0.3t	0.09	2200	198
5	合计					331

表 3-51　聚丙烯纤维喷射混凝土费用统计表

名称	型号	每步数	每米数	单价/(元/m)	总计/元
聚丙烯纤维喷射混凝土	C20	5m³	1.56m³	260	406

根据表 3-49~表 3-51 的计算结果, 初步估算 "三锚" 耦合支护每米巷道消耗材料费为 4022 元。

2. 经济效益分析

1) 直接经济效益

根据 -440m 石门运输大巷以往返修情况, 返修费用一般在 2200 元/m, 按两年返修一次计算, -440m 石门运输大巷全长 750m, 该大巷根据目前矿井生产情况还需再服务 20 年, 需要返修 10 次, 共需要返修费用: 2200×750×10=1650(万元); 根据矿压观测预计采用 "三锚" 耦合支护技术后, -440m 石门运输大巷在 20 年内基本不用翻修。节省返修总费用 1650 万元。

可见, 对平煤股份六矿 -440m 石门运输大巷扩修工程实施 "三锚" 耦合支护后, 巷道围岩稳定性显著提高，减少了后期维护费用，降低了巷道服务期内的返修率，从而总体降低了支护成本，经济效益显著。

2)间接经济效益

平煤股份六矿-440m 石门运输大巷是连接下组(戊组)煤开采运输的核心通道，承担开采下部煤层全部材料、设备、人员的运输任务，对下组煤正常开采起着至关重要作用。按照常规须 2 年返修一次，势必造成下组煤开采的停产。按照六矿相邻采区的经验，返修一次需要停产 6 个月。本工程实施"三锚"耦合支护技术后基本上不需要返修，从而创造了巨大的间接经济效益：按照相邻采区原有经验，每两年返修一次，根据《规程》规定，下组煤开采必须在运输系统整修期间相应停产 6 个月，平均 1 年停产 3 个月。下组煤开采设计年产量为 50 万 t，月产量约为 4 万 t。按现吨煤成本 400 元，吨煤平均售价 560 元计。

每年返修影响经济效益：（560-400）×40000×3=1920（万元）。

平煤股份六矿-440m 石门运输大巷支护工程是该矿开采下组煤的先决条件和关键控制工程，"三锚"耦合支护技术的应用，解决了平煤股份六矿-440m 石门运输大巷的复杂高应力软岩巷道支护难题，为长期稳定开采下组煤创造了有利条件，间接经济效益十分可观。

3. 社会效益分析

本工程实施不仅取得了可观的经济效益，而且社会效益十分显著。

平煤股份六矿-440m 石门运输大巷是下组煤开采的关键通道。项目实施解决了深部松软破碎岩层大断面巷道围岩支护难题，有效保证了平煤股份六矿-440m 石门运输大巷的稳定性，为矿井的高效生产创造了良好的条件，为下组煤的开采以及同类巷道控制提供了成功经验。

目前，平煤股份六矿一水平所剩可采储量不多，现已逐步转入二水平开采，随着矿井开采深度的延伸，软岩巷道支护问题将是该矿面临的一大挑战，因此，解决深部高应力软岩巷道支护问题尤为重要。-440m 石门运输大巷通过"三锚"耦合支护技术的成功试验，节约了支护成本，减少了巷道维修次数，对该矿今后深部高应力软岩巷道的支护具有重要的指导意义。

该项目的成功研究，不仅解决了平煤股份六矿-440m 石门运输大巷松软破碎岩层大断面巷道的支护技术难题，同时为国内外同类条件下其他矿井软岩巷道支护问题具有重要参考价值。尤其是对平顶山天安煤业股份有限公司更具现实意义，目前，平顶山天安煤业股份有限公司下属绝大多数矿井开采深度逐年增加，该项目的成功研究对于今后解决平顶山天安煤业股份有限公司下属矿井开采下组煤中遇到的高应力软岩巷道的问题将会产生巨大的指导作用，其控制方法和成果可在条件类似的矿井中应用，具有较高的推广应用价值。

3.7 本章小结

本章在分析前人研究资料和对平煤股份六矿-440m 石门运输大巷破坏现状进行大量现场调研的基础上，认真研究了高应力软岩变形破坏特征及力学机理；深入探讨了"三锚"耦合支护技术原理，提出了"先让后抗、强顶护帮、控底护角、分步加载、动态耦合"的支护理念和"四阶段耦合支护"的施工工艺与方法；并在对新型超细水泥注浆材料和聚丙烯纤维混凝土喷层材料的力学性能进行实验室和现场试验研究的基础上，大胆地引进了地铁、隧道工程的中空注浆锚索和中空注浆锚杆新型支护材料；采用动态设计和计算机数值模拟的方法进行了支护参数的选择和设计，最后将初步设计结果在-440m 石门运输大巷中进行了工业性试验。

本章采用理论分析、动态设计、数值模拟、实验室试验和现场信息化工业性试验等方法，系统地研究分析了：①高应力软岩巷道"三锚"耦合支护机理；②高应力软岩巷道变形破坏特征及力学机制；③聚丙烯纤维混凝土喷层的力学性能及应用效果；④"三锚"耦合支护技术方案动态信息化设计；⑤"先让后抗、强顶护帮、控底护角、分步加载、动态耦合"支护技术和"四阶段耦合支护"的施工工艺与方法。通过系统研究得到以下主要结论。

(1)本书提出的"先让后抗、强顶护帮、控底护角、分步加载、动态耦合"支护对策，实现了支护抗力与巷道围岩变形的耦合同步，有效地控制了高应力软岩巷道变形破坏。并在平煤股份六矿-440m 石门运输大巷进行了现场工业试验，$36m^2$ 的深部高应力破碎复杂围岩巷道开挖支护后，15 天后巷道围岩变形趋于稳定，取得了理想效果。现场应用和监测表明，采用"三锚"耦合支护技术，适时迎合了高应力软岩巷道大变形、长蠕变的特点，在软岩巷道围岩的动态变形过程中，通过四阶段分步实施"喷锚网梁→锚索→锚注→组合锚索"，兼顾了"让压、支护、提高围岩强度"的三大软岩支护思想，体现了"以变治变、以动治动"的支护理念，实现了支护抗力与软岩变形的动态耦合，所形成的"先让后抗、强顶护帮、控底护角、分步加载、动态耦合"支护系统，充分发挥了"喷、锚、网、梁、索"的主动支护能力和围岩的自身承载能力，实现了支护体抗力与围岩变形的刚度和强度的动态耦合，可以很好地控制高应力软岩巷道的大变形，保证巷道围岩的长期稳定性，取得了良好的社会效益和经济效益，为今后深部高应力破碎复杂围岩巷道的控制技术提供了宝贵的经验。

(2)本章通过井下观测，在深入研究巷道开挖后巷道顶底板、两帮移近量、围岩松动圈、顶板围岩深部位移量以及锚杆托盘应力变化规律的基础上，根据位移反分析原理，确定了分阶段支护过程的最佳耦合支护时间，并开发研制出了锚注耦合注浆时间指示仪，通过对巷道围岩变形量实施动态监测来确定锚注最佳耦合支护时间。

通过锚杆与围岩、锚索与锚杆、锚注与围岩、锚注与组合锚索之间的耦合以及所形成的"先让后抗、强顶护帮、控底护角、分步加载、动态耦合"整体支护系统与围岩之间的多次耦合，使各个单一支护体形成一个强大的多级组合动态叠加的耦合支护系统。依据"先让后抗"的支护原理，最大限度地让压和适时对围岩锚注补强，从而最大限度地发挥了刚性锚杆的支护作用和锚索的深部悬吊作用以及围岩的自承能力，使支护系统和围岩变形达到动态耦合的最佳支护状态，主动促使巷道围岩的早期稳定。实践证明，"三锚"耦合支护技术是解决高应力软岩巷道支护难题的一条有效途径。

(3)聚丙烯纤维混凝土喷层现场试验测试结果表明：不改变混凝土的原配合比，掺入 $0.9kg/m^3$ 聚丙烯纤维后，聚丙烯纤维混凝土比同样配比的素混凝土的抗拉强度提高了 48.56%，抗剪强度提高了 51.98%，抗弯强度提高了 26%，非常有利于提高混凝土的抗裂能力和耐久性能，混凝土喷层护表能力得到显著提高，非常有利于巷道的早期稳定。同时，井下现场试验表明，聚丙烯纤维混凝土喷层能有效降低混凝土的回弹损失率，比普通混凝土喷层的回弹损失率降低了 45.39%，回弹损失率降低近 1/2，从而降低了混凝土的用量，节约了成本。

(4)高强度中空注浆锚杆和组合锚索的应用，使锚杆、组合锚索承担了"锚"和"注"的双重任务，非常有利于"锚注一体化"施工。中空注浆锚杆、组合锚索注浆后使锚杆、锚索实现了全长锚固，克服了树脂锚杆锚固长度短、锚固力低的缺陷，采用注浆与预应力两种不同性能的组合结构对巷道进行耦合支护，能发挥两种支护形式的各自特点。高强度中空注浆锚杆和组合锚索的应用，不仅使破碎围岩重新胶结成整体，形成新的承载结构，提高了围岩的整体稳定性，而且注浆后使预应力锚杆、锚索的自由段得到了有效充填，改善了预应力锚杆、锚索的整体力学性能，充分发挥了"三锚"耦合支护的综合作用。

(5) 为了考察"三锚"耦合支护效果，先后在 -440m 石门运输大巷北山风井起始点向里107.9m 试验段，即全岩段、上岩下煤段、上煤下岩段 3 个特征段设立了 6 个测站。现场实测结果显示：全岩段顶底板相对最大移近量为 23mm、两帮最大移近量为 28mm、最大底臌量为13mm；上岩下煤段顶底板相对最大移近量为 42mm、两帮最大移近量为 49mm、最大底臌量为 21mm；上煤下岩段顶底板相对最大移近量为 42mm、两帮最大移近量为 51mm、最大底臌量为 21mm。三个特征段巷道围岩最大变形量均在设计控制范围内。采用"三锚"耦合支护后，在 40 天的监测时间内，从三个特征段的实测结果中可看出，无论是巷道的表面位移还是巷道顶板深部离层和锚杆、锚索的受力均表现出一致性。各特征段在支护结构施工过程中都有明显的分界点，可分为三个阶段：增长和急剧增长阶段，出现在巷道开挖后前 5 天；缓慢增长阶段，出现在 6～15 天；趋向稳定阶段，出现在巷道开挖 15 天以后。实测结果说明分阶段实施"三锚"耦合支护技术，适时对围岩变形进行有效控制，做到"先让后抗、强顶护帮、控底护角、分步加载、动态耦合"，实现了支护抗力与巷道围岩变形时间和空间的耦合同步，充分显示了"三锚"耦合支护技术的优势，有效地控制了高应力软岩巷道变形破坏。

(6) 理论分析和井下现场试验表明，-440m 石门运输大巷"三锚"耦合支护最佳耦合支护时间为：锚、网、喷支护紧跟掘进迎头施工；锚索支护滞后于锚杆 2.4m（3 天后）施工；锚注滞后于锚索 4.8m（8 天后）施工；组合锚索滞后于锚注 8m（10 天后）施工。

(7) 井下实测结果显示，巷道底臌变化出现在锚注之前，说明仅有底角锚杆、锚索支护不足以抵抗底板应力作用，当对底板采取锚注加固后，随着注浆固结体强度的提高，底板围岩变形速率明显下降，由此可说明，注浆对于控制软岩巷道底臌具有重要作用，"三锚"耦合支护后期形成的多级组合底角锚杆、锚索、锚注对控制底臌产生了很好的控制效果。

(8) 实践证明，在深部高应力破碎复杂围岩巷道中采用"三锚"耦合支护技术，不仅显著提高了巷道的支护效果，保证了巷道的安全状况，而且降低了巷道维护成本，减轻了工人劳动强度，取得了巨大的技术经济效益和社会效益。初步估算：-440m 石门运输大巷服务年限为 20 年，按每两年返修一次估算直接经济效益，20 年共节约返修费用达 1650 万元；返修巷道影响下组煤开采间接经济效益达每年 1920 万元。

(9) 需要说明的问题。根据井下现场试验，四阶段耦合支护（锚网喷+锚索+锚注+组合锚索）的最佳耦合支护时间选择是保障"三锚"耦合支护技术取得成功的关键。根据现场检测可知，注浆时间越早，收敛期越短。可以理解为巷道重新开挖后，新的松动圈开始发展，经过充填注浆的围岩对其起到阻碍作用，减少了围岩变形量，缩短了收敛期，而在新松动圈形成期，未能及时注浆的地段将会产生变形量增加，引起收敛期加长。因此，在施工中特别强调的是：在现场施工条件允许的情况下，尽可能提前注浆，注浆延迟不利于巷道的早期稳定。

第4章 复杂条件下沿空送巷小煤柱强化支护技术

4.1 沿空送巷顶板结构特点分析

沿空送巷是我国20世纪70年代以后逐渐推广的一种巷道布置方式，即沿着上区段采空区，在采空区边缘留设一定宽度的煤柱，在煤层内布置回采巷道，有效地隔离了回采工作面与上一采空区。其基本顶在经过初次来压后呈"O-X"破断，在周期来压的过程中，基本顶随周期来压呈周期性的破断下沉，并沿工作面的走向方向形成砌体梁结构，在工作面煤壁上方位置形成了弧形的三角岩块。上区段工作面回采后采空区形成该结构，巷道掘进期间的扰动、本区段工作面回采时超前支承压力对该结构场会有影响，其稳定性经历了掘进前的稳定—掘进扰动影响—掘后稳定—本区段工作面采动影响的过程。因此对该结构的稳定性分为三个阶段进行分析：掘进前、掘进期间、受本区段工作面采动影响期间。

丁$_{5-6}$-22240工作面属于典型的孤岛工作面，其风机巷开掘的前提条件是丁$_{5-6}$-22220工作面和丁$_{5-6}$-22260工作面采空区顶板围岩已基本稳定，也就是说在采空区上方形成的弧形三角煤块结构稳定且不再发生剧烈运动时，才能开始丁$_{5-6}$-22240工作面风机巷的掘进。

在丁$_{5-6}$-22240工作面风机巷的掘进过程中，弧形三角岩块结构并没有受较大影响，主要的影响因素在于丁$_{5-6}$-22240工作面的向前推进过程，丁$_{5-6}$-22240工作面前方的超前支承压力势必会对已稳定的弧形三角岩块造成巨大的影响，加剧弧形三角岩块的旋转下沉运动，这将促使丁$_{5-6}$-22240工作面风机巷顶板受力增加，煤柱内应力分布改变，应力大小也有所增加，对丁$_{5-6}$-22240工作面风机巷的稳定性造成威胁。为了改变回采过程对弧形三角岩块运动的二次影响，维护沿采空区开掘的巷道以及留设煤柱的稳定性，应当充分研究弧形三角岩块结构的力学模型与对沿采空区开掘巷道的影响，分析其运动规律以及结构的稳定性，从而减小回采工作对弧形三角岩块结构的影响，进而确保沿空送巷的稳定性，以及煤柱的整体完好性。

4.1.1 采场围岩应力分布规律

矿山压力显现是由于人类工程活动破坏了岩体中原有的力学平衡，改变了原岩应力最初的形态，造成岩体中的应力重新分布，进而产生了矿井生产中常见的巷道变形、顶板破碎、煤壁片帮等现象。煤层的开采也是同样的道理。回采巷道作为矿井生产系统中重要的组成部分，不仅在巷道掘进的时候会发生巷道顶板下沉、底臌两帮移近等一系列矿压显现现象，而且在工作面向前推进的过程中会受到二次采动应力影响。回采工作面的受力情况与回采巷道类似。采煤工作面自开切眼向前推进后，回采过后的采空区域顶板岩层处于悬臂状态，工作面继续向前推进，待老顶初次来压后，采空区顶板断裂下沉，上部荷载传递到采空区后的垮落岩石上和工作面前方实体煤上。工作面回采后的支承压力分布见图4-1。

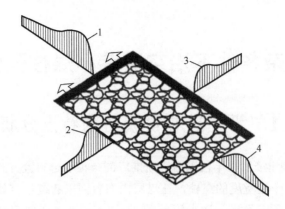

图 4-1　工作面回采后的支承压力分布图

1-工作面前方超前支承压力；2、3-工作面侧向支承压力；4-工作面后方采空区支承压力

由工作面回采后采空区的支承压力分布图可以看出，回采工作面前方的煤层和顶板岩层中形成超前支承压力分布区，超前支承压力峰值位于回采工作面前方距工作面煤壁较短距离的位置上，峰值位置随着工作面的向前推进而向前移动。回采工作面向前推进一定距离后，老顶初次来压时，基本顶开始在工作面后方采空区断裂下沉，伪顶和直接顶垮落填充采空区，随着顶板的下沉运动，采空区的冒落碎石逐渐压实，后方采空区渐渐趋于稳定。在采空被压实后，采空区上覆岩层传来的荷载可以转向压实的碎石上，减缓了上覆岩层的连续下沉，所以在重新压实的采空区内存在支承压力区，只不过与工作面前方的超前支承压力区和工作面两侧的侧向支承压力区相比较小。工作面两侧的侧向支承压力区相对较稳定，分布规律并不随工作面的移动而发生较大的变化。

4.1.2　沿空送巷基本顶结构稳定分析

根据工程实际及理论分析发现，影响大采高沿空送巷的主要因素包括：①回采工作面的采动影响；②基本顶围岩结构的稳定性。

具体分析可发现，基本顶围岩结构的稳定性是影响沿空送巷的关键因素。从前人的研究中可知，在采空区边缘(与煤体接触的地方)上方顶板中，由于回采过后基本顶的断裂旋转下沉形成了弧形三角岩块结构(块体 B)，此结构在经过回转下沉后逐渐达到稳定状态，此时采空区也就处于稳定状态。

工作面开挖后，受开挖卸荷作用，直接顶发生不规则的破断垮落。基本顶在失去直接顶的支承作用后，同样发生断裂、回转以及下沉，这一过程持续到采空侧形成如图 4-2 和图 4-3 所示的由块体 A、块体 B、块体 C 组成的铰接结构。覆岩垮落稳定后，由图 4-2 和图 4-3 可见，沿空留巷处在块体 B 的下方，由此可知，块体 B 对沿空留巷上覆岩体结构的稳定至关重要。

工作面回采期间，回采巷道的剧烈变形也是由于块体 B 结构发生了强烈的变化，可以看出影响沿空送巷稳定性的最重要因素是块体 B 结构的稳定性。所以仅需确保工作面端头处形成的块体 B 结构的稳定性就能大大改善采场围岩的稳定性。

综采工作面采动留巷阶段侧向顶板结构将产生破断、失稳，其过程演绎如下。

(1)基本顶破断后，块体 B 侧向失去了下覆岩层的支承而发生回转变形，原有的前方顶板结构的稳定状态遭到破坏，块体 B 和块体 C 作为顶板侧向结构处于不稳定的运动状态，迫使块体 B 发生下沉，造成工作面后方产生较大支承压力，如图 4-3 所示。

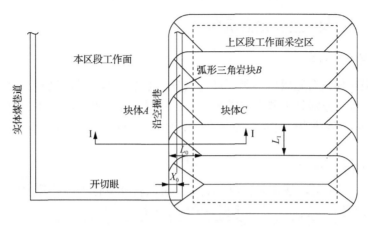

图 4-2　沿空送巷弧形三角岩块结构的平面示意图

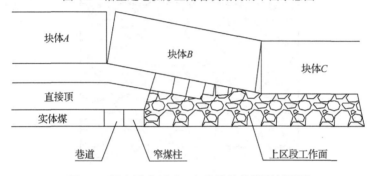

图 4-3　沿空送巷弧形三角岩块结构模型剖面图

（2）高支承压力的影响下，上覆岩体结构中的块体 B 将发生回转下沉。侧向顶板结构的这种不稳定的运动状态将促使围岩应力再一次发生移动和集中，其影响程度要远远高于工作面前方围岩应力的流动和集中。

（3）采空区侧向顶板结构造成的剧烈支承压力集中现象是留巷围岩支护结构发生变形破坏的主要原因，并且这种附加的采动支承应力的不均匀性促使巷道顶板、底板、煤帮及充填体发生不均衡的变形。

（4）采空区侧向顶板结构平衡自遭到打破后，直到工作面后方围岩变形稳定，侧向结构中各块体的支承结构并未改变。因此，在本工作面回采时，只要支护围岩结构保持稳定，巷道就不会发生失稳破坏，侧向顶板结构的平衡会在下个工作面回采时遭到破坏，进而发生失稳。

4.2　沿空送巷小煤柱注浆加固技术

注浆技术对于破碎煤层巷道的围岩支护，以及采煤工作面顶板控制效果显著。巷道围岩的稳定性主要取决于围岩的性质和掘巷后围岩的应力变化、赋存状态。巷道开挖导致围岩本身承载的应力加大，况且岩体过于破碎失去承载能力，而成为支护的荷载，不利于巷道的稳定。注浆加固就是通过向已破坏的裂隙中注入浆液，重新胶结裂隙面来密实围岩并提高其强度，达到应力平衡，充分发挥围岩的自承能力。

4.2.1 沿空送巷小煤柱注浆加固机理

1. 孔隙-裂隙岩体类型

根据孔隙-裂隙理论对底板岩体类型进行划分，考虑岩体的破碎度和裂隙连通度，将底板岩体分为 4 种类型，分别是 I 型完整隔水岩体、II 型非连通性裂隙岩体、III 型连通性裂隙岩体和IV型破碎岩体。为研究岩体的阻水和隔水性能，在孔隙-裂隙理论的基础上，对岩体的形态进行了概化。

1) I 型完整隔水岩体

底板的岩层发育完整，基本无裂隙，宏观上可以将其概化为高孔隙度单一渗透率模式，如图 4-4 所示，定义此类底板岩体为 I 型完整隔水岩体。

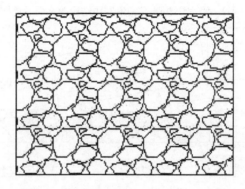

图 4-4　高孔隙度单一渗透率岩层

该模型宏观上将底板岩体概化为均匀的孔隙型介质，孔隙分布连续、渗透率相同，介质具有单一孔隙度和单一渗透率。当岩层的渗透率很低，或者接近于零时，该岩层可以被视为隔水层。

在有效应力和孔隙压力影响下，I 型完整隔水岩体应力-应变关系方程可表示为

$$\varepsilon_{ij} = \frac{1+\nu}{E}\sigma_{ij} - \frac{\nu}{E}\sigma_{kk}\delta_{ij} - \frac{1}{3H}p\delta_{ij} \tag{4-1}$$

式中，p 是流体压力；ε_{ij}、σ_{ij} 分别为应变张量和应力张量；ν 是泊松比；H 是比奥常数；σ_{kk} 是静水压力，也可以写成：$\sigma_{kk} = \sigma_1 + \sigma_2 + \sigma_3$；$E$ 是杨氏弹性模量；δ_{ij} 为换算符号，$i=j$ 时，$\delta_{ij} = 1$；$i \neq j$ 时，$\delta_{ij} = 0$ (i, j=1，2，3)。

I 型完整隔水岩体的固体相控制方程可表示为

$$Gu_{i,jj} + (\lambda + G)u_{k,ki} + \alpha p_j = 0 \tag{4-2}$$

式中，G 是剪切模量；λ 是拉梅常数；α 为比奥系数；u_i 是位移。

I 型完整隔水岩体的流体相控制方程为

$$-\frac{k}{\mu}p_{,kk} = \alpha\varepsilon_{kk} - c^*\dot{p} \tag{4-3}$$

式中，$\dot{p}$ 表示 p 对时间的导数；k 为渗透率；c^* 是集总可压缩性。

2) II 型非连通性裂隙岩体

如果岩层存在明显的结构弱面，如裂隙或断层等，但是没有贯通，宏观上如图 4-5 所示，

则得裂隙不相互贯通的裂隙岩体定义为Ⅱ型非连通性裂隙岩体，如受断层构造影响的泥岩互层或者粉砂岩层。

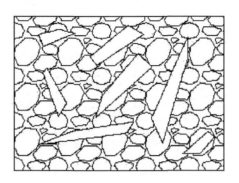

图 4-5　孔隙-孤立裂隙岩层

由于裂隙(次生孔隙)的存在，此类型岩体介质被划分成岩隙(原生孔隙)和岩基。相对应地，把不含裂隙的部分小岩块称为孔隙体，把含裂隙的部分小岩块称为裂隙体。原生孔隙的孔隙度称为原生孔隙度；次生孔隙的裂隙度称为次生孔隙度；该种类型岩体含有原生和次生双孔隙度。根据双孔隙度的定义，裂隙中的流体和岩基中的流体控制方程各自既独立，又可通过公用的函数进行叠加。此种岩体类型可模拟具有高存储能力和低渗透能力的岩层。Ⅱ型非连通性裂隙岩体的固体相控制方程可表示为

$$Gu_{i,jj} + (\lambda + G)u_{k,ki} + \sum_{m=1}^{2} \alpha_m p_{m,i} = 0 \qquad (4\text{-}4)$$

式中，α_m 表示 m 相比奥系数，$m=1$ 和 2，分别代表岩基和岩隙。

Ⅱ型非连通性裂隙岩体的流体相控制方程为

$$-\frac{k}{u} p_{m,kk} = \alpha_m \varepsilon_{kk} - c^* \dot{p} \pm \varGamma(\Delta p) \qquad (4\text{-}5)$$

式中，$\varGamma$ 表征由压差 Δp 引起的裂隙和孔隙的流体交换速率，正号表示从孔隙中流出，负号表示流入孔隙中；字母上面圆点表示对时间求导数；k 是等效渗透率。

3)Ⅲ型连通性裂隙岩体

Ⅲ型连通性裂隙岩体(图 4-6)比Ⅱ型非连通性裂隙岩体更加破碎。该种类型岩体裂隙间虽然连通导水，但是该类型岩体用于储水的空间相对较小。薄层灰岩裂隙含水层、砂岩裂隙含水层可视为该种类型岩层，开采时工作面突水危险性大。

Ⅲ型连通性裂隙岩体由渗透性低/孔隙率高的孔隙体和渗透性高/孔隙率低的裂隙体组成，如图 4-6 所示。此种模型是双渗透率和双孔隙度模型，含有低渗透性孔隙的含裂隙地层适用本模型。

Ⅲ型连通性裂隙岩体的固体相控制方程与非连通性裂隙模型控制方程的形式相同，见式(4-4)。而Ⅲ型连通性裂隙岩体的流体相控制方程可表示为

$$-\frac{k_m}{u} p_{m,kk} = \alpha_m \varepsilon_{kk} - c^* \dot{p} \pm \varGamma(\Delta p) \qquad (4\text{-}6)$$

式中，k_m 为 m 相渗透率。

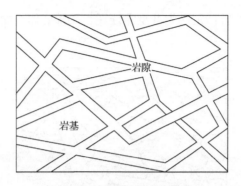

图 4-6 连通性裂隙岩体

4) Ⅳ型破碎岩体

Ⅳ型破碎岩体(图 4-7)非常破碎,岩层内部既有以小裂隙为主的次生裂隙通道,又有以较大裂隙为主的主裂隙通道,由于裂隙通道发育,该类型岩层出水的概率很大。定义此种类型岩体为Ⅳ型破碎岩体,如灰岩岩溶裂隙型含水层等。工作面若突水,影响比较严重。

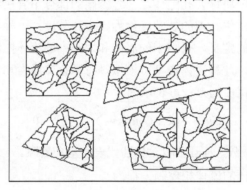

图 4-7 三孔隙度岩体

Ⅳ型破碎岩体(图 4-7)也称为三孔隙度岩体,该类型岩体宏观上通过主干裂隙将岩体划分为多个渗透率较低的小裂隙系统,小裂隙系统视为孔隙体的组成部分,小裂隙系统与主干裂隙由于压力差而存在流体交换。Ⅳ型破碎岩体的固体相变形控制方程表示为

$$Gu_{i,jj} + (\lambda + G)u_{k,ki} + \sum_{m=1}^{3} \alpha_m p_{m,i} = 0 \tag{4-7}$$

式中,m=1、2 和 3,分别代表孔隙、裂隙和裂缝。

该模型流体相的对应方程为

$$-\frac{k_{13}}{u} p_{1,kk} = \alpha_1 \varepsilon_{kk} - c_1^* \dot{p}_1 \pm \Gamma_{12}(p_2 - p_1) + \Gamma_{13}(p_3 - p_1) \tag{4-8}$$

$$-\frac{k_{13}}{u} p_{2,kk} = \alpha_2 \varepsilon_{kk} - c_2^* \dot{p}_2 \pm \Gamma_{21}(p_1 - p_2) + \Gamma_{23}(p_3 - p_2) \tag{4-9}$$

$$-\frac{k_3}{u} p_{3,kk} = \alpha_3 \varepsilon_{kk} - c_3^* \dot{p}_3 \pm \Gamma_{31}(p_1 - p_3) + \Gamma_{32}(p_2 - p_3) \tag{4-10}$$

式中,k_{13} 是裂隙与岩基的平均渗透率;k_3 是裂缝渗透率;Γ_{ij} 是流体交换率。

2. 注浆加固前孔隙-裂隙岩体的流固耦合控制方程

国内外专家学者对注浆前原始孔隙-裂隙岩体的研究比较多，但在解决煤矿底板渗流与突水问题时发现，一些参数的推导与测定对结果影响很大，如渗透率的变化影响流体相控制方程求解；而影响固体相变形控制方程的参数更多。按照孔隙-裂隙弹性和损伤力学理论，材料的均质性、各向同性、各向异性和损伤等因素都是需要确定的变化参数。

1) 注浆加固前流体相控制方程及参数求解

按照孔隙-裂隙弹性理论，注浆加固前具有 m 相渗透率岩体的流体相控制方程可概括表达为

$$-\frac{k_m}{\mu}p_{m,kk} = \alpha_m \dot{\varepsilon}_{kk} - c^* \dot{p}_m \pm \Gamma(\Delta p) \tag{4-11}$$

对单—孔隙度模型，Δp 无变化，流体相控制方程变为

$$-\frac{k_m}{\mu}p_{m,pp} = \alpha_m \dot{\varepsilon}_{kk} - c^* \dot{p} \tag{4-12}$$

式中，k_m 为 m 相渗透率。其中，k 为单一渗透率岩层的渗透率；c^* 是集总可压缩性；Γ 是裂隙和孔隙间隙的流体交换速率，由压差 Δp 引起，正号表示从孔隙中流出，负号表示流入孔隙中。

从式 (4-11) 可以看出，渗透率是流体相控制方程的重要参量，对方程有直接影响。渗透率是底板岩体的固有属性，受到局部应力场的影响，会发生变化，使得现场渗透率测量非常困难，如果可以换算成其他可以比较容易测量的参数会很方便。由黎水泉等的研究成果得到渗透率、孔隙度与净应力的回归关系式：

$$k = k_0\left[1 - \left(\frac{p}{n}\right)^m\right]^3 \tag{4-13}$$

$$\varphi = \varphi_0\left[1 - \left(\frac{p}{n}\right)^m\right] \tag{4-14}$$

式中，k 为岩体渗透率；k_0 为净应力为零时岩体初始渗透率；φ_0 为岩体初始孔隙度；p 为净应力，当有效应力系数为 1 时，与有效应力相等；n、m 为系数。

学者尹尚先将孔隙-裂隙概化成椭球体，研究得到有效压缩系数为

$$\beta_{\text{eff}} = \beta_s\left(1 + m\frac{\phi}{\alpha}\right), \quad m = \frac{E(3E + 4G)}{\pi G(3E + G)} \tag{4-15}$$

式中，E、G 是岩体弹性模量和剪切模量；ϕ 为孔隙度；β 为压缩系数；α 为纵横比。

当 α 很小趋近无穷小时近似为裂隙，趋近于 1 时近似为孔隙。

已知波速与弹性模量存在关系：

$$\text{VP} = \sqrt{G/\rho} = \sqrt{E(1-\mu)/\left[\rho(1+\mu)(1-2\mu)\right]} \tag{4-16}$$

式中，E、G 是弹性模量和剪切模量；μ 为泊松比；ρ 为岩体密度。

根据式 (4-16) 可以得到波速表达的现场岩体的弹性模量和剪切模量。波速测试为分析煤层底板岩体性质的重要手段。目前设备也容易测得现场岩体的波速。

所以，综合式 (4-13)～式 (4-16)，得到用波速和压缩系数表达的渗透率公式为

$$k = k_0 \left[\frac{\alpha(\beta_{\text{eff}} - \beta_s)}{\beta_s m \varphi_0} \right]^3 \tag{4-17}$$

其中，$m = \dfrac{E(3E + 4G)}{\pi G(3E + G)}$，$E = \text{VP}^2 \left[\rho(1+\mu)(1-2\mu) \right] / (1-\mu), G = \rho \text{VP}^2$。

2）不考虑岩体损伤各向异性的固体相控制方程

不考虑岩体损伤的孔隙-裂隙弹性岩体的固体相变形控制方程为

$$G u_{i,jj} + (\lambda + G) u_{k,ki} + \sum_{m=1}^{3} \alpha_m p_{m,i} = 0 \tag{4-18}$$

式中，m=1、2 和 3，分别代表孔隙、裂隙和裂缝。

这些孔隙-裂隙岩体的流固耦合方程，很好地解释了水压作用下以及饱和多孔隙度条件下含水层岩体的本构关系。但是，通过岩体的不同类型模型可以看出，Ⅱ、Ⅲ和Ⅳ型裂隙岩层具有明显裂隙，存在损伤现象，损伤对于材料的影响是不可忽视的，而上述固体控制方程中没有考虑损伤的影响。

3）考虑损伤的各向异性饱和孔隙-裂隙岩体变形控制方程

Ⅱ、Ⅲ和Ⅳ型岩体裂隙比较发育，损伤现象明显。将其仍视为完整无裂隙近似均质的材料，然后进行求解得到固体相变形控制方程，一定程度上满足理论和数值计算的需要。但事实上，底板灰岩含水层一般不是非均质的，而且由于形成阶段和天然裂隙存在等有很明显的各向异性，求解考虑材料的各向异性和非均质性条件的裂隙岩层的固体相控制方程很有必要。与均质岩体的本构方程相比，裂隙各向异性岩体的本构方程要更严格、更复杂。

（1）破碎岩体的损伤张量表述。

20 世纪 50 年代末，Kachanov 和 Paothob 等引进损伤概念，用来表示结构有效承载面积的相对减少。损伤现象使岩体细观结构发生变化，使得岩体的强度等参数趋向降低。在 Sayers 和 Kachanov、Lubarda 和 Krajcinovic 以及 Shao 的相关研究中，岩体被视为被许多节理或裂隙分割的岩块结构体，并定义二阶损伤张量 $\tilde{D}$ 为

$$\tilde{D} = \sum_{k=1}^{N} m_k \left(\frac{\hat{a}_k^3 - a_0^3}{a_0^3} \right) (\boldsymbol{n} \otimes \boldsymbol{n})_k \tag{4-19}$$

式中，a_0 为初始裂纹的平均半径；$\hat{a}_k$ 为第 k 类簇裂纹的平均半径；k 为具有相同单位法向量的类簇；$\boldsymbol{n}$ 为裂纹单位法向量；m_k 为第 k 类簇裂纹的数量。

（2）孔隙-裂隙岩体变形控制方程。

损伤现象使得岩体的弹性模量受到影响，理论分析时需要求解损伤岩体的有效弹性模量。因为能量守恒原理可以很好地解释不可逆应变或者残余应力，在此借鉴 Cormery、Halm 和 Dragon 以及 Shao 等的热力学势能函数，假设岩体是饱和的、各向异性损伤的，属于孔隙弹性材料，温度恒定时，热动力学势能函数为

$$w = w_1\left(\tilde{\varepsilon}, \tilde{D}\right) + w_2\left(\tilde{\varepsilon}, \tilde{D}, \zeta\right) \tag{4-20}$$

$$w_1\left(\tilde{\varepsilon}, \tilde{D}\right) = g \text{tr}\left(\tilde{\varepsilon}, \tilde{D}\right) + \frac{\lambda}{2}(\text{tr}\tilde{\varepsilon})^2 + \mu \text{tr}(\tilde{\varepsilon}\tilde{\varepsilon}) + \alpha \text{tr}\tilde{\varepsilon} \text{tr}\left(\tilde{\varepsilon}, \tilde{D}\right) + 2\beta \text{tr}\left(\tilde{\varepsilon}\tilde{\varepsilon}\tilde{D}\right) \tag{4-21}$$

$$w_2\left(\tilde{\varepsilon}, \tilde{D}, \zeta\right) = g_v^0 \zeta - \zeta M\left(\tilde{D}\right) \tilde{\alpha}\left(\tilde{D}\right) : \varepsilon + \frac{1}{2} M\left(\tilde{D}\right) \zeta^2 \tag{4-22}$$

式中，w_1 为干燥岩体热动力学势能函数；w_2 为饱和时受到损伤的孔隙-裂隙岩体热力学势能函

数；g_v^0 为流体的初始体积熔；M 为比奥模量，属于标量，与损伤张量有关；α 为对称二阶张量，$\alpha_{ij}=\alpha_{ji}$；β 为损伤各向异性岩体的比奥有效应力系数；λ、μ 为拉梅常数。

假设初始孔隙水压力为零，当饱和流体满足线性状态规律时，可得到不排水条件下孔隙-裂隙岩体的状态方程：

$$\tilde{\sigma} = \tilde{M}^u(\tilde{D}):\tilde{\varepsilon} - \tilde{M}(\tilde{D})\tilde{\alpha}(\tilde{D})\zeta \tag{4-23}$$

$$p = M(\tilde{D})\left[\zeta - \tilde{\alpha}(\tilde{D}):\tilde{\varepsilon}\right] \tag{4-24}$$

式中，$\tilde{M}^u$ 为注浆加固前不排水条件下岩体的四阶损伤弹性张量。

同理，在排水条件下，可以得到考虑损伤的注浆加固前各向异性饱和孔隙-裂隙岩体固体相变形控制方程：

$$\tilde{\sigma} = \tilde{M}^b(\tilde{D}):\tilde{\varepsilon} - \tilde{\alpha}(\tilde{D})p \tag{4-25}$$

式中，$\tilde{M}^b$ 为注浆加固前排水条件下岩体的四阶损伤弹性张量。

根据 Biot、Thompson 和 Willis 等相关研究，不排水弹性张量和排水弹性张量的对称性相同，且满足式(4-26)：

$$\tilde{M}^u = \tilde{M}^b + M\tilde{\alpha} \otimes \tilde{\alpha} \tag{4-26}$$

根据 Thompson 和 Willis 等的研究及 Cheng 等的细观力学分析，岩体的宏观孔隙-裂隙弹性常数可以通过孔隙-裂隙介质的细观性质得到。对于一个尺寸合适的表征单元体，若其满足两个假设，岩体各个参数之间的关系便可得到。第一个假设为细观上岩体是均质的，即细观尺度上孔隙-裂隙岩体骨架是均质的，但空间中不同的细观均质材料的分布结构不同，使得宏观尺度上表现为各种各样的材料。第二个假设为细观上岩体是各向同性的，在细观尺度上，孔隙及骨架颗粒表现为各向同性，而宏观尺度上材料的各向异性主要是由构造成因和孔隙裂隙的分布等造成的。据此可以将模量间的关系进行简化：

$$\alpha_{ij}(\tilde{D}) = \delta_{ij} - \frac{M_{ijkk}^b(\tilde{D})}{3K_s} \tag{4-27}$$

$$M(\tilde{D}) = \frac{K_s}{\left(1 - \dfrac{M_{iijj}^b(\tilde{D})}{9K_s}\right) - \phi(1 - K_s/K_f)} \tag{4-28}$$

$$B_{ij}(\tilde{D}) = \frac{1}{\eta}\left[3C_{ijkk}^b(\tilde{D}) - c_s\delta_{ij}\right] \tag{4-29}$$

$$\eta(\tilde{D}) = \left(C_{iijj}^b(\tilde{D}) - c_s\right) + \phi(c_f - c_s) \tag{4-30}$$

式中，C_{iikl}^b 为岩体颗粒四阶弹性柔度张量，一般假定为常数；c_f 为流体的压缩系数；ϕ 为材料的孔隙度；$c_s = 1/K_s$ 为固体颗粒的体积压缩性；K_s 为孔隙流体的体积压缩性。

3. 注浆加固后孔隙-裂隙岩体的变形控制方程

1) 控制方程

注浆加固后，岩体裂隙得到充填，充填后岩体的强度会增加。若注浆后岩体的致密性和强度均达到完好的 I 型完整隔水岩体，则运用方程式(4-2)便可求解。

更多情况下，注浆加固后，虽然岩体裂隙得到充填，而且充填后岩体的强度增加，但是很难达到原始致密的状态，仍然有一定的损伤现象。假设充填充分，注浆稳定后，原始的饱和孔隙-裂隙岩体变为由原始岩体骨架和充填浆液组成的复合型岩体。根据热动力学势能原理，假设注浆后岩体为近似干燥材料，温度恒定时，借鉴 Halm 和 Dragon 的热动力学势能函数得到

$$w(\tilde{\varepsilon}, \tilde{D}_z) = g\mathrm{tr}(\tilde{\varepsilon}\tilde{D}_z) + \frac{\lambda}{2}(\mathrm{tr}\tilde{\varepsilon})^2 + \mu\mathrm{tr}(\tilde{\varepsilon}\tilde{\varepsilon}) + \alpha\mathrm{tr}\tilde{\varepsilon}\mathrm{tr}(\tilde{\varepsilon}\tilde{D}_z) + 2\beta\mathrm{tr}(\tilde{\varepsilon}\tilde{\varepsilon}\tilde{D}_z) \tag{4-31}$$

所以

$$\tilde{\sigma} = \tilde{M}(\tilde{D}_z) : \tilde{\varepsilon} + g\tilde{D}_z \tag{4-32}$$

其中：

$$M_{ijkl} = \lambda\delta_{ij}\delta_{kl} + \mu(\delta_{ik}\delta_{jl} + \delta_{il}\delta_{jk}) + \alpha(\delta_{ij}D_{kl} + D_{ij}\delta_{kl}) + \beta(\delta_{ik}D_{jl} + \delta_{il}D_{jk} + D_{il}\delta_{jl} + D_{il}\delta_{jk})$$

式中，$\tilde{D}_z$ 为注浆加固后岩体的损伤张量，其他参数的含义同前。

2）各向异性参数 g、α、β 求解

简化岩体的参数和试验过程，模量常数可以通过常规卸载-加载三轴压缩试验获得。根据卸载试验过程中损伤应力-应变曲线上任一点的应力、应变和弹性模量值，以及损伤张量可以求得 g、α 和 β 参数。

$$g = \frac{E_1\varepsilon_1 - \sigma_1 + 2v_{31}\sigma_3}{2v_{31}D_3}$$

$$\alpha = \frac{1}{D_3}\left(\frac{\lambda + 2\mu - E_1}{2v_{31}} - \lambda\right) \tag{4-33}$$

$$\beta = \frac{1}{2D_3}\left[\frac{\lambda + 2\mu - E_1}{4v_{31}^2} - (\lambda + \mu)\right] - \alpha$$

3）注浆加固前后损伤张量的波速表达

损伤现象使岩体细观结构发生变化，使得岩体的强度等参数趋向降低，一些可测的参数也会发生相应的改变。根据这种思想专家发明了许多间接测量损伤的方法。在诸多探测方法中，弹性模量法或者等效应变法，是非常简洁有效的计算方法，简单地用公式表达为

$$D = 1 - \frac{\tilde{E}}{E_0} \tag{4-34}$$

式中，$\tilde{E}$ 为损伤岩体的弹性模量；E_0 为完整无损伤时岩体的弹性模量。

只要测得杨氏弹性模量 E 的变化，就可计算出岩体的损伤程度。Hult 从唯象学角度得到相同的结论。将损伤材料视为包含孔穴的复合材料，并且根据弹性模量"混合律"求解复合材料弹性模量 E，表示为

$$\tilde{E} = E_0(I - D) + E_r D \tag{4-35}$$

式中，D 是岩体孔隙-裂隙所占的百分数，即损伤变量，由于第二组相空穴的模量 $E_r = 0$，注浆后的岩体更符合 Hult 提出的复合材料弹性模量的"混合律"。

在现场实测方面，利用电阻涡流损失法、交变电阻法、交变电抗及磁阻或电位的改变来检测损伤，而声发射、超声技术、红外显示技术、CT 技术等检测损伤的适用范围较广，可以分辨尺寸较大的损伤，所以适用于岩石、混凝土等非金属材料。本项目选用的是现场和实验室较为常用的波速探测。

以波速评价围岩的注浆效果及弱化强度，根据声波和弹性模量的关系：

$$\text{VP} = \sqrt{G/\rho} = \sqrt{E(1-\mu)/[\rho(1+\mu)(1-2\mu)]}$$

式中，E、G 是固体介质的杨氏弹性模量和剪切模量；μ 是固体介质的泊松比；ρ 是固体介质的密度。

得到损伤张量与波速的关系：

$$D = I - \frac{E_{di}}{E_i} = I - \frac{\rho_1 \text{VP}_{1i}}{\rho_0 \text{VP}_{0i}} \tag{4-36}$$

$$D_z = I - \frac{E_{ti}}{E_{di}} = I - \frac{\rho_2 \text{VP}_{2i}}{\rho_1 \text{VP}_{1i}} \tag{4-37}$$

式中，D_z 为注浆加固体的加固张量；D 为孔隙-裂隙岩体加固前损伤张量；VP_0 是原始岩体的纵波波速；VP_1 为裂隙岩体的纵波波速；VP_2 为加固岩体的纵波波速。

将式(4-37)代入式(4-33)，然后代入式(4-32)便可以得到波速控制的注浆加固后孔隙-裂隙岩体各向异性本构方程。代入式(4-25)得到波速控制的注浆加固前孔隙-裂隙岩体饱和各向异性本构耦合方程。

4. 注浆加固改变岩体破碎类型的作用机理

注浆加固是增强煤岩体强度的重要手段。但是无论是强度提升还是置换作用，浆液难以改变岩体内岩石固有的原始力学性质。注浆主要通过浆液充填破碎岩体间的裂隙，岩体裂隙得到充填、变得更加致密，使得岩体裂隙间连通性降低，从而降低岩体的破碎类型，使得一些破碎岩体的受力状态从单向转变为二向或者三向应力状态。注浆效果如果理想，不管是IV型破碎岩体，还是III型裂隙岩体，还是II型裂隙岩体，都会变成I型完整岩体。然而较为常见的情况是，注浆加固充填岩体后，岩体的破碎类型一般提升一个级别，IV型破碎岩体注浆加固后降到III、II型裂隙岩体，III型裂隙岩体可以改变为II型裂隙岩体，而II型裂隙岩体可以改造成I型完整岩体。由于I型完整岩体比较致密，裂隙类型不降低。矿井生产实践中，通过直流电法探测注浆加固前后的工作面底板岩体，能够很好地认识分析不同裂隙类型的相互转变。

注浆加固后，注浆加固体视为复合材料，由岩石和充填料组成，根据弹性模量的"混合律"得到注浆加固体的复合弹性模量为

$$E = E_0(I-D) + E_r D \cdot \eta \tag{4-38}$$

式中，E_0 为原岩弹性模量；E 为注浆加固后加固体弹性模量；D 为孔隙比矩阵；I 为单位矩阵；η 为充填系数矩阵；E_r 为注浆材料凝固后的弹性模量。

因此，注浆加固后，破碎岩体类型转变为 I 型完整岩体时考虑损伤的流固耦合控制方程应该满足：

$$\begin{cases} \tilde{\sigma} = \tilde{M}^b(\tilde{D}) : \tilde{\varepsilon} - \tilde{\alpha}(\tilde{D}) p \\ E = E_0(I-D) + E_r D \cdot \eta \\ -\dfrac{k}{\mu} p_{,kk} = \alpha \dot{\varepsilon}_{kk} - c^* \dot{p} \end{cases}$$

4.2.2 沿空送巷小煤柱注浆加固作用

1. 浆液固化网络骨架作用

浆液被注入沿空煤柱周围破碎岩体的错综复杂的裂隙中，固化后会形成网络骨架结构。在巷道围岩浅部，挤压和渗透的浆液固结后会呈现出薄厚不一的条状或片状，这些条状或片状浆体相互连接而成，构成网络骨架，由于高水速凝材料固结体的韧性和黏结性较好，在外部荷载作用下，能适应较大变形而不易破坏，同时被固结后的煤岩体承载能力得到提高，并承担主要荷载，岩体整体强度提升。当外部荷载大于围岩强度，煤岩体抵抗变形破坏时，固结体发挥其网络骨架作用，使岩体有韧性，且围岩的残余强度得到提高，抑制煤柱进一步破坏，使其具有更高的承载性，有助于沿空巷道的维护。

2. 充填压密提高围岩强度

通过泵压将浆液注入，充填至纵横交错的岩体破碎裂隙，不仅会填满大裂隙，还会注入至一些小裂隙或封闭的裂隙中，使其闭合。围岩受浆液充填固化的影响，强度和弹性模量提高。岩体的孔隙率降低，强度就会有很大提升，围岩的稳定性也随之提高。由断裂力学可知，连续介质存在裂隙会导致在荷载作用下产生应力集中，而且裂隙端部应力集中程度较大，应力集中程度主要由岩体尺寸、裂隙长度及裂隙端部半径来决定。

在一定应力条件下，连续介质裂隙出现失稳扩展，就会引起破坏。浆液充满岩体较大裂隙，加上介质裂隙面在浆液黏结固化作用下，大幅度削减了裂隙端部的应力集中程度，最终改变了沿空煤柱的破坏机制。例如，之前裂隙失稳扩展的破坏机制转变成在垂直最小主应力方向产生拉伸破坏，或者在最大剪应力作用面产生剪切破坏等。

介质裂隙经过固结材料的充填，裂隙周围的岩体由原来的二向应力状态转化成三向应力状态，此时岩体强度要比之前大很多，并且塑性增强、脆性减弱。岩体受力状态的变化表明，岩体破坏机制的改变和围岩强度的提高证实注浆加固起了作用。

3. 注浆减小煤柱的破碎区

破碎区范围越大，煤柱变形破坏量就越大，越不利于巷道维护，反之亦然。岩体破碎伴随着应力的重新分布，而围岩破碎区大小 L 与煤柱强度 R 以及地应力 P 呈函数关系：$L=f(P, R)$，也就是破碎区受到煤柱强度 R 和地应力 P 相互作用的影响，当地应力不变时，围岩强度变大，破碎区减小。所以注浆固化通过提高围岩强度，减小破碎区范围，来提高煤柱稳定性。

4. 注浆固化封闭水源

采空区往往存在一定的积水，如果煤柱的裂隙贯通，则采空区的积水易涌入回采巷道，且煤岩层长时间受到水侵蚀作用后强度大大降低，造成巷道难以维护。研究实践表明：水的膨胀、溶蚀及软化性能会作用于煤岩体，降低煤岩体的强度，改变煤岩体的性质。根据相关试验得知：砂岩内当增加 14%的水分时，砂岩强度就会随之降低 50%；对于泥岩，当增加 1.5%的水分时，泥岩强度就会随之降低 70%。围岩含水量增加，强度就会显著降低，当岩体内含有湿度较高的岩层，尤其是遇水膨胀的黏土类岩层时，都不利于巷道的支护，注浆固化可以隔离含水层和流水巷道，防止水流入软化围岩，避免因为水的影响而导致煤柱及围岩强度降低。

5. 注浆改善锚杆受力状态

锚杆支护与注浆固化巷道围岩的相互作用，主要体现在通过注浆加固围岩，使锚杆支护的着力基础得到强化，锚杆支护作用得到有效发挥，使得锚杆更好地适应围岩较大变形并提供支护阻力。注浆加固由于浆液的渗透、压入使重新胶结起来的岩体与锚杆支护连为一体，有效提高围岩整体的承载能力，这也是与纯粹的锚杆支护或锚网支护相比的优势所在。当遇到松散、软弱程度较大的岩层时，锚杆支护因为失去强有力的着力基础而不能充分发挥作用，甚至锚固失效，而注浆加固配合锚杆支护能够保证锚杆支护的可靠性和连续性，提高巷道的围岩控制效果。

在浆液的流动渗透下，锚杆支护能更好地发挥全长锚固作用，而不只是端头锚固。当注浆材料注入锚杆孔内时，会与锚固剂还有围岩黏结在一起，形成抑制围岩变形的剪应力，这样与锚杆支护共同发挥作用，并与围岩形成锚固整体，以达到有效约束围岩变形破坏的作用。

注浆加固滞后于锚杆支护使得锚杆加固圈和注浆加固圈都能及时承载，合理控制时间可同时达到承载极限，两者重叠部分相互加强，承载能力要大于各自承载能力之和。所以，锚杆支护与注浆加固结合起来使用，会比两者单独使用效果好很多，可以更好地适应围岩破碎变形，并可加强围岩控制，改善支护效果，提高煤柱及围岩稳定性。

4.2.3 注浆加固参数

通过对采空区下复杂应力区域巷道煤壁注浆加固进行工业性测试研究，确定采空区下复杂应力区域巷道煤壁注浆加固支护形式和支护参数的合理性和适应性，以期达到巷道支护的目的。

1. 注浆加固时机

煤柱变形破坏程度不仅和煤岩内部应力以及岩体的力学特性有关，还与支护强度以及围岩与支护相互作用的时间有关。为充分发挥注浆加固的作用，必须做到以下两点。

(1) 浆液在渗透围岩裂隙的过程中要保证均匀流动，并且要渗入一定范围内。

(2) 注浆后能有效加强围岩整体强度，并增强其承载能力。浆液在围岩中的挤压、渗透主要和煤岩体应力的分布以及裂隙发育状况有关，其本身的强度和浆液固结后的强度直接决定围岩固结体的强度。

① 考虑浆液易于流动渗透。巷道围岩伴随工作面回采进行裂隙发育，这是一个过程。在围岩裂隙发育的不同时间注入浆液，注浆流动渗透性不一样。从研究岩石渗透的试验得知，岩石裂隙发育最好的情况，即渗透性最佳状态，是在峰值强度之后的某个位置，该位置既能保证流动渗透性，同时注浆固化效果好，但是在峰值强度或围岩彻底屈服后的残余强度范围内达不到这样的效果。掘巷后裂隙发育情况和采煤工作面距离的关系表明：靠近采煤工作面，围岩裂隙发育情况为密度小，间距大，裂隙张开度小，岩体完整性较好。离采煤工作面较远时，岩体有一定破坏，张开度较大。当距离采煤工作面更远时，围岩变形破坏更大，裂隙张开为闭合的细线型，密度基本不变或增幅缓慢。所以，掘进迎头附近裂隙发育不充分，浆液的流动渗透性很低，对泵压还有封孔要求都比较高，并且受掘进工作的影响，注浆效果不佳。当注浆位置选在裂隙发育充分，围岩应力趋于平衡的位置时，也就是注浆位置离工作面距离选择适当，有利于浆液渗入岩体，保证注浆的质量。

② 考虑岩体内浆液固化后的强度。注浆时间直接影响围岩控制效果，注浆时间早，注浆

固化岩体就会及时发挥作用，避免围岩强度损失，有效抑制巷道变形破坏，使得巷道易于维护。但是，为了适应围岩较大变形以及长时间应力作用，浆液要有很好的韧性、渗透性及黏结性能；浆液固结体的强度也要提高，因为较早注浆时围岩自身强度相对较高，浆液强度必须适应围岩强度而有所提高，这样固结岩体的整体强度就高。注浆时间的选择与浆液性能也有关，当岩体松软，浆液固结强度又高时，注浆应尽早进行，这样可以及早发挥浆液固化岩体的效果。所以，遇到松软破碎的围岩巷道，及早注浆，可以充分发挥浆液韧性好、固结强度高的性能，尽早适应长时间应力作用及较大变形。当浆液性能不高时，可以适当推后注浆时间，对于围岩破碎内应力降低、承载力降低的情形可以使用，当围岩破碎严重时，荷载已经转移至其他岩体承受，利用注浆加固很难恢复围岩的承载能力，加固注浆时间也不能过迟。

总而言之，岩体的裂隙发育程度、浆液的性能、围岩应力特点及实际变形控制需要等都会影响注浆时间的选择。

根据巷道变形的一般规律，掘巷之后 2~3 天巷道围岩变形量为最终变形量的 5%~15%，这时候注浆加固岩体会有效抑制岩体的后续变形。也就是说，及时注浆，可以充分发挥注浆加固的效果。对于岩体特性好、强度高、围岩变形破坏小的巷道，对浆液的固结强度和渗透性要求就高，要求能够适应整个服务期的变形控制需要。注浆应当在围岩达到应力平衡之前进行。利用巷道围岩变形与时间关系的特点，可以判断出围岩实现平衡的时间。

2. 注浆加固深度

注浆加固深度也是影响注浆效果的注浆加固参数之一。注浆越深，控制围岩变形能力就越高。而围岩深部强度较高，裂隙发育程度低，完整性较好，注浆困难，且没有实际意义。故考虑到注浆孔便于施工及浆液的流动渗透条件，一般选择围岩裂隙发育的深度为注浆深度界限。

通常选择深孔多点位移计测定裂隙的发育范围，或采用超声波检测仪测量松动圈厚度，两者均可作为注浆加固深度的参考值。基于注浆钻杆长度有限，加固长度一般不超过 2.5m，当围岩破碎严重或巷道极不稳定，能够采取措施使注浆加固深度达到 3.0~4.0m 时，效果会更好。

3. 注浆孔布置方式

沿空煤柱注浆孔的布置方式是一个关键性因素，应尽可能选择合理的注浆加固密度，保证整个煤柱的各个部分均能覆盖，提高注浆的效率。采用全断面钻孔注浆，使巷道围岩形成封闭的注浆加固圈，能够起到良好的注浆效果，但是注浆工序工作量很大。巷帮两底角围岩承受顶板荷载的力度较大，开挖巷道使得巷道两帮失去横向支承，容易造成巷道两帮向内挤压，底板臌起，所以应当注意巷帮两底角的注浆加固效果。同时，两帮围岩若变形破坏程度大，就会加剧顶板下沉，两巷帮底角受力增大，因此加固沿空巷道的两帮也是注浆加固的关键。

4. 注浆压力

浆液在巷道周围岩体中的扩散程度直接影响注浆效果，而浆液在围岩裂隙中的渗透质量，直接取决于注浆压力大小的选择。注浆压力过大，会造成巷道围岩表面变形破坏，甚至出现片帮或冒顶；注浆压力太小，浆液不能充分渗透扩散，影响注浆效果。因此，正确选择注浆压力及合理运用注浆压力是注浆成功的关键。根据矿井曾在-440m 石门运输大巷试验段巷道试验情况可知，深部锚索注浆采用加压注浆，注浆压力控制在 6～8MPa，具体视现场试验段情况而定。

5. 注浆固化材料

注浆浆液的性能好坏是影响注浆加固效果的决定性因素，因此，注浆选材是支护技术试验能否达到目的的关键。注浆固化材料大体上可分为化学浆液和水泥浆液两大类。以聚氨酯类、丙烯酰胺类为代表的化学浆液，胶凝时间灵活可调，而且渗透性好，但是固化强度低于水泥浆液，且成本高。

平煤股份六矿根据沿空巷道围岩破碎情况，采用浅部锚杆注浆对巷道进行支护，由于围岩比较破碎，水泥的渗透性不作为选择依据，决定选用普通硅酸盐水泥；深部锚索注浆，因为巷道围岩深部开挖影响小，裂隙不发育，决定选用新一代无机刚性超细水泥，这种新型注浆固化材料平均粒径在 10μm 以下，浆液流动性好，可渗进很小的裂缝与孔隙中，制作的浆液具有特别高的渗透能力，并且在大水灰比下可以 100%结石且不析水，具有微膨胀性，加入外加剂后凝结时间可调，具有早强高强特性，注浆后短期非常有利于预应力张拉和改善围岩力学性能。因此，本次试验浅部注浆选用平顶山姚电水泥有限公司生产的"可利尔"牌 P.O42.5级普通硅酸盐水泥。深部锚索注浆选用江门市中建科技开发有限公司生产的"中建"牌 7000型超细水泥。同时采用 ACZ-1 型混凝土注浆添加剂，该添加剂可提高浆液流动性，降低水灰比，增加水泥量，从而提高注浆强度，同时具有微膨胀性，防止混凝土凝固后塌落产生新的裂隙而影响注浆效果。

4.3　沿空送巷小煤柱注浆稳定性数值模拟

丁$_{5-6}$-22240 工作面埋藏深度为 816～905m，围岩条件较差，地应力较大，支护极为困难。现用的单一锚杆、锚索支护效果差，特别是在采动压力影响下，巷道受压后变形严重，需进行二次返修还难以达到设计要求，而且采煤工作面回采时上下出口难以维护，极大地影响了正常生产，为使矿井能保证生产的正常进行，实现增产增效，针对沿空送巷小煤柱中空注浆锚索裸注加固技术进行数值模拟研究，对比分析注浆前后对沿空小煤柱及巷道的影响。

4.3.1　数值模拟软件简介

FLAC 即快速拉格朗日差分分析(Fast Lagrangian Analysis of Continua)是由美国的 Itasca公司开发，基于显式快速拉格朗日差分分析的方法。近些年来，随着计算机水平的快速发展，FLAC 数值模拟软件也不断升级，现在使用的 FLAC^{3D} 软件是在二维有限差分程序 FLAC^{2D} 的基础上发展而来的。FLAC^{3D} 数值模拟软件具有强大的模拟分析功能，现被广泛应用于岩土工程等方面，极大地推动了数值计算的发展。FLAC^{3D} 能对岩石、土体和其他材料进行三维结构受力特性模拟及塑性流动分析，其通过调整三维网格中的多面体单元对实际结构进行拟合。目前，FLAC^{3D} 程序已在巷道硐室开挖、岩土力学计算等领域得到广泛应用。

FLAC^{3D} 能够较好地对材料的弹塑性以及大变形进行模拟，因此，应用该软件对巷道围岩的变形情况进行模拟具有一定的可靠性。该软件具有多种材料本构模型，包括三种弹性模型及七种塑性模型，有动力、静力、蠕变、温度、渗流等多种计算模式，且各种模式之间可相互耦合，故可模拟多种结构形式，如岩体、土体或其他介质实体，也可对梁、杆、壳体及其他人工结构进行模拟，如支护、衬砌、锚杆、支架等，还可以模拟复杂的岩土工程力学问题，因此应用比较广泛。该软件操作简单，能够定性地反映巷道围岩的变形特征，近些年来，在采矿工程中得到了广泛的应用。

4.3.2　试验工作面概况

1. 工作面位置

丁$_{5-6}$-22240 工作面位于六矿二水平丁二下山采区下部西翼，东邻丁二西翼专用回风巷、丁二轨道下山和丁二皮带下山，西至采区边界，南邻丁$_{5-6}$-22220 采空区，北邻丁$_{5-6}$-22260 采空区，属于典型的孤岛工作面，如图 4-8 所示。

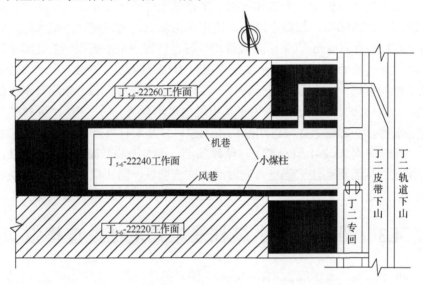

图 4-8　丁$_{5-6}$-22240 工作面位置示意图

2. 工作面地质条件

丁$_{5-6}$-22240 工作面埋藏深度为 816～905m，地应力较大，围岩条件较差。该工作面呈缓倾斜单斜构造，煤层走向 103°，煤层倾角为 7°～15°，平均倾角为 11°，走向长度为 1881m，倾斜长度为 159m。在掘进过程中风机两巷共揭露到 46 条落差不等的正断层，其中在回采范围内落差大于 1m 的有 16 条，如表 4-1 所示。煤层直接顶为砂质泥岩，厚度为 2.25～8.8m，直接底为泥岩，厚度为 7.7～20m，所采煤层丁$_5$、丁$_6$ 之间的夹矸厚度为 0.7～1.1m，如图 4-9 所示。

表 4-1　工作面揭露断层情况

断层名称	走向/(°)	倾向/(°)	倾角/(°)	性质	落差/m	回采影响
F2	154	64	30	正断层	1.2	小
F3	42	312	60	正断层	1.8	小
F4	201	291	60	正断层	1.1	大
F5	205	295	50	正断层	1.3	小

断层名称	走向/(°)	倾向/(°)	倾角/(°)	性质	落差/m	回采影响
F6	48	318	60	正断层	1.5	小
F7	195	105	50	正断层	1.1	小
F8	57~70	333~340	30~40	正断层	7~9.5	大
F9	33	303	50	正断层	1.1	小
F10	35	305	60	正断层	1.5	小
F11	53~60	323~330	35~60	正断层	2.8~7.5	大
F12	1	90	40	正断层	2.4	小
F13	40	130	70	正断层	1.3	小
F14	28	118	60	正断层	1.2	小
F15	28	118	50	正断层	3.3	大
F16	40	130	70	正断层	3.6	大
F17	145~182	55~92	22~40	正断层	1.4~2.2	大

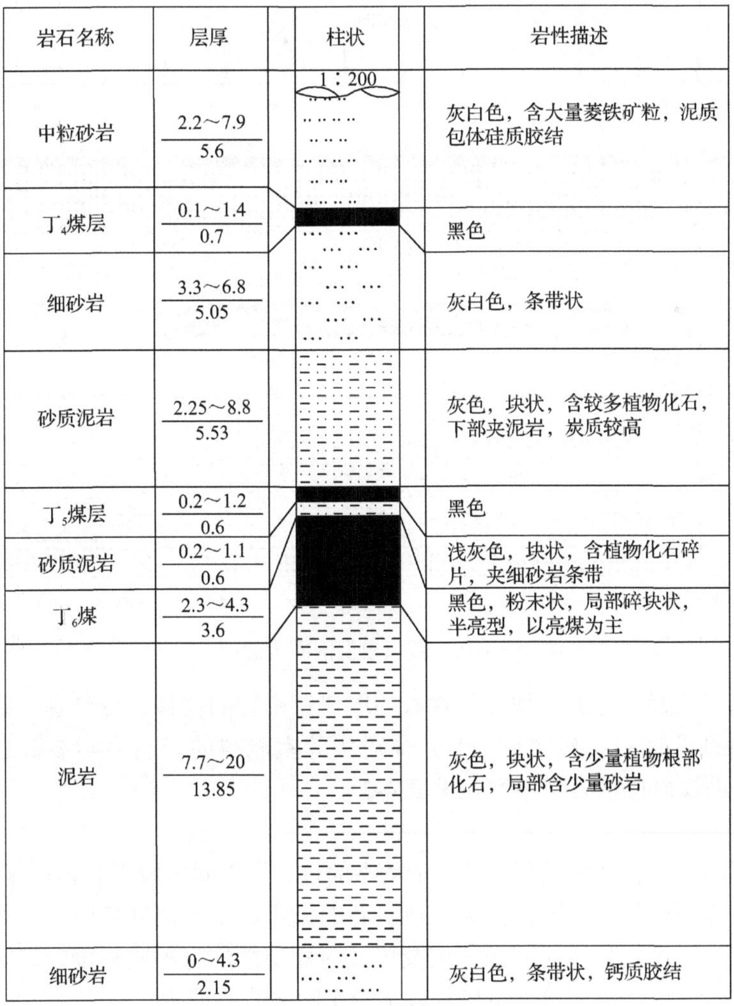

岩石名称	层厚	柱状	岩性描述
中粒砂岩	$\dfrac{2.2\sim7.9}{5.6}$	1：200	灰白色，含大量菱铁矿粒，泥质包体硅质胶结
丁$_4$煤层	$\dfrac{0.1\sim1.4}{0.7}$		黑色
细砂岩	$\dfrac{3.3\sim6.8}{5.05}$		灰白色，条带状
砂质泥岩	$\dfrac{2.25\sim8.8}{5.53}$		灰色，块状，含较多植物化石，下部夹泥岩，炭质较高
丁$_5$煤层	$\dfrac{0.2\sim1.2}{0.6}$		黑色
砂质泥岩	$\dfrac{0.2\sim1.1}{0.6}$		浅灰色，块状，含植物化石碎片，夹细砂岩条带
丁$_6$煤	$\dfrac{2.3\sim4.3}{3.6}$		黑色，粉末状，局部碎块状，半亮型，以亮煤为主
泥岩	$\dfrac{7.7\sim20}{13.85}$		灰色，块状，含少量植物根部化石，局部含少量砂岩
细砂岩	$\dfrac{0\sim4.3}{2.15}$		灰白色，条带状，钙质胶结

图 4-9　丁$_{5\text{-}6}$-22240 工作面柱状图

4.3.3　小煤柱注浆数值模拟

1. 数值模拟方案

1) 模型的建立

丁$_{5-6}$-22240 工作面属于典型的孤岛工作面，工作面埋藏深，沿空巷道掘进后巷道维护困难，为了研究小煤柱注浆前后煤柱的稳定性，运用有限差分软件 FLAC^{3D} 建立数值模拟模型进行模拟。

根据丁$_{5-6}$-22240 工作面的地质条件确定数值模拟参数，其中为了简化计算，对工作面的实际参数进行了适当调整。在模型中，煤层埋深取 900m，煤层倾角取 0°（不考虑倾角的影响）。计算模型边界条件上部为垂直荷载边界，模型的上边界条件施加 23MPa 的垂直应力，模型的底边界和左、右边界采用零位移边界条件，按以下方式处理：在左、右边界处，模型的水平位移为零，竖直位移不为零，即单约束边界；模型水平宽度为 380m，垂直高度为 37.5m，巷道轴向深度为 300m。巷道沿底板掘进，巷道开挖断面为矩形断面，巷道宽取 5m，高取 3.5m，如图 4-10 所示。围岩视为各向同性均质岩体，岩层材料采用 Mohr-Coulomb 屈服准则、大应变变形模式，计算模型按岩体分层建立，岩层柱状图基本一致。

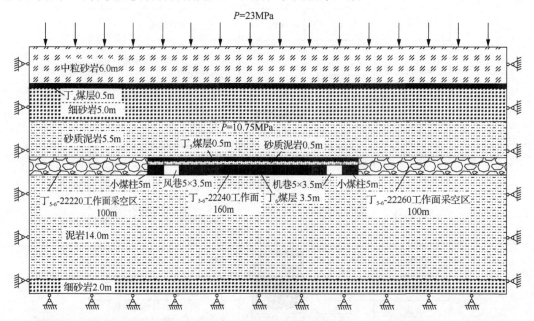

图 4-10　数值模型剖面示意图

数值计算结果的好坏与岩土体力学参数的取值有密切的关系。受节理、裂隙的影响，岩体与岩块力学性质之间存在较大的差异，需对实验室测得的岩石力学参数进行折减，得到丁$_{5-6}$-22240 工作面煤岩层的力学参数，见表 4-2。

2) 模拟方案

孤岛工作面的形成和回采过程，是一个动态的过程，不同阶段煤岩体所承受的应力不同。通常包含孤岛工作面两侧工作面的回采、风机巷的掘进、工作面开切眼、工作面设备安装和工作面回采等过程，不同阶段对回采巷道及煤柱的稳定性均有不同程度的影响。为了明确不同阶段对小煤柱的影响，数值模拟主要从以下几个阶段进行研究。

表 4-2　煤岩层力学参数

岩层名称	厚度/m	密度/(kg/m³)	体积模量/GPa	剪切模量/GPa	内摩擦角/(°)	黏结力/MPa
中粒砂岩	6.0	2627	4.17	2.07	26	1.2
丁 $_4$ 煤层	0.5	1500	0.984	0.508	22	0.6
细砂岩	5.0	2627	5.56	2.76	26	1.8
砂质泥岩	5.5	2500	3.6	1.65	25	0.9
丁 $_{5-6}$ 煤层	4.5	1500	0.984	0.508	22	0.6
泥岩	14.0	2514	3.6	1.65	26	0.8
细砂岩	2.0	2627	5.56	2.76	26	1.8
注浆后煤柱		1820	1.667	0.769	26.5	0.9

（1）孤岛工作面形成后煤体内部的应力分布状况，主要通过开挖丁$_{5-6}$-22220 工作面和丁$_{5-6}$-22260 工作面来实现。

（2）丁$_{5-6}$-22240 工作面风机巷掘进过程中注浆前后小煤柱和巷道围岩的稳定性，通过开挖一定长度的风机巷来实现。

（3）丁$_{5-6}$-22240 工作面回采过程中注浆前后小煤柱和巷道围岩的稳定性，通过开挖一定长度的丁$_{5-6}$-22240 工作面来实现。

由于模型没有考虑倾角的影响，且丁$_{5-6}$-22240 孤岛工作面两侧模拟的采空区的宽度均是 100m，因此风机巷结果是对称的。为了减少计算模型数量，在模拟注浆时采用风巷侧煤柱不注浆，机巷侧煤柱注浆的方案进行模拟分析。

2. 数值模拟结果分析

1）丁$_{5-6}$-22240 孤岛工作面应力分布

丁$_{5-6}$-22220 工作面和丁$_{5-6}$-22260 工作面开挖后，就形成了丁$_{5-6}$-22240 孤岛工作面，其数值模型如图 4-11 所示。

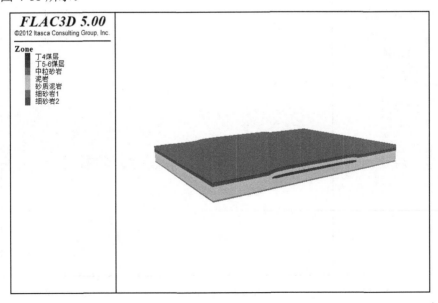

图 4-11　丁$_{5-6}$-22240 孤岛工作面数值模型图

　　图 4-12 为丁$_{5-6}$-22240 孤岛工作面采场应力云图，从图中可以看出孤岛工作面形成之后，在临近采空区的煤岩体中形成了较高的垂直应力区和水平应力区。在距离采空区 5～10m 的范围内煤层顶板形成了垂直应力的高应力区，最高垂直应力为 34.2MPa，在煤层中部的垂直应力为 30.8MPa，较开采前煤层中的垂直应力增高了 53.1%；该水平应力增加较少，最高水平应力为 25.2MPa，在煤层中部的水平应力为 21.8MPa，较开采前煤层中的水平应力增高了 1.0%，由此可以看出垂直应力变化较大。

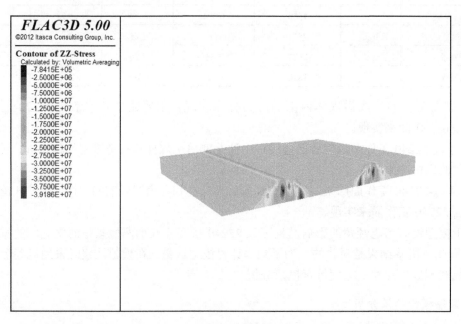

(a) 垂直应力全局图

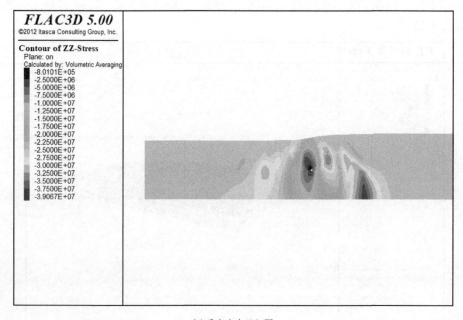

(b) 垂直应力局部图

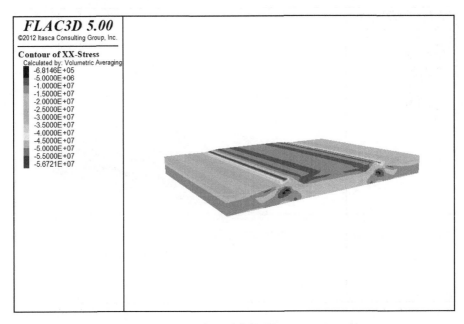

(c)水平应力全局图

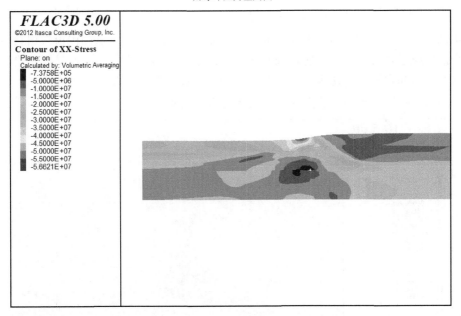

(d)水平应力局部图

图 4-12　丁$_{5-6}$-22240 孤岛工作面采场应力云图(单位：Pa)

2)丁$_{5-6}$-22240 孤岛工作面风机巷注浆前后稳定性分析

沿着丁$_{5-6}$-22240 孤岛工作面边界掘进该工作面的风机巷，为了节约煤炭资源，矿井在设计时留 5m 的小煤柱进行开采，因此，为了研究风机巷在注浆前后的稳定性，构建了数值模拟模型，如图 4-13 所示。由于模型是对称的，为了减少模型的数量，在模拟过程中对工作面风巷侧的小煤柱采取不注浆，对工作面机巷侧的小煤柱采取注浆的方案进行模拟。

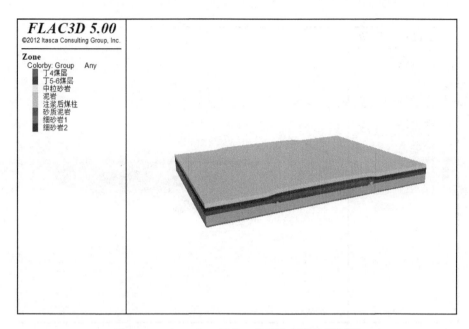

图 4-13　丁$_{5-6}$-22240 孤岛工作面注浆数值模型图

（1）丁$_{5-6}$-22240 孤岛工作面风机巷注浆前后应力分布规律。

图 4-14 为丁$_{5-6}$-22240 孤岛工作面风机巷注浆前后应力分布图，从图中可看出巷道开挖后在巷道两帮形成了垂直应力集中区，顶底板则形成了水平应力集中区。但是煤柱注浆后煤柱内部的垂直应力和水平应力比未注浆时高，说明煤柱在注浆后，其承载能力增加，能够对采空区形成的顶板结构形成一定的支撑，有利于巷道的稳定。

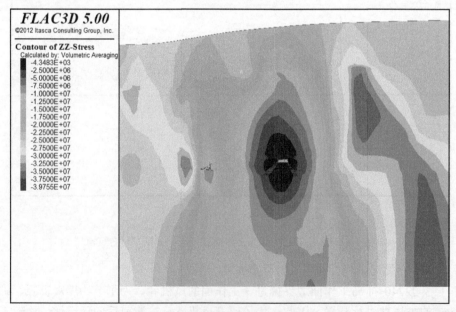

(a) 小煤柱未注浆时巷道周围垂直应力分布图

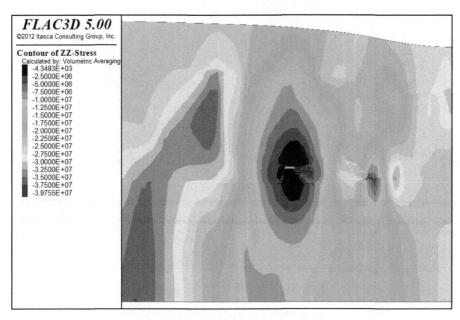

(b) 小煤柱注浆后巷道周围垂直应力分布图

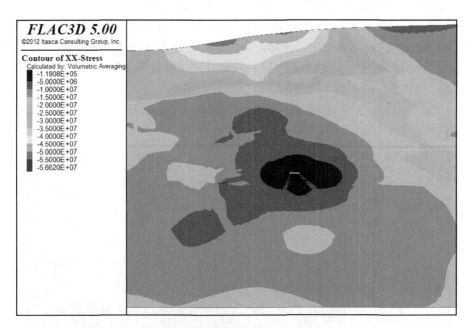

(c) 小煤柱未注浆时巷道周围水平应力分布图

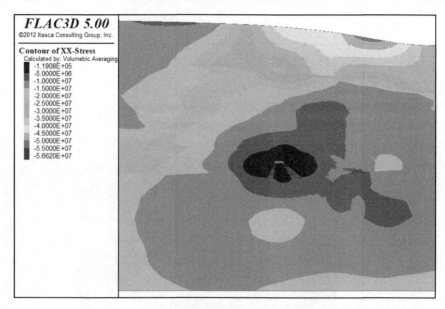

(d)小煤柱注浆后巷道周围水平应力分布图

图 4-14　丁$_{5-6}$-22240 孤岛工作面风机巷注浆前后应力(单位：Pa)

(2)丁$_{5-6}$-22240 孤岛工作面风机巷注浆前后位移变化规律。

图 4-15 为丁$_{5-6}$-22240 孤岛工作面风机巷注浆前后位移分布图，从图中可看出巷道开挖后巷道两帮及顶底板的位移均有一定的变化。未注浆时巷道顶板的最大位移量为 101cm，煤柱侧巷道表面水平位移为 50cm，注浆后煤柱侧巷道最大位移量为 91cm，煤柱侧巷道表面水平位移为 27cm，从数据中可以看出注浆后巷道顶板和煤壁侧巷道表面的位移分别减少了 10%和 46%，说明注浆后能够很好地控制巷道表面的位移量，尤其对于煤柱侧的巷道表面位移，其控制效果良好。

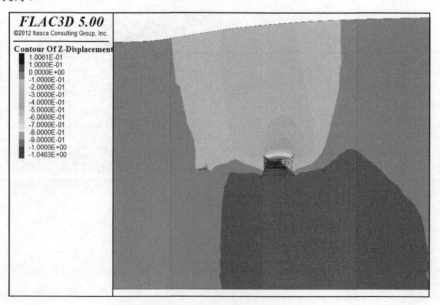

(a)小煤柱未注浆时巷道顶底板位移分布图

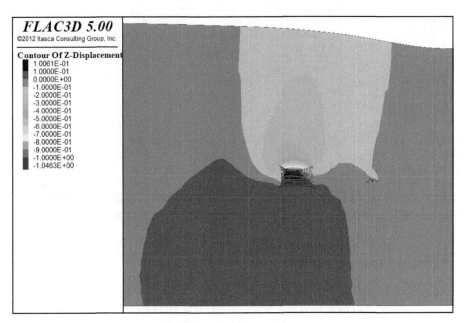

(b) 小煤柱注浆后巷道顶底板位移分布图

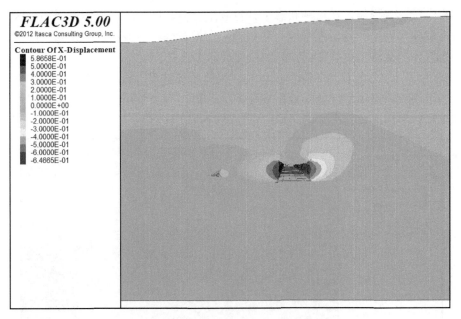

(c) 小煤柱未注浆时巷道两帮水平位移分布图

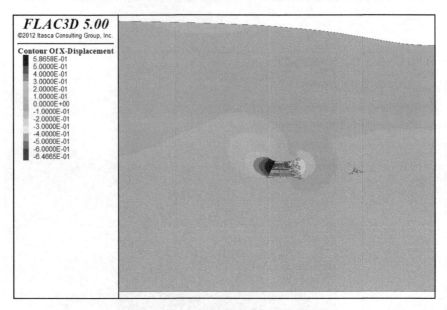

(d) 小煤柱注浆后巷道两帮水平位移分布图

图 4-15　丁$_{5-6}$-22240 孤岛工作面风机巷注浆前后位移分布图（单位：m）

(3) 丁$_{5-6}$-22240 孤岛工作面风机巷注浆前后塑性区分布规律。

由于受到采空区顶板和巷道掘进等因素的影响，巷道周围的煤岩体应力高度集中，使煤岩体内蓄积大量的变形能，在这种状态下开挖巷道会使其周围的煤岩体产生塑性区。巷道的塑性区分布反映了巷道开挖后水平应力和垂直应力重新分布导致围岩力学参数的变化情况，巷道周围煤岩体的破坏主要是剪切破坏和拉伸破坏等形式。

图 4-16 为丁$_{5-6}$-22240 孤岛工作面风机巷注浆前后巷道周围岩体的塑性区分布图，从图中可以看出巷道注浆前后煤柱区的塑性区变化不大，但也有少量区别，即注浆后煤柱区正在处于剪切破坏和曾经出现剪切破坏的区域比未注浆时的范围大。

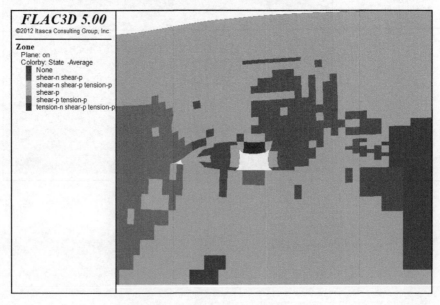

(a) 小煤柱未注浆时巷道围岩塑性区分布图

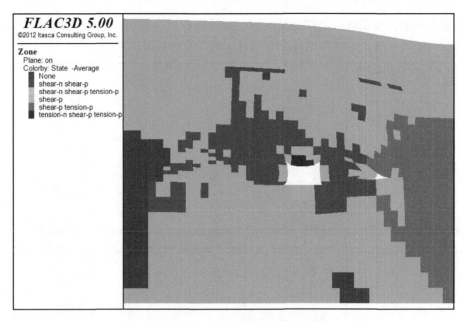

(b)小煤柱注浆后巷道围岩塑性区分布图

图 4-16　丁$_{5-6}$-22240 孤岛工作面风机巷注浆前后塑性区分布图

3)丁$_{5-6}$-22240 孤岛工作面回采时注浆前后风机巷稳定性分析

图 4-17 为回采丁$_{5-6}$-22240 孤岛工作面的数值模型，该模型模拟的是丁$_{5-6}$-22240 孤岛工作面开采 180m 时的情况。

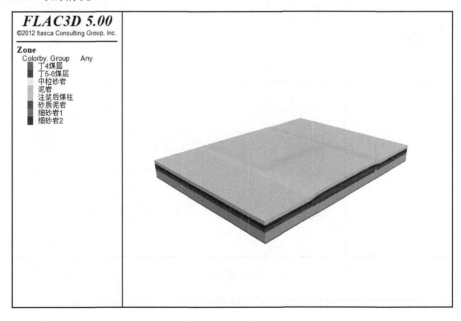

图 4-17　丁$_{5-6}$-22240 孤岛工作面开采时数值模型图

(1)丁$_{5-6}$-22240 孤岛工作面煤层中部的应力及塑性区分布。

图 4-18 为丁$_{5-6}$-22240 孤岛工作面开采 180m 时，煤层中部的垂直应力和水平应力分布图，从图中可以看出工作面开采后，在工作面前方煤体内形成了高应力区，尤其是工作面的两个

端头。从应力区的大小来看，煤柱注浆后所形成的高应力区略小，但注浆后的煤柱由于强度增高，其承载能力提高，煤柱内的应力普遍高于未注浆时煤柱的应力。

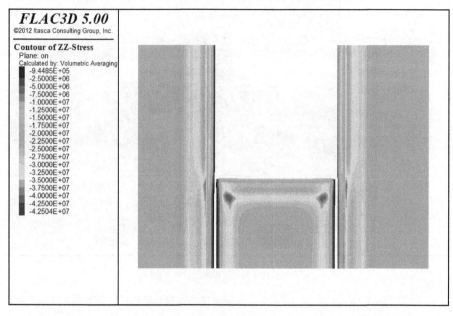

(a) 垂直应力

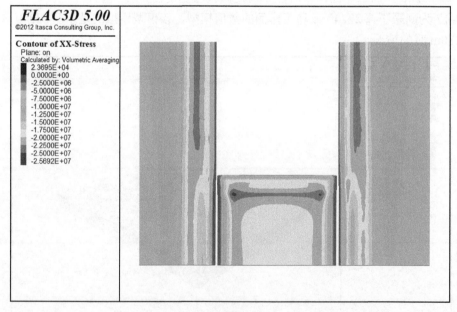

(b) 水平应力

图 4-18　丁$_{5-6}$-22240 孤岛工作面煤层中部的应力分布图(单位：Pa)

图 4-19 为丁$_{5-6}$-22240 孤岛工作面开采 180m 时煤层中部的塑性区分布图，从图中可以看出，工作面开采后煤壁前方一定范围内存在大面积正在处于剪切破坏和曾经出现剪切破坏的区域，注浆后的煤柱正在处于剪切破坏、曾经出现剪切破坏和曾经出现拉伸破坏的区域略大于未注浆时的煤柱。

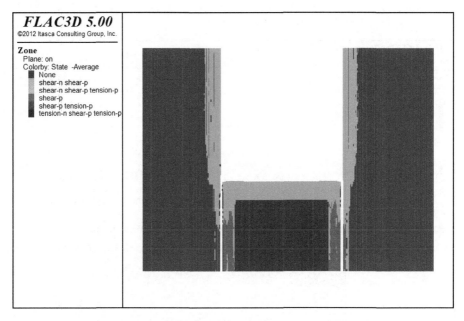

图 4-19　丁$_{5-6}$-22240 孤岛工作面煤层中部的塑性区分布图

（2）丁$_{5-6}$-22240 孤岛工作面前方 5m 处稳定性分析。

①风机巷注浆前后应力变化规律。

图 4-20 为丁$_{5-6}$-22240 孤岛工作面开采 180m 时煤壁前方 5m 处岩层的应力分布图，从图中可看出巷道开挖后在巷道两帮形成了垂直应力集中区，顶底板则形成了水平应力集中区。与开挖丁$_{5-6}$-22240 孤岛工作面风机巷时呈现出相同的规律，煤柱注浆后煤柱内部的垂直应力和水平应力较未注浆时高，说明煤柱在注浆后，其承载能力增加，能够对采空区形成的顶板结构形成一定的支撑。

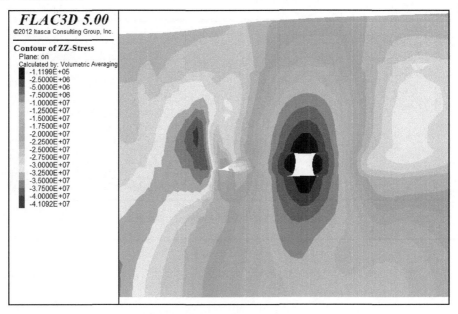

（a）小煤柱未注浆时巷道周围垂直应力分布图

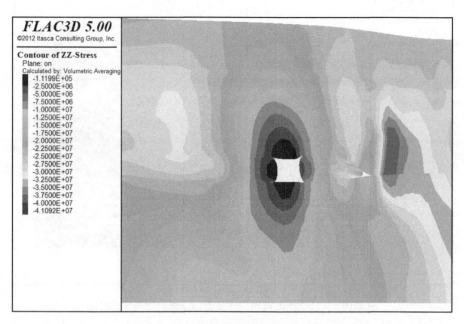

(b) 小煤柱注浆后巷道周围垂直应力分布图

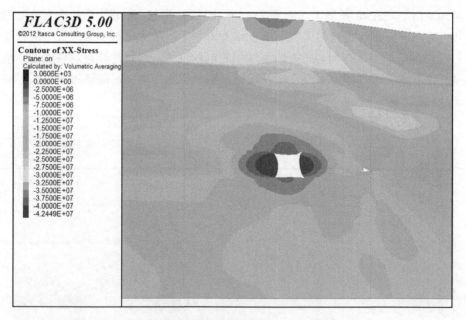

(c) 小煤柱未注浆时巷道周围水平应力分布图

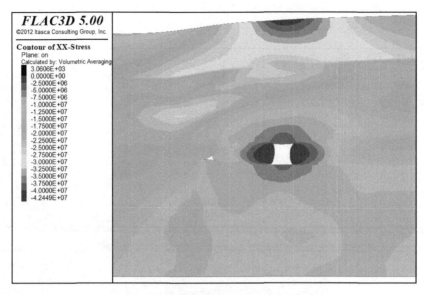

(d)小煤柱注浆后巷道周围水平应力分布图

图 4-20　开挖工作面时风机巷注浆前后应力分布图(单位：Pa)

②风机巷注浆前后位移变化规律。

图 4-21 为丁$_{5-6}$-22240 孤岛工作面开采 180m 时煤壁前方 5m 处风机巷注浆前后位移分布图，从图中可看出巷道开挖后在巷道两帮及顶底板的位移均有一定的变化。未注浆时巷道顶板的最大位移量为 137cm，煤柱侧巷道表面水平位移为 132cm，注浆后巷道顶板最大位移量为 130cm，煤柱侧巷道表面水平位移为 79cm，从数据中可以看出注浆后巷道顶板和煤壁侧巷道表面的位移分别减少了 5%和 40.2%。从数据来看不管是顶底板位移量还是巷道两帮位移均比巷道掘进时的位移量大，工作面回采过程中所形成的支承压力对巷道的稳定性影响较大。但是对比工作面回采时注浆前后的数据可以看出，注浆后对工作面回采过程中巷道表面的位移量，尤其对煤柱侧的巷道表面位移，控制效果良好。

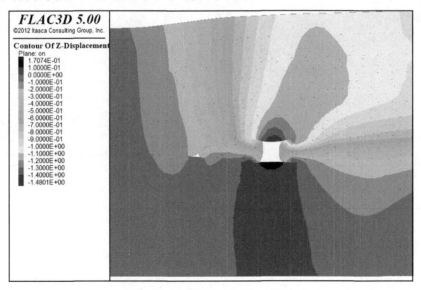

(a)小煤柱未注浆时巷道顶底板位移分布图

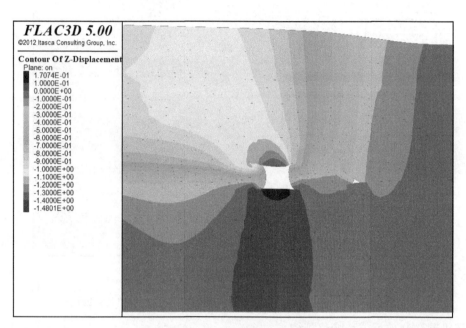

(b)小煤柱注浆时巷道顶底板位移分布图

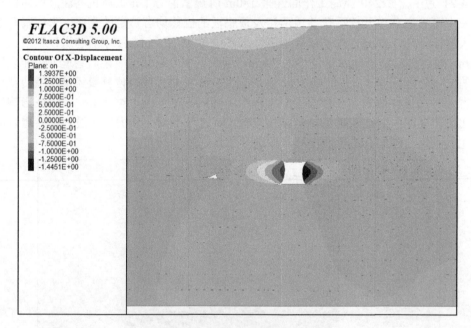

(c)小煤柱未注浆时巷道两帮水平位移分布图

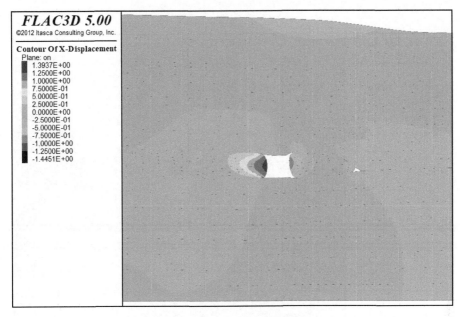

(d)小煤柱注浆后巷道两帮水平位移分布图

图 4-21　开采工作面时风机巷注浆前后位移分布图(单位：m)

③风机巷注浆前后塑性区变化规律。

图 4-22 为丁$_{5-6}$-22240 孤岛工作面开采 180m 时煤壁前方 5m 处风机巷注浆前后巷道周围岩体的塑性区分布图，从图中可以看出巷道注浆前后煤柱区的塑性区变化不大，但也有小量区别，即注浆后煤柱区巷道表面未出现曾经出现的拉伸破坏，说明注浆后煤柱的稳定性有一定的提高。

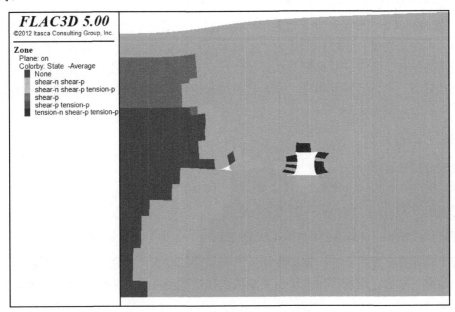

(a)小煤柱未注浆时巷道围岩塑性区分布图

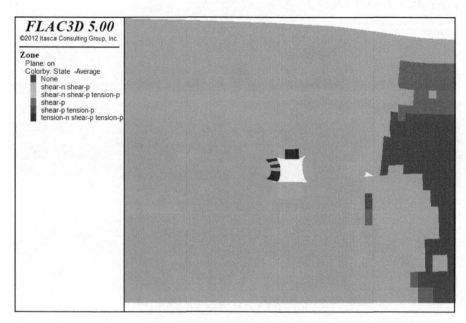

(b)小煤柱注浆后巷道围岩塑性区分布图

图 4-22　开采工作面时风机巷注浆前后塑性区分布图

4.4　沿空送巷小煤柱支护参数

4.4.1　小煤柱锚杆(索)支护参数设计及参数选择

丁$_{5-6}$-22240 孤岛工作面在回采过程中，其风机巷和沿空小煤柱会经历不同阶段的采动应力的影响，不利于巷道及小煤柱的稳定。经过多次返修扰动，锚杆、锚索参数的选择依据存在有一定不确定性，本设计从经验公式计算法、组合梁理论计算法、非弹性区理论和组合拱支护理论计算法三个方面进行锚杆、锚索参数的理论计算设计，最后进行综合对比分析并进行选择，计算公式参见 3.3.4 节。

1. 锚杆参数计算

1)经验公式计算法

锚杆长度：$L = N(1.5 + W / 10) = 1.2 \times (1.5 + 4.6 / 10) = 2.35\,(\mathrm{m})$。

锚杆间距：$M \leqslant 0.9 / N = 0.9 \div 1.2 = 0.75\,(\mathrm{m})$。

锚杆直径：$d = L / 110 = 2.35 \div 110 = 0.0214\,(\mathrm{m})$。

经验公式计算法应用于锚杆支护设计，具有简便的特点；虽然其考虑的因素少，但经验公式是由专家、学者、现场技术人员在大量的工程实践中总结出来的，因此此种设计方法也具有参考价值。

2)组合梁理论计算法

锚杆的长度：$L = L_1 + L_2 + L_p = 0.1 + 0.3 + 2.5 = 2.9\,(\mathrm{m})$。

锚杆的间距：

$$M \leqslant 1.63 m_1 \left[\sigma_1 / (k\gamma_1 m_1) \right] / 2 \leqslant \frac{1.63 \times 5.5 \times \left[214 / (8 \times 25 \times 5.5) \right]}{2} = 0.87(\mathrm{m})$$

3）非弹性区理论和组合拱支护理论计算法

支护范围的确定：按非弹性区理论计算顶板稳定层位置。

支护范围的参数确定：巷道最大埋深取为 900m，上覆岩层平均容重按 2500kg/m³ 计算，则巷道垂直地应力为：P=22.5MPa，选取砂质泥岩和煤层的物理力学参数及其平均值进行计算，C 的平均值为 5MPa；φ 的平均值取为 26°，岩石坚固系数 f 取为 2.0。

（1）锚杆长度计算。

非弹性区等效圆半径为

$$r = \sqrt{a^2 + (h/2)^2} = \sqrt{2.3^2 + (3.6/2)^2} = 2.92(\mathrm{m})$$

则无支护时的巷道围岩内部最大非弹性区（塑性区）半径为

$$R_0 = r \left[\frac{(P + C\cot\varphi)(1 - \sin\varphi)}{C\cot\varphi} \right]^{\frac{1-\sin\varphi}{2\sin\varphi}} = 2.92 \times \left[\frac{(22.5 + 5 \times 2.05) \times (1 - 0.44)}{5 \times 2.05} \right]^{\frac{1-0.44}{2 \times 0.44}} = 4.23(\mathrm{m})$$

松动破坏半径为

$$R = R_0 \left(\frac{1}{1 + \sin\varphi} \right)^{\frac{1-\sin\varphi}{2\sin\varphi}} = 4.23 \times \left(\frac{1}{1 + 0.44} \right)^{\frac{1-0.44}{2 \times 0.44}} = 3.35(\mathrm{m})$$

则顶板非弹性区深度为

$$a_1 = R - \frac{h}{2} = 3.35 - 1.8 = 1.55(\mathrm{m})$$

两帮非弹性区深度为

$$b = R - a = 3.35 - 2.3 = 1.05(\mathrm{m})$$

根据顶部挤压加固理论可知顶锚杆长度为

$$L_{顶} = 1.55 + 0.3 + 0.1 = 1.95(\mathrm{m})$$

帮锚杆长度为

$$L_{帮} = b + L_1 + L_2 = 1.05 + 0.3 + 0.1 = 1.45(\mathrm{m})$$

（2）锚杆直径计算。

高强度螺纹钢锚杆直径应为

$$D = \sqrt{4Q / (\pi\sigma_s)} = \sqrt{4 \times 0.1 / (3.14 \times 330)} = 0.02(\mathrm{m})$$

（3）锚杆间排距计算。

根据加固拱理论，锚杆的间排距为

$$a = \tan\theta(L - b) = 2.2 - 1.5 = 0.7(\mathrm{m})$$

按悬吊理论校验：

$$a \leqslant \sqrt{\frac{Q}{KH\gamma}} = \sqrt{\frac{100}{2 \times 2.13 \times 20}} = 1.08$$

根据计算和校验结果，最后选取锚杆的间排距为 0.7m 能够满足要求。

2. 锚索参数计算

1) 按悬吊理论计算

(1) 锚索长度的确定。

锚索长度为

$$L=L_a+L_b+L_c+L_d=1.4+4.23+0.2+0.2=6.03(\text{m})$$

式中，L_b 为需要悬吊的不稳定的岩层厚度，综合考虑以上计算出的最大非弹性区(塑性区)半径 R_0 为 4.23m，取最大悬吊的不稳定的岩层厚度为 4.23m。

(2) 锚索间距的确定。

锚杆间排距初步确定为 0.7m。锚索的间排距按与锚杆隔 3 排布置，取锚杆间排距的 3 倍为 2.1m。

(3) 锚索数目的确定。

锚索的数目根据锚杆失效时锚索所承担的上部岩层重量确定，锚索失效被吊岩层的自重为

$$W=B\times\sum h\times\sum r\times D=4.6\times2.5\times25\times2=575(\text{kN})$$

则每排锚索的数目为

$$N=\frac{W}{P}=\frac{575}{300}=1.92\ (\text{根})$$

通过以上计算：巷道安装锚索时，考虑到锚索为锚杆支护基础上的加强支护，故巷道断面顶板安装 3 根锚索即可满足设计要求。

2) 按厚煤层组合拱理论计算

(1) 锚索长度的确定。

综合考虑平煤股份六矿丁$_{5-6}$-22240 孤岛工作面所处的复杂围岩环境，巷道上部的稳定岩层具有不确定性，锚索长度按式(3-34)计算。根据钻孔综合柱状图，以巷道穿顶板软弱岩层共有 1 层，则有

$$L_a=\max\left\{1.5a,\sum_{i=1}^{n}h_i\right\}=\{1.5\times4.6,5.5\}=\{6.9,5.5\}=6.9(\text{m})$$

校验：$\dfrac{6.9}{4.6}=1.5<2$，最终取 6.9m。

(2) 锚索间排距的确定。

锚索间排距为

$$S_a=\frac{n[\sigma_a]}{a\gamma h_i}=\frac{3\times300}{4.6\times25\times3}=2.6(\text{m})$$

校验：　　　　　　　　　　　　　　$L/S_a\geqslant2$

式中，L 为锚索孔深度。

则有 $L/S_a=6.9/2.6=2.6\geqslant2$，满足要求。

3. 锚杆(索)参数选择

锚杆(索)支护材料和锚固参数的选择直接关系到沿空巷道及小煤柱的成败，是支护技术

设计的重要环节。丁$_{5-6}$-22240 孤岛工作面埋深 816～905m，属于垂深大于 800m 的巷道，依据《平煤股份公司煤巷锚杆支护技术规范》要求，结合现场实际，从安全可靠、技术可行、经济效益三个方面考虑，初步选择锚杆、锚索材料，选择标准参照 3.3.4 节。其中一次补强支护选用 Φ17.8mm×7 预应力钢绞线锚索，强度为 1860MPa，截面积为 191.00mm^2，延伸率 ≥3.5%，最低破断荷载为 353kN。考虑到后期要对深部围岩进行注浆加固，二次补强选用新型中空注浆锚索，规格为 Φ22.6mm×8 锚索，极限破断力为 420kN。中空注浆锚索的力学性能见表 4-3。

表 4-3　锚索产品规格

锚索类型	锚索直径/mm	破断荷载/t	螺纹规格	安装孔径/mm
9 根 Φ5mm 周边丝+Φ10mm 注浆芯管	20.6	33	M33×2	Φ28
8 根 Φ6mm 周边丝+Φ10mm 注浆芯管	22.6	42	M36×2	Φ28～Φ32
9 根 Φ6mm 周边丝+Φ12mm 注浆芯管	24.6	45	M39×2	Φ32～Φ35
8 根 Φ7mm 周边丝+Φ12mm 注浆芯管	26.9	54	M39×2	Φ32～Φ35
9 根 Φ7mm 周边丝+Φ14mm 注浆芯管	28.9	60	M42×2	Φ35～Φ42
7 根 Φ9.53mm 钢绞线+Φ12mm 注浆芯管	31	70	M42×2	Φ42
9 根 Φ9.53mm 钢绞线+Φ18mm 注浆芯管	37	90	M52×2	Φ45～Φ50

4.4.2　锚杆(索)初步设计参数

锚杆、锚索理论计算结果见表 4-4 与表 4-5。

从矿井丁$_{5-6}$-22240 工作面实际地质情况来看，参考类似高应力破碎软岩巷道支护工程，以及现场工程技术人员的经验及施工条件的可行性，综合分析三种计算方法所得的锚杆、锚索参数计算结果，初步确定支护参数设计结果如表 4-6 所示，支护形式见图 4-23。

表 4-4　锚杆参数理论计算结果汇总

锚杆类型	经验公式计算法	组合梁理论计算法	非弹性理论和组合拱理论计算法	
	煤巷支护	大松动圈	顶锚杆	帮锚杆
长度/m	2.35	2.9	1.95	1.45
间排距/m	0.75	0.87	0.7	0.7

表 4-5　锚索参数理论计算结果汇总

锚索规格	悬吊理论	组合拱理论
长度/m	6.03	6.9
间排距/m	2.1	2.6
根数	3	3

表 4-6　锚杆、锚索初步设计参数汇总表

顶锚杆/m		帮锚杆/m		顶锚索/m		
长度	间排距	长度	间排距	长度	间距	排距
2.6	0.8	2.6	0.8	6.5	1.5	2.4

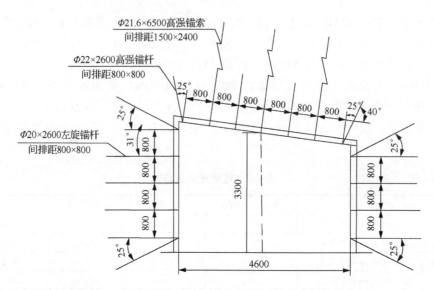

图 4-23　丁$_{5-6}$-22240 工作面沿空巷道支护形式(单位：mm)

4.4.3　小煤柱注浆锚杆、注浆锚索

1. 高强度螺纹钢中空注浆锚杆

高强度中空注浆锚杆的参数参见 3.3.5 节。

2. 中空注浆锚索

1) 中空注浆锚索的技术背景

目前，用于矿山巷道支护与加固的锚索主要有两大类：一类是树脂锚固锚索，即采用预应力钢绞线截割成所需的长度作为锚索索体，配上夹片式锚具、金属托盘等构成一套锚索，安装时采用搅拌药卷式树脂锚固剂锚固；另一类是注浆锚固锚索，一般将钢绞线破股后作为锚索索体，绑扎上注浆管、排气管，再配上止浆塞、夹片式锚具、金属托盘等构成一套锚索，安装时通过向锚索钻孔中注入水泥或其他种类的锚固浆液进行锚固。这两种锚索在煤矿及其他矿山中都有应用。但国内现有的锚索产品仍存在一些固有的缺点。对注浆锚固锚索来说，主要问题是所需钻孔孔径较大(一般在 55mm 以上)，现场作业工序繁多，施工速度慢，特别是锚固浆液固化时间较长，锚索安装后不能立即承载，造成支护不及时。对树脂锚固锚索来说，主要存在以下缺点：预应力钢绞线是按两端夹紧受力而设计的，而现有树脂锚固锚索只是简单地将钢绞线截成所需长度作为锚索索体，没有进行专门的加工处理，锚固段索体的中心钢丝既不与锚固剂黏结，又不受锚具夹紧，与周边钢丝的摩擦力很小，因此，中心钢丝的强度得不到充分发挥，例如，270kN 级的 Φ15.24mm 钢绞线的破断荷载达 26t，而做成树脂锚固锚索的实际破断荷载只有 22~23t，原因就在于此。夹片式锚具的夹片内齿可以承受极高的应力，在矿山井下潮湿环境中极易发生应力腐蚀和锈蚀，导致夹片锁紧失效，造成锚具、托盘下滑，而锚具滑动时往往会伴随摩擦火花出现，带来严重的安全隐患，这种现象在许多矿山都出现过，至今无法得到解决。

现有的树脂锚固锚索需要采用专用机具进行张拉预紧，不仅增加了辅助时间，而且由于张拉机具笨重，工人劳动强度比较大；更重要的是，靠张拉预紧的锚索与靠螺纹预紧的锚杆之间受力不同步，难以形成整体支护作用；此外，锚索张拉所需要的索体外露长度不仅造成材料浪费，还会严重影响到巷道的有效断面。

受现有预应力钢绞线品种的制约，锚索索体直径偏小，承载能力偏低，且明显不符合"三径"合理匹配关系，不利于保证锚固质量。虽然，目前有的厂家正在研发大直径的钢绞线，但仍沿用夹片锚具锁紧，所以中心钢丝受力太低、锚具失效下滑、产生火花、外露长度过大以及与锚杆受力不同步等问题将依然存在。

从澳大利亚、美国、英国、德国、南非等的技术发展情况来看，直接采用建筑行业的预应力钢绞线截割成锚索的做法很快将成为历史，而针对矿山企业的实际应用条件采用专门的技术、材料和设备制造全新结构形式的锚索产品已经成为矿用锚索的技术发展趋势。国外开发的新型矿用锚索产品都采用螺纹锁紧方式，提高了锁紧端的可靠性及对井下潮湿、淋水环境的适应能力，消除以往因夹片式锚具下滑产生火花而带来的安全隐患；锚索能够和锚杆一样，实现搅拌、锁紧一体化快速安装，从而取消张拉工序，简化施工工艺，并实现与锚杆同步承载，使二者形成整体支护作用。这样的锚索不仅可以作为锚杆支护的补强加固措施，而且可以作为基本支护使用，实现巷道支护锚索化。国外的新型锚索产品普遍加大索体直径，提高单股承载能力，从而提高锚索安装钻孔的利用率；同时，改善锚索索体的延伸特性，提高其适应围岩变形的能力。此外，还特别注重尽可能减小外露长度，以最大限度地保持巷道的有效高度，便于井下人员、车辆、设备的通行。在锚索索体形式以及锁紧机构上注重产品的个性化、差异化，针对各种不同地质条件和生产技术条件将锚索产品细分为多种不同类型、不同结构、不同规格的品种。

针对国内现有矿用锚索产品存在的缺点和问题，济南澳科矿山工程技术有限公司在借鉴和吸收国外先进技术的基础上，经过反复试验，在攻克了钢丝快速、精确、定长下料，绞制后索体钢丝由于自身弹性而破股散开，以及螺纹锁紧机构关键零件的高效率加工制造等一系列技术难题后，成功研发了用螺旋肋预应力钢丝制造大直径强力锚索。

螺旋肋预应力钢丝是一种新型的变形钢丝，其主要特征是将压延拉拔工艺处理后的半成品经过最后一道塑性变形拉拔，使钢丝表面形成 3～6 条连续凸起的螺旋肋，形成凹凸不平的表面外形，使其锚固结合强度得到大幅度提高，而螺旋肋同基圆为一体共同组成同一个截面，也就是说钢丝通体横截面相等，具有强度高、松弛值低、伸直性好等突出优点，如图 4-24 所示。采用螺旋肋预应力钢丝加工的内有注浆管的螺纹紧固锚索见图 4-25。

图 4-24　螺旋肋预应力钢丝

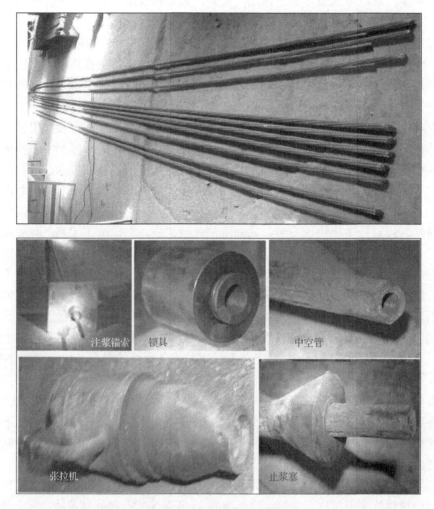

图 4-25　中空注浆锚索及配件

2) 中空注浆锚索的结构特点及规格

中空注浆锚索最主要的结构特点是索体中空结构，自带注浆芯管，锚固段有出浆孔，这样不仅有利于出浆，而且有利于锚索-锚固剂-围岩之间的紧密黏结，可以实现与大孔径钻孔的耦合。采用不同规格的钢丝或者不同的周边钢丝与中心钢丝的搭配组合便可以制造出多种不同索体直径、强度等级、延伸率、索体旋向和扭矩的中空注浆强力锚索。

因平煤六矿-440m 石门运输大巷经过多次返修，巷道围岩破碎，经现场实际观测松动圈厚度大于 2.5m，对深部围岩要进行深部注浆加固。二次补强选用改进的新型中空注浆锚索，规格为 Φ22.6mm×8 锚索，长度为 8m，极限破断力为 420kN，其结构如图 4-26、图 4-27 所示。

3) 中空锚索的支护特点

采用螺旋肋预应力钢丝制造的锚索的突出优点就是其锚固强度、荷载传递特性和锚固延伸性比用钢绞线截割成的锚索有大幅度的提高。采用高强度螺旋肋预应力钢丝制造的锚索的锚固强度比相同直径的用钢绞线截割成的锚索提高 15% 以上，而锚固延伸性可提高 25% 以上。中空注浆锚索有以下优点。

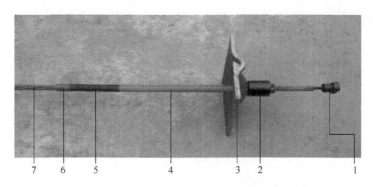

图 4-26　中空注浆锚索结构

1-注浆专业连接器；2-KM22 型锚具；3-300mm×300mm×14mm 锚索盘；
4-外封孔管；5-内封孔管；6-挡环；7-中空注浆锚索锁体

图 4-27　注浆锚索锁体断面图

(1) 锚索索体为新型中空结构，自带注浆芯管，采用反向注浆方式，不仅消除了产生气穴空洞的可能，保证锚固浆液充满钻孔，而且省去了排气管和注浆管专用接头（直接利用螺纹锁紧机构作为注浆管专用接头），也无须在现场绑扎注浆管、排气管及封堵注浆孔，使施工步骤大为简化。

(2) 索体上部为搅拌树脂药卷端锚，下端采用螺纹锁紧，安装后能立即承载，应及时施加预应力，对于自稳能力差的顶板岩层又是非常有利和必要的。此外，锚索安装后能够与锚杆同步承载，形成整体支护作用，对保证支护效果非常有利。

(3) 注浆可以安排在迎头后方一定距离内完成，将一定范围的锚索一次注完。

(4) 索体及锁紧机构采用创新型的结构设计，在保证注浆通径的前提下，使索体直径达到最小化，所需安装孔径小，实现了小孔径、大吨位注浆，索体结构本身满足高压注浆的要求，可以实现锚注一体化施工。

(5) 外露端锁紧可靠，不打滑，不出现火花且外露长度小，不影响巷道有效高度。

4.4.4　沿空送巷小煤柱支护初步设计方案

4.4.1～4.4.3 节对沿空送巷小煤柱进行了初步确定，但考虑到丁$_{5-6}$-22240 工作面处于地应力复杂、矿压较大区域，巷道受采动影响较大，煤体裂隙发育，煤体松软，支承应力较小，巷道收缩变形量较大，失修严重，采面移交时需进行大面积的扩帮拉底翻修工作。回采过程中，还需不断进行扩帮拉底翻修，工人劳动强度大，进度慢，影响采煤生产，不适应矿井高产高效生产。

因此根据丁$_{5\text{-}6}$-22240 工作面的实际情况，在原设计支护结构下，初步制定了三种支护加强方案。

1）原设计支护+上帮 2 根帮锚索或者贴帮柱

（1）帮锚索：L=4.5m，$\varPhi$=17.8mm 普通锚索，支护形式见图 4-28。

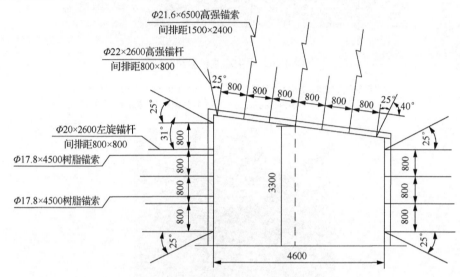

图 4-28　原设计支护+上帮 2 根帮锚索（单位：mm）

（2）贴帮柱：采用 36U 旧钢梁加工制成，长度为 2m，排距为 1.4m，支护形式如图 4-29 所示。

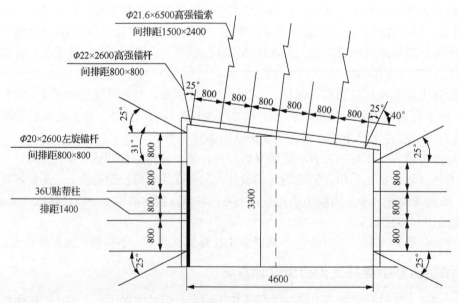

图 4-29　原设计支护+上帮 2 根贴帮柱（单位：mm）

2）原设计支护+注浆锚杆+上帮帮锚索

注浆锚杆：L=2.6m，Φ=25mm，排距为 1400mm（即每两排施工一组），每排 3 根。帮锚索：L=4.5m，Φ=17.8mm，第一根距顶 0.8m，第二根距顶 2.3m，两排一打，每排两根，在注浆锚杆两排中间施工。其支护形式如图 4-30 所示。

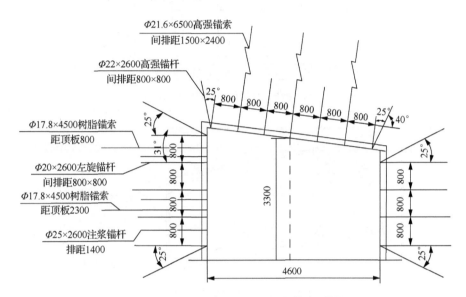

图 4-30　原设计支护+注浆锚杆+上帮帮锚索（单位：mm）

3）原支护设计+注浆锚索

注浆锚索：L=4.0m，Φ=22mm，排距 1400mm（即每两排施工一组），每组 2 根或 3 根，其支护结构如图 4-31 所示。当煤层厚度低于 2.5m 时施工 2 根，当厚度大于 2.5m 时，施工 3 根。

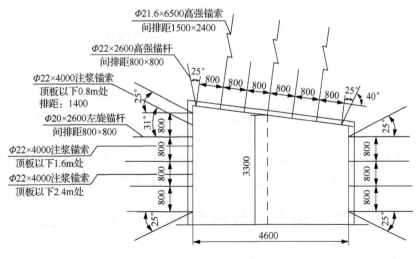

（a）注浆锚索位置示意图

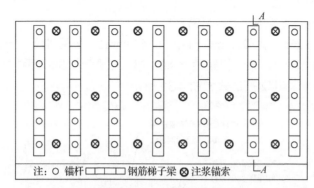

（b）小煤柱侧锚杆、注浆锚索示意图

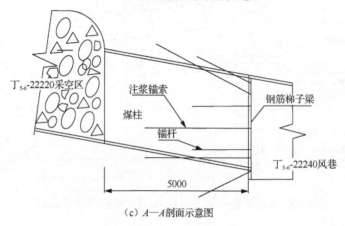

（c）A—A剖面示意图

图 4-31　原支护设计+注浆锚索（单位：mm）

　　支护形式为预应力高强锚杆+左旋锚杆+预应力顶锚索+注浆锚索联合支护，沿丁₅煤层顶板掘进。其具体支护参数如下。

　　（1）顶锚杆选用 Φ22mm×2600mm 高强树脂锚杆，间排距为 800mm×800mm，顶网选用冷拔钢丝片网，网孔直径为 40mm×40mm，规格为 3.6m×0.9m。

　　（2）顶锚索抗拉强度级别为 6000N/mm 规格，低松弛钢绞线直径为 Φ21.6mm，长度为 6.5m，间排距为 1.5m×2.4m，每孔使用 5 支 CK2335 树脂锚固剂。

　　（3）上帮锚杆使用 Φ20mm×2600mm 左旋锚杆，间排距为 800mm×800mm，选用冷拔钢丝片网，网孔直径为 40mm×40mm，规格为 3.0m×0.9m，选用钢筋梯子梁加固。

　　（4）下帮锚杆使用 Φ20mm×2600mm 左旋锚杆，间排距为 750mm×800mm，选用冷拔钢丝片网，网孔直径为 40mm×40mm，规格为 3.0m×0.9m。

　　（5）注浆锚索 L=4.0m，Φ=22mm，排距 1400mm（即每两排施工一组），每组 2 根或 3 根。当煤层厚度低于 2.5m 时施工 2 根，当厚度大于 2.5m 时，施工 3 根。

4.5　沿空送巷小煤柱强化支护工业性试验

4.5.1　试验地点

　　平煤六矿的丁₅₋₆-22240 风机巷综掘工作面位于丁二下山采区西翼下部，其走向长度为 2680m，服务年限为 3 年，巷道距地表埋深 816～905m，试验巷道位于丁₅₋₆煤层，煤层厚度为 3.6～4.8m，煤层倾角为 7°～15°，丁$_{5-6}$夹矸厚度为 0.7～1.1m，丁$_5$煤层厚度为 0.3～1.0m，丁$_5$煤层顶板为灰色粉质砂岩，较稳定，丁$_{5-6}$夹矸岩性为泥岩，略带砂质，节理发育、完整性差，煤层变化不大且煤层倾角变化平缓。该工作面属于典型的孤岛工作面，受高地应力的影响，煤体松软，风机巷综掘工作面沿空送巷时，小煤柱和巷道稳定性难以保证。

因此，以该工作面的风机巷综掘工作面为研究对象，开展复杂条件下沿空送巷小煤柱强化支护技术工业性试验。

4.5.2　施工设备

为保证巷道施工的正常进行，矿井配备了以下主要设备：

(1)EBZ-160TY 型掘进机 1 台，总功率为 196kW，主要适用于煤及半煤岩巷道的掘进，该掘进机可经济切割单向抗压强度≤80MPa 的煤岩，可掘巷道最大宽度(定位时)为 5.5m，最大可掘高度为 4m，可掘任意断面形状的巷道，适合巷道坡度±16°；

(2)SPJ-800/37×2 型胶带运输机 1 部，运输能力为 200t/h，设计运距为 1700m；

(3)MQT-120/2.3 型顶锚杆钻机 2 台；

(4)MQTB-65/1.6 型气动支腿式帮锚杆钻机 2 台；

(5)MYT-125/330 型液压锚杆钻机 1 台；

(6) Φ42mm 金刚石钻头 20 只；

(7)LDZ-200 型锚杆拉力计 1 台；

(8)2ZBQ-10/12 型气动注浆机 1 台；

(9)QJB-250 高速气动搅拌机 1 台；

(10)SB10 型手摇注浆泵 1 台(封孔备用)；

(11)矿用锚索张拉机具 1 套，锚索切断器 1 台；

(12)矿用锚杆预应力风动扳手 2 把等；

(13)2×45kW 对旋风机 2 台；

(14)37kW 水泵 2 台。

4.5.3　施工方法与工艺

1. 施工方法

丁$_{5-6}$-22240 工作面风机巷利用掘进机按初步预想断面形状切割成型，掘进机后跟长运距 800mm 可缩胶带运输机兼作拉煤运料，做到一次成巷，局部在两帮支护时用手镐或风镐修整至标准要求。当掘进机切割至规定的循环进度及高度后，先敲帮问顶，及时前移前探支护，利用 MYT-125/330 型液压锚杆钻机打眼，人工进行顶板支护，用风钻打帮眼及注浆锚索，人工挂网安装，两帮支护滞后顶板支护一个循环进度。

2. 施工工艺

丁$_{5-6}$-22240 工作面风机巷施工顺序为：机掘→临时支护→打顶板锚杆眼→安装顶锚杆→安装顶网→刷帮→打帮锚杆眼→挂帮网→安装帮锚杆→检查锚网质量。临时支护采用前探梁，掘进机割煤前进行最后一排支护时，就把即将割出的一循环距离顶网挂上，并向后折叠固定在顶板上，掘进机割煤后展开顶网，前移前探梁，并用大板置于前探梁之上护住顶板，大板与前探梁之间用木楔打紧，前探梁长度不少于 3.6m，用 11#工字钢共 2 根，每根不少于 3 道卡子(至少 2 道在用)，大板长度为 3m，宽度为 0.2m，厚度为 20mm，前探梁距巷道中心 1050mm±100mm。为保证两帮平整稳定，掘进机割煤时，保留 150～200mm 厚的预留层，用镐或风镐刷齐，保持煤帮成型良好。

1)锚杆施工工艺

参见 3.6.4 节中的锚杆施工工艺。

2)预应力锚索施工工艺

参见 3.6.4 节中的预应力锚索施工工艺。

3)中空注浆锚杆、锚索施工工艺

(1)中空注浆锚杆施工工艺。

参见 3.6.4 节中的注浆锚杆、组合锚索施工工艺。

(2)中空注浆锚索施工工艺。

标定孔位→钻顶孔→钻底角孔→清洗锚索孔→安装树脂锚固剂→用钢绞线将树脂锚固剂送至孔底→用锚索搅拌器把钢绞线与钻机连成一体→搅拌树脂锚固剂 20～30s→用棉纱或双快水泥药卷封孔→锁紧锚索→配料→注浆。

3. 现场注浆情况

1)注浆锚杆、注浆锚索参数

现场实际注浆时，注浆锚杆压力达到 4～6MPa，注浆锚杆每孔注浆量为 0.04～0.05m^3(约 50kg)，注浆锚索每孔注浆量为 0.08～0.1m^3(约 100kg)，注浆锚杆扩散半径为 700～800mm，注浆过程中存在 20%从锚杆孔口流浆，60%从煤壁中流浆，20%注浆时达到压力后不吸浆。

注浆锚索压力达到 7～8MPa，注浆锚索扩散半径为 3000～3200mm，注浆锚索注浆过程中存在 10%从锚杆孔口流浆，40%从煤壁中流浆，50%注浆时达到压力后不吸浆。

2)已施工注浆锚杆及锚索分布

丁$_{5-6}$-22240 风巷注浆锚杆及注浆锚索施工位置如下。

1000～1120m 处为注浆锚杆(粗丝注浆锚杆)。

1145～1220m 处为注浆锚杆(细丝注浆锚杆)。

1220～1300m 处为注浆锚索。

1300～1420m 处为注浆锚杆(细丝注浆锚杆)。

1420m～工作面迎头，注浆锚索施工紧跟工作面，注浆工作已进行完毕。

3)注浆过程中存在的问题

现场注浆过程中存在的一些问题，现总结如下，以便在今后的工作中加以预防。

(1)注浆锚杆分为粗丝与细丝两种，这两种注浆锚杆在螺帽使用上有差别，注浆孔径等其他方面都一样，所以在注浆效果上无差别。在安全方面，粗丝锚杆注浆压力过大时可能会发生螺帽退丝现象，所以细丝注浆锚杆更安全。

(2)注浆锚杆封孔安装上属于隐蔽工程。注浆锚杆末端用一根锚杆凝固剂进行锚固，采用锚杆自带的橡皮圈进行封孔。锚杆在注入过程中橡胶套将锚杆孔封住。由于锚杆向前推进过程中橡皮套易出现滑动造成封孔不严，如果再次进行检查会对煤壁及锚杆孔造成破坏，影响注浆效果，所以在注浆过程中会出现个别锚杆注浆时从孔口漏浆。根据现场实际情况，在封孔位置直接用破布缠绕,增加摩擦阻力及封孔面积,增大了注浆成功率。

(3)丁$_{5-6}$-22240 风巷上帮为丁$_{5-6}$-22260 采空区,属沿空送巷。上帮煤壁松软,压力较大,且在施工过程中需进行探放水,探水孔的施工及水对煤体的浸泡,造成煤壁裂隙多,密闭性差,注浆过程中易出现煤壁跑浆、漏浆现象,影响注浆效果。探放水较为频繁,需探放水地点打孔易造成煤壁松动,不利于注浆工作,所以注浆锚杆及锚索安装需稍滞后于工作面。

4.5.4　巷道位移监测

1. 技术标准

巷道掘进后 30 天内,巷道顶板下沉量应小于 100mm,下沉速率在 0.5mm/天以下。巷帮移近量小于 200mm/帮,移近速率小于 5mm/天。回采期间有效通风断面不小于设计断面的 80%。在巷道不维护时,保持巷道围岩稳定,支护承受采面动压后,保证采面上下的有效断面,保证回采顺利进行。

采用"十字"交叉法测量巷道围岩浅部和巷帮位移。

1)测站设置

(1)深部围岩位移测站:巷道掘进 50m 后,安设深部围岩位移测站,以后在断层附近和开切眼附近各设一个测站。深部围岩位移测站孔深 6m(必要时按需要确定孔深),每个测孔内安设至少两个测点,观测围岩深部和浅部的变化情况。

(2)表面位移测站:巷道掘进每隔 50m 设一个"十字"位移测站,观测测顶板下沉值及两帮收敛值,对巷道进行常规的安全监测。

2)测试数据观测要求

采用顶板离层仪观测顶板,"十字"位移测站观测巷道位移量。巷道每 50m 设置一组十字观测点,工作面 50m 范围内,每天观测一次,工作面 50m 范围外,每周观测记录一次,数据不再发生变化时每月观测一次。巷道顶板离层仪,每 50～100m 设置一个,工作面 50m 范围内,每天观测一次,工作面 50m 范围外,每周观测记录一次,数据不再发生变化时每月观测一次。

2. 位移监测结果

对巷道深部围岩位移和表面位移进行测点布置,并对各测点的位移进行观测,观测结果见表 4-7～表 4-14。

1)深部围岩位移

测点 1#:此测点位于巷道开口位置处,开口时,顶板锚索加密,间排距为 1600mm×1600mm。从顶板离层仪显示数据来看,支护满足顶板安全需求。

测点 2#:此测点位于巷道支护试验开始后 25m 处,严格按照更改后的支护参数进行施工,同时在两排锚索中间上帮柱肩处,加打一根锚索,顶板锚索间排距为 1600mm×2400mm。从顶板离层仪显示数据来看,支护满足顶板安全需求。

测点 3#:此测点位于巷道支护试验开始后 62m 处,严格按照更改后的支护参数进行施工,从顶板离层仪显示数据来看,支护满足顶板安全需求。

测点 4#:此测点位于巷道支护试验开始后 121m 处,严格按照更改后的支护参数进行施工,从顶板离层仪显示数据来看,支护满足顶板安全需求。

2) 巷道表面位移

测点 1#：测点采用原设计支护参数进行施工，从数据来看，两帮位移量达到 760mm，该工作面为孤岛工作面，表明支护基本有效。但是底板底臌量较大，巷道移交时拉底工作量较大。

测点 2#：该测点采用试验的支护参数进行施工，从数据来看，两帮位移量达到 670mm，表明支护已经有了一定的效果。同时施工时应加强施工的内在质量，保证支护有效。

测点 3#：该测点采用试验的支护参数进行施工，从数据来看，两帮位移量达 820mm，表明支护已经有了一定的效果。同时施工时应加强施工的内在质量，保证支护有效。

测点 4#：该测点采用试验的支护参数进行施工，从数据来看，两帮位移量达 1100mm，位于断层附近，断层从下帮发展出来，应力集中，因此下帮变化量大。

3) 掘进期间

巷道表面位移观测：巷道顶板下沉量几乎为 0mm；巷帮位移量平均为 72.3mm，位移速率平均为 1.93mm/天。

巷道深部位移观测：深部最大下沉量为 19mm，浅部最大下沉量为 9mm，平均为 14mm。

回采后期分别对掘进和回采巷道支护断面进行比较得出：掘进断面 16.64m^2，回采巷道断面 15m^2；事实证明，巷道有效断面不小于掘进设计断面的 80%，说明采空区下孤岛工作面沿空送巷煤壁注浆支护的手段是可行的，设计的支护参数是科学合理的。

表 4-7　丁 $_{5\text{-}6}$-22240 风巷里段顶板离层仪 1#测点观测数据

序号	时间 (月.日)	安设位置	深基点/mm	浅基点/mm	深基点(变化量)/mm	浅基点(变化量)/mm
	5.19		53	51	0	0
	5.20		50	50	3	1
	5.21		48	48	2	2
	5.22		46	47	2	1
	5.23		44	46	2	1
	5.24		42	45	2	1
	5.25		40	44	2	1
1#	5.26	3m	40	44	0	0
	6.2		38	43	2	1
	6.9		38	43	0	0
	6.16		38	43	0	0
	7.19		38	43	0	0
	8.19		38	43	0	0
	9.17		38	43	0	0
总体变化量/mm					15	8

表 4-8　丁 $_{5-6}$-22240 风巷里段顶板离层仪 2#测点观测数据

序号	时间 (月.日)	安设 位置	深基点/mm	浅基点/mm	深基点(变化量)/mm	浅基点(变化量)/mm
2#	6.20	110m	100	90	0	0
	6.21		95	87	5	3
	6.22		90	85	5	2
	6.23		88	83	2	2
	6.24		88	83	0	0
	6.25		85	81	3	2
	6.26		85	81	0	0
	7.5		84	81	1	0
	7.30		84	81	0	0
	8.25		84	81	0	0
	9.23		84	81	0	0
	10.25		84	81	0	0
	11.20		84	81	0	0
总体变化量/mm					16	9

表 4-9　丁 $_{5-6}$-22240 风巷里段顶板离层仪 3#测点观测数据

序号	时间 (月.日)	安设 位置	深基点/mm	浅基点/mm	深基点(变化量)/mm	浅基点(变化量)/mm
3#	7.4	147m	92	95	0	0
	7.5		90	94	2	1
	7.6		85	92	5	2
	7.7		81	90	4	2
	7.8		80	90	1	0
	7.9		78	89	2	1
	7.10		75	87	3	2
	7.21		73	86	2	1
	8.12		73	86	0	0
	9.19		73	86	0	0
	10.26		73	86	0	0
总体变化量/mm					19	9

表 4-10　丁 $_{5-6}$-22240 风巷里段顶板离层仪 4#测点观测数据

序号	时间(月.日)	安设位置	深基点/mm	浅基点/mm	深基点(变化量)/mm	浅基点(变化量)/mm
4#	7.22	206m	98	95	0	0
	7.23		95	93	3	2
	7.24		90	91	5	2
	7.25		87	89	3	2
	7.26		86	89	1	0
	7.27		86	89	0	0
	8.1		85	89	1	0
	8.8		85	89	0	0
	9.11		85	89	0	0
	10.19		85	89	0	0
	11.25		85	89	0	0
总体变化量/mm					13	6

表 4-11　丁 $_{5-6}$-22240 风巷里段巷道表面位移 1#测点观测数据

序号	测点位置	时间(月.日)	中上/mm	中下/mm	中左/mm	中右/mm	中上(变)/mm	中下(变)/mm	中左(变)/mm	中右(变)/mm
1#	41m	6.1	1560	1960	1410	3420	0	0	0	0
		6.2	1560	1940	1350	3350	0	20	60	70
		6.3	1550	1930	1300	3300	10	10	50	50
		6.4	1550	1920	1240	3240	0	10	60	60
		6.5	1550	1900	1210	3220	0	20	30	20
		6.6	1530	1870	1190	3200	20	30	20	20
		6.7	1530	1860	1180	3170	0	10	10	30
		6.14	1530	1850	1160	3150	0	10	20	20
		6.21	1530	1810	1120	3130	0	40	40	20
		6.28	1530	1740	1090	3100	0	70	30	30
		7.5	1530	1720	1050	3090	0	20	40	10
		7.12	1530	1700	1040	3090	0	20	10	0
		7.19	1530	1680	1030	3090	0	20	10	0
		7.26	1530	1660	1030	3080	0	20	0	10
		8.1	1530	1640	1030	3080	0	20	0	0
		8.8	1530	1620	1020	3070	0	20	10	10
		8.11	1530	1610	1020	3070	0	10	0	0
		8.19	1530	1600	1010	3060	0	10	10	10
		8.25	1530	1580	1010	3060	0	20	0	0
		8.31	1530	1580	1010	3060	0	0	0	0
		9.6	1530	1580	1010	3060	0	0	0	0
		9.12	1530	1580	1010	3060	0	0	0	0
		9.18	1530	1580	1010	3060	0	0	0	0

续表

序号	测点位置	时间(月.日)	中上/mm	中下/mm	中左/mm	中右/mm	中上(变)/mm	中下(变)/mm	中左(变)/mm	中右(变)/mm
1#	41m	9.22	1530	1580	1010	3060	0	0	0	0
		9.28	1530	1580	1010	3060	0	0	0	0
		10.4	1530	1580	1010	3060	0	0	0	0
		10.10	1530	1580	1010	3060	0	0	0	0
		10.17	1530	1580	1010	3060	0	0	0	0
		11.10	1530	1580	1010	3060	0	0	0	0
		总体变化量/mm					30	380	400	360

表 4-12　丁 5-6-22240 风巷里段巷道表面位移 2#测点观测数据

序号	测点位置	时间(月.日)	中上/mm	中下/mm	中左/mm	中右/mm	中上(变)/mm	中下(变)/mm	中左(变)/mm	中右(变)/mm
2#	97m	6.20	1350	2170	1400	3440	0	0	0	0
		6.21	1350	2130	1360	3420	0	40	40	20
		6.22	1350	2110	1320	3400	0	20	40	20
		6.23	1330	2070	1300	3390	20	40	20	10
		6.24	1330	2040	1280	3360	0	30	20	30
		6.25	1330	2020	1250	3340	0	20	30	20
		6.26	1330	2010	1230	3330	0	10	20	10
		6.27	1330	1990	1210	3320	0	20	20	10
		7.4	1320	1950	1160	3280	10	40	50	40
		7.11	1320	1920	1070	3260	0	30	90	20
		7.18	1320	1890	1040	3220	0	30	30	40
		7.25	1320	1870	1020	3220	0	20	20	0
		7.27	1320	1850	1010	3220	0	20	10	0
		8.1	1320	1830	1000	3220	0	20	10	0
		8.8	1320	1810	1000	3200	0	20	0	20
		8.11	1320	1800	990	3200	0	10	10	0
		8.19	1320	1780	980	3190	0	20	10	10
		8.25	1320	1770	980	3190	0	10	0	0
		8.31	1320	1770	980	3190	0	0	0	0
		9.6	1320	1770	980	3190	0	0	0	0
		9.12	1320	1770	980	3190	0	0	0	0
		9.18	1320	1770	980	3190	0	0	0	0
		9.22	1320	1770	980	3190	0	0	0	0
		9.28	1320	1770	980	3190	0	0	0	0
		10.4	1320	1770	980	3190	0	0	0	0
		10.10	1320	1770	980	3190	0	0	0	0
		10.17	1320	1770	980	3190	0	0	0	0
		11.10	1320	1770	980	3190	0	0	0	0
		总体变化量/mm					30	400	420	250

表 4-13　丁 $_{5-6}$-22240 风巷里段巷道表面位移 3#测点观测数据

序号	测点位置	时间(月.日)	中上/mm	中下/mm	中左/mm	中右/mm	中上(变)/mm	中下(变)/mm	中左(变)/mm	中右(变)/mm
3#	152m	7.5	1950	1570	1460	3540	0	0	0	0
		7.6	1930	1540	1400	3500	20	30	60	40
		7.7	1900	1520	1360	3460	30	20	40	40
		7.8	1910	1500	1310	3410	−10	20	50	50
		7.9	1910	1480	1270	3380	0	20	40	30
		7.10	1880	1450	1230	3370	30	30	40	10
		7.11	1880	1430	1210	3350	0	20	20	20
		7.12	1880	1420	1210	3340	0	10	0	10
		7.19	1880	1400	1180	3300	0	20	30	40
		7.26	1880	1370	1150	3280	0	30	30	20
		8.1	1880	1350	1130	3260	0	20	20	20
		8.8	1880	1310	1100	3240	0	40	30	20
		8.11	1880	1300	1090	3230	0	10	10	10
		8.19	1880	1280	1070	3210	0	20	20	20
		8.25	1880	1270	1060	3190	0	10	10	20
		8.31	1880	1260	1050	3170	0	10	10	20
		9.6	1880	1250	1040	3160	0	10	10	10
		9.12	1880	1250	1030	3160	0	0	10	0
		9.18	1880	1250	1030	3150	0	0	0	10
		9.22	1880	1250	1030	3150	0	0	0	0
		9.28	1880	1250	1030	3150	0	0	0	0
		10.4	1880	1250	1030	3150	0	0	0	0
		10.10	1880	1250	1030	3150	0	0	0	0
		10.17	1880	1250	1030	3150	0	0	0	0
		11.10	1880	1250	1030	3150	0	0	0	0
		总体变化量/mm					70	320	430	390

表 4-14　丁 $_{5-6}$-22240 风巷里段巷道表面位移 4#测点观测数据

序号	测点位置	时间(月.日)	中上/mm	中下/mm	中左/mm	中右/mm	中上(变)/mm	中下(变)/mm	中左(变)/mm	中右(变)/mm
4#	201m	7.14	1870	1720	1290	4300	0	0	0	0
		7.15	1850	1700	1260	4180	20	20	30	120
		7.16	1850	1690	1210	4100	0	10	50	80
		7.17	1830	1650	1170	4050	20	40	40	50
		7.18	1830	1630	1110	3970	0	20	60	80
		7.19	1830	1620	1080	3950	0	10	30	20
		7.27	1830	1520	960	3850	0	100	120	100
		8.1	1830	1500	930	3820	0	20	30	30

序号	测点位置	时间(月.日)	中上/mm	中下/mm	中左/mm	中右/mm	中上(变)/mm	中下(变)/mm	中左(变)/mm	中右(变)/mm
4#	201m	8.8	1810	1480	900	3760	20	20	30	60
		8.11	1810	1470	890	3740	0	10	10	20
		8.19	1810	1450	880	3720	0	20	10	20
		8.25	1810	1430	870	3690	0	20	10	30
		8.31	1810	1410	860	3670	0	20	10	20
		9.6	1810	1390	850	3650	0	20	10	20
		9.12	1810	1380	850	3650	0	10	0	0
		9.18	1810	1380	850	3640	0	0	0	10
		9.22	1810	1380	850	3640	0	0	0	0
		9.28	1810	1380	850	3640	0	0	0	0
		10.4	1810	1380	850	3640	0	0	0	0
		10.10	1810	1380	850	3640	0	0	0	0
		10.17	1810	1380	850	3640	0	0	0	0
		11.10	1810	1380	850	3640	0	0	0	0
	总体变化量/mm						60	340	440	660

4.6　沿空送巷小煤柱强化支护技术效益分析

4.6.1　经济效益分析

通过对复杂条件下沿空送巷小煤柱强化支护技术的研究,并在丁$_{5-6}$-22240 孤岛工作面得到实施后,经现场跟踪调查、监测获得的数据资料看,支护效果非常显著,达到了预期目的,并节约了大量的材料,降低了支护费用,同时改善了作业环境,为沿采空区侧留窄煤柱综采工作面巷道强化支护、维持巷道围岩稳定、实现工作面快速安装、快速生产打下了坚实的基础。

1)直接效益

根据之前类似巷道情况,采面移交前需进行返修,此巷道需返修量为 1850m。

材料费用:该巷道返修每米单价为 2310 元,共计需材料费用 2310×1850≈427(万元)。

人工费用:以每日返修量为 8m 计算,需返修 232 天。根据实际情况每月返修人工费为 50 万元,共需人工费:50×232/30≈387(万元)。

其他租赁、电费、运输等杂费按照每月 30 万元计算:30×232/30=232(万元)。

总计:427+387+232=1046(万元)。

2)间接效益

采面提前投产 2～3 个月,按照每月出煤量 15 万 t,每吨售价 400 元(除去采煤成本)计算,预计产生利润:15×2×400=12000(万元)。

采面生产期间超前替棚需安排 2～3 个队伍进入拉底、扩帮施工,现每个月只需 5～6 人进行替棚。每个队伍每月按照人工费 50 万元计算,该采面回采时间预计为 8～10 个月,预计节省费用：50×2×8=800（万元）。

4.6.2　社会效益分析

沿空送巷是我国常用的减少煤柱损失的开采方式，随着采深增加，小煤柱设计方案虽然避开了应力峰值，但非峰值区垂直应力显现日益明显。小煤柱支护工艺中先后探索了架棚、锚网、锚网索、锚网索梁、锚网+金属支护及锚网索+锚杆注浆联合支护，但效果均不明显，往往在工作面掘进期间巷道已经收缩变形严重，需要返修，造成大量的重复投入，特别是在回采过程中运输巷和回风巷收敛变形严重，严重制约安全生产标准化和高产高效生产。

针对复杂条件下沿空送巷小煤柱巷道支护的难题，在丁$_{5-6}$-22240 孤岛工作面沿空送巷中引进中空注浆锚索对小煤柱裸巷进行高压注浆加固，有效控制了巷道的收缩变形，取得了非常显著的支护效果，该技术有以下诸多优点。

(1)降低材料消耗，减少投入，实现了少投入，多产出。

(2)提高生产效率，节省了采面移交及巷道维护时间，有利于缓解采掘接替的紧张局面。

(3)减轻工人的劳动强度，简化了回采工序，减少了工作面的作业人员。

(4)支护效果好，改善了作业场所的安全环境。巷道变形量小，有效断面大，受采动影响变化小，从而使作业场所有良好的安全作业环境。

(5)降低矿井综合成本，提高矿井综合经济效益。

对丁$_{5-6}$-22240 孤岛工作面的试验研究结果进行分析可知，沿空送巷煤壁注浆支护大有发展和应用的潜力，实践证明该技术为矿井提高原煤产量、创建高产高效矿井奠定了坚实的基础；职工收入增加，队伍情绪稳定，工作热情提高，实现了良性循环，对于促进矿井的安全管理及保持矿区稳定均发挥了重要作用；解决了平煤六矿、平煤神马集团乃至全国矿山这一支护难题，开辟了小煤柱沿空送巷支护的新局面，具有里程碑式的意义，社会效益良好。

4.7　本　章　小　结

本章以平煤六矿二水平的丁$_{5-6}$-22240 工作面的风机巷综掘工作面为研究对象，开展了复杂条件下沿空送巷小煤柱强化支护技术工业性试验。介绍了巷道支护的施工方法及工艺，并对施工后的巷道进行了深部围岩位移和表面位移监测，得出以下结论。

(1)巷道表面位移观测：巷道顶板下沉量几乎为 0mm；巷帮位移量平均为 72.3mm，位移速率平均为 1.93mm/天。

(2)巷道深部位移观测：深部最大下沉量为 19mm，浅部最大下沉量为 9mm，平均为 14mm。

(3)回采后期分别对掘进和回采巷道支护断面进行对比得出：掘进断面 16.64m²，回采巷道断面 15 m²；可以看出巷道有效断面不小于掘进设计断面的 80%，说明采空区下孤岛工作面沿空送巷煤壁注浆支护的手段是可行的，设计的支护参数是科学合理的。

参 考 文 献

柏建彪, 侯朝炯, 2006. 深部巷道围岩控制原理与应用研究[J]. 中国矿业大学学报, (2):145-148.

蔡美峰, 2002. 岩石力学与工程[M]. 北京: 科学出版社.

陈安敏, 顾金才, 沈俊, 等, 2002. 预应力锚索的长度与预应力值对其加固效果的影响[J]. 岩石力学与工程学报, 21(6):848-852.

陈国周, 贾金青, 王海涛, 2008. 深基坑预应力锚杆支护的杆系有限元与 FLAC 对比分析[J]. 岩土工程学报, 30(S1):50-53.

陈炎光, 陆士良, 1994. 中国煤矿巷道围岩控制[M]. 徐州: 中国矿业大学出版社.

丁秀丽, 盛谦, 韩军, 等, 2002. 预应力锚索锚固机理的数值模拟试验研究[J]. 岩石力学与工程学报, 21(7):980-988.

董方庭, 宋宏伟, 郭志宏, 等, 1994. 巷道围岩松动圈支护理论[J]. 煤炭学报, 19(1):21-32.

董建华, 袁方龙, 董旭光, 2017. 深基坑新型支护结构力学特性分析[J]. 土木工程学报, 50(10):99-110.

冯豫, 1996. 新奥法与中国煤矿软岩巷道支护[M]. 徐州: 中国矿业大学出版社.

高磊, 1979. 矿山岩体力学[M]. 徐州: 中国矿业大学出版社.

勾攀峰, 1998. 巷道锚杆支护提高围岩强度和稳定性的研究[D]. 徐州: 中国矿业大学.

韩侃, 李登科, 吴冠仲, 2011. 预应力锚索锚固力拉拔试验分析[J]. 岩土工程学报, 23(S1):69-72.

韩瑞庚, 1987. 地下工程新奥法[M]. 北京: 科学出版社.

何满潮, 1993. 软岩巷道工程概论[M]. 徐州: 中国矿业大学出版社.

何满潮, 景海河, 孙晓明, 2000. 软岩工程地质力学研究进展[J]. 工程地质学报, 8(1): 46-62.

何满潮, 景海河, 孙晓明, 2002. 软岩工程力学[M]. 北京: 科学出版社.

何满潮, 齐干, 许云良, 等, 2007. 深部软岩巷道锚网索耦合支护设计及施工技术[J]. 煤炭工程, (3):31-33.

何满潮, 袁和生, 靖洪文, 等, 2004. 中国煤矿锚杆支护理论与实践[M]. 北京: 科学出版社.

何思明, 王全才, 2006. 预应力锚索作用机理研究中的几个问题[J]. 地下空间与工程学报, (1):23-26.

侯朝炯, 勾攀峰, 2000. 巷道锚杆支护围岩强度强化机理研究[J]. 岩石力学与工程学报, 19(3):342-345.

侯朝炯, 郭励生, 勾攀峰, 等, 1999. 煤巷锚杆支护[M]. 徐州: 中国矿业大学出版社.

江贝, 李术才, 王琦, 等, 2015. 三软煤层巷道破坏机制及锚注对比试验[J]. 煤炭学报, 40(10): 2336-2346.

鞠文君, 2009. 冲击矿压巷道锚杆支护原理分析[J]. 煤矿开采, 14(3):59-61.

康红普, 2011. 煤矿预应力锚杆支护技术的发展与应用[J]. 煤矿开采, 16(3):25-30, 131.

康红普, 王金华, 2007. 煤巷锚杆支护理论与成套技术[M]. 北京: 煤炭工业出版社.

康红普, 王金华, 林健, 2007. 高预应力强力支护系统在其深部巷道中的应用[J]. 煤炭学报, 32(12):1233-1238.

康红普, 王金华, 林健, 2010. 煤矿巷道支护技术的研究与应用[J]. 煤炭学报, 35(11): 1809-1814.

孔德森, 2001. 深部巷道围岩在复合应力场中的稳定性数值模拟分析[J]. 山东科技大学学报, 21(1):68-70.

李冲, 徐金海, 吴锐, 等, 2011. 深部软岩巷道锚索-网壳衬砌耦合支护机理与实践[J]. 采矿与安全工程学报, 6: 193-198.

李明远, 王连国, 易恭酞, 等, 2001. 软岩巷道锚注支护理论与实践[M]. 北京: 煤炭工业出版社.

李为腾, 杨宁, 李廷春, 等, 2016. FLAC 3D 中锚杆破断失效的实现及应用[J]. 岩石力学与工程学报, 35(4): 753-767.

李希勇, 孙庆国, 2001. 深部巷道围岩工程控制理论与支护实践[M]. 徐州: 中国矿业大学出版社.

刘泉生, 卢超波, 刘滨, 等, 2014. 深部巷道注浆加固浆液扩散机理与应用研究[J]. 采矿与安全工程学报, 31(3):333-339.

刘泉声, 张华, 林涛, 2004. 煤矿深部岩巷围岩稳定与支护对策[J]. 岩石力学与工程学报, 23(21):3732-3737.

刘长武, 2000. 软岩巷道锚注加固原理与应用[M]. 徐州: 中国矿业大学出版社.

陆士良, 汤雷, 杨新安, 1998. 锚杆锚固力与锚固技术[M]. 北京: 煤炭工业出版社.

孟庆彬, 韩立军, 乔卫国, 等, 2012. 深部高应力软岩巷道变形破坏特性研究[J]. 采矿与安全工程学报, 29(4):481-486.

漆泰岳, 陆士良, 高波, 2004. FLAC 锚杆单元模型的修正及其应用[J]. 岩石力学与工程学报, 23(13):2197-2200.

钱鸣高, 石平五, 2003. 矿山压力与岩层控制[M]. 徐州: 中国矿业大学出版社.

钱鸣高, 许家林, 缪协兴, 2003. 煤矿绿色开采技术[M]. 徐州: 中国矿业大学出版社.

宋德彰, 1996. 锚喷支护改善隧洞围岩岩性力学机制的研究[D]. 上海: 同济大学.

宋振骐, 1988. 实用矿山压力控制[M]. 徐州: 中国矿业大学出版社.

孙钧, 2007. 岩石流变力学及其工程应用研究的若干进展[J]. 岩石力学与工程学报, 26(6):1081-1103.

孙晓明, 何满潮, 杨晓杰, 2006. 深部软岩巷道锚网索耦合支护非线性设计方法研究[J]. 岩土力学, (7):1061-1065.

孙晓明, 杨军, 曹伍富, 2007. 深部回采巷道锚网索耦合支护时空作用规律研究[J]. 岩石力学与工程学报, 26(5):895-899.

田磊, 谢文兵, 荆升国, 等, 2011. 综放跨采巷道棚-索耦合协同支护技术[J]. 煤炭科学技术, 11:44-48.

汪文武, 徐国元, 马长年, 2009. FLAC 3D 的锚杆拉拔数值模拟试验[J]. 哈尔滨工业大学学报, 41(10):129-133.

王连国, 李明远, 王学知, 2005. 深部高应力软岩巷道锚注支护技术研究[J]. 岩石力学与工程学报, 24(16):2889-2893.

王连国, 张志康, 张金耀, 等, 2009. 高应力复杂煤层沿空巷道锚注支护数值模拟研究[J]. 采矿与安全工程学报, 26(2):145-149.

王连国, 陆银龙, 黄耀光, 等, 2016. 深部软岩巷道深-浅耦合全断面锚注支护研究[J]. 中国矿业大学学报, 45(1):11-18.

王明恕, 1983. 全长锚固锚杆机理的探讨[J]. 煤炭学报, (1):40-47.

王平, 姜福兴, 王存文, 等, 2012. 大变形锚杆索协调防冲支护的理论研究[J]. 采矿与安全工程学报, 29(2):191-196.

王琦, 潘锐, 李术才, 等, 2016. 三软煤层沿空巷道破坏机制及锚注控制[J]. 煤炭学报, 41(5):1111-1119.

伍永平, 2004. 大倾角煤层开采"顶板-支护-底板"系统稳定性及动力学模型[J]. 煤炭学报, (5):527-531.

谢和平, 彭苏萍, 何满潮, 2006. 深部开采基础理论与工程实践[M]. 北京: 科学出版社.

许延春, 2016. 双高煤层底板注浆加固工作面突水机制及防治机理研究[D]. 徐州: 中国矿业大学.

薛亚东, 张世平, 康天合, 2003. 回采巷道锚杆动载响应的数值分析[J]. 岩石力学与工程学报, 22(11):1904-1906.

杨德传, 高明中, 盛武, 等, 2011. 深部煤巷锚网索耦合支护应用研究[J]. 煤炭工程, 2:64-67.

尹光志, 王登科, 张东明, 2007. 高应力软岩下矿井巷道支护[J]. 重庆大学学报(自然科学版), 30(10):87-91.

于学馥, 1993. 岩石记忆与开挖理论[M]. 北京: 冶金工业出版社.

于学馥, 于加, 徐俊, 1995. 岩石力学新概念与开挖结构优化设计[M]. 北京: 科学出版社.

余伟健, 高谦, 2012. 高应力构造带巷道围岩控制机理及工程实践[M]. 徐州: 中国矿业大学出版社.

张雄, 陈胜宏, 2012. 预应力锚索内锚固段复合单元模型研究[J]. 岩土力学, 33(3):933-938.

AYDAN O, AKAGI T, KAVAMOTO, 1996. The squeezing potential of rock around tunnels: Theory and prediction with examples taken from Japan [J]. Rock Mechanics and Rock Engineering, 29:125-143.

CAI F, UGAI K, 2000. Numerical analysis of the stability of a slope reinforced with piles[J]. Soils and Foundations,40(1):73-84.

CAI F, UGAI K, 2001. Base stability of circular excavation in soft clay estimated by FEM[C]. Proceeding of the Third International Conference on Soft Soil Engineering, Hong Kong: 5-10.

GYSEL M, 1988. Design methods for structure in swelling rock[J]. ISRM, 22(4):377-381.

JOHN C S, DILLEN D V, 1984. Rockbolts: A new numerical representation and its application in tunnel design[J]. International Journal of Rock Mechanics and Mining Sciences& Geomechanics, 21(2): 56-59, 75.

KUSHWAHA A, SINGH S K, TEWARI S, et al, 2010. Empirical approach for designing of support system in mechanized coal pillar mining[J]. International Journal of Rock Mechanics and Mining Sciences, 47:1063-1078.

MALAN D F, 2002. Simulation of the time-dependent behavior of excavations in hard rock[J]. Rock Mechanics and Rock Engineering, 35(4):225-254.

UGAI K. LESHCHINSKY D, 1995. Three-dimensional limit equilibrium and finite element analyses: A comparision of result[J]. Soils and Foundations, 35(4):1-7.